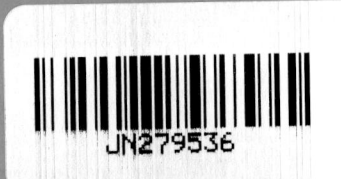

世界の考古学

⑯

ムギとヒツジの考古学

藤井純夫

同成社

エル・ワド洞窟（中央左端、イスラエル）
イスラエル海岸部のナトゥーフ文化遺跡　最上部に先土器新石器文化の層を含む

アイン=マラッハ遺跡（イスラエル）
ヨルダン渓谷北部に位置するナトゥーフ文化の事実上の標準遺跡

ネティブ=ハグドゥド遺跡（パレスチナ）
ヨルダン河西岸地区のスルタン文化遺跡

ジェルフ=エル=アハマル遺跡（シリア）
ユーフラテス中流域のムレイビット文化遺跡（西秋良宏氏撮影）

ギャンジ=ダレ遺跡（イラン）
カルヘ河上流の先土器新石器文化Ｂ中期の小型集落遺跡

イェリコの塔と城壁（イスラエル）
死海北西のナトゥーフ文化〜土器新石器文化の集落遺跡

ドゥウェイラ近傍のカイト・サイト（ヨルダン）
崩れた誘導壁が延々と続く

カア=アブ=トレイハ西の「擬壁」ケルン墓群（ヨルダン）
アル=ジャフル盆地の初期遊牧民遺跡

はじめに

ムギとヒツジは、世界史のもっとも重要なキーワードのひとつである。新石器時代以後の人類の約半数は、この２つを糧に生きてきたといっても過言ではない。その意味で、ムギとヒツジは、単なる食物というよりもむしろ人類生存のためのひとつのOS（システムソフト）でもあった。新石器時代以後の諸文化・諸文明は、このシステムの上で稼働したさまざまなアプリケーションに例えることができよう。

ムギとヒツジ――この２つのキーワードを成立させたのが、西アジアの新石器文化である。ではいったい、いつ、どこで、どのような集団が、どのようにして、そしてなぜ、ムギを栽培化し、ヒツジを家畜化するようになったのだろうか。考古学的な資料を基に、この壮大な変革の過程を追尾してみたい。それが本書の目的である。

記述の対象となる地域は、西アジアである。現在の中近東とほぼ同じと思っていただければよい。扱う時代は、終末期旧石器文化の初頭（紀元前18000年頃）から都市文明直前（紀元前3000年頃）までの、約15000年間である。ムギ作農耕の起源が紀元前8000年頃、ヒツジやヤギの家畜化が紀元前6500年頃であるから、その前後にかなりの幅を見込んだことになる。その理由は、ひとつには、農耕牧畜に先行する諸文化の様相を俯瞰しておきたかったからであり、またひとつには、農耕牧畜成立後の展開（たとえば、遊牧的適応の派生などの問題）にも触れておきたかったからである。

各章の構成はさまざまであるが、自然環境について概説した第１章と末尾の第８章以外は、２つの点で統一を図ってある。第一に、各章を代表する遺跡を冒頭で紹介し、その内容について略述した。まず最初に具体的なイメージをもっていただきたかったからである。第二に、各章の末尾にまとめを設け、できるかぎり５Ｗ１Ｈ（いつ・どこで・誰が・なにを・どのようにして・なぜ）に添った形の要約を示すよう心がけた。栽培化や家畜化のような大きな動きを理解していただくには、こうした要約が必要と考えたからである。なお、通常ならば冒頭で触れるはずの「研究史」については、各章末尾のコラム欄で述べることにした。一般の読者にとっては、研究史はしばしば退屈だからである。本書を読む上での注意は、とくにない。強いて言うなら、本書で述べる年代はすべて樹林補正をしていない年代（b.c.または b.p.）である、ということだけである。

最後にお断りしておくが、本書は、西アジア考古学または西アジア新石器文化についての概説書ではない。本書の目的は、西アジアにおける農耕・牧畜の起源とその後の展開を追尾すること、この一点に絞られている。そのため、西アジアの新石器文化が内包する他の多くの側面（たとえば、交易や葬制、あるいは石器や土器の製作技術など）については、ほとんど言及することができなかった。この点はどうかご容赦願いたい。別の機会に補えればと願っている。

著　者

目　次

カバー写真
ヨルダンのベイダ遺跡
装丁　吉永聖児

ムギとヒツジの考古学

主要遺跡地図

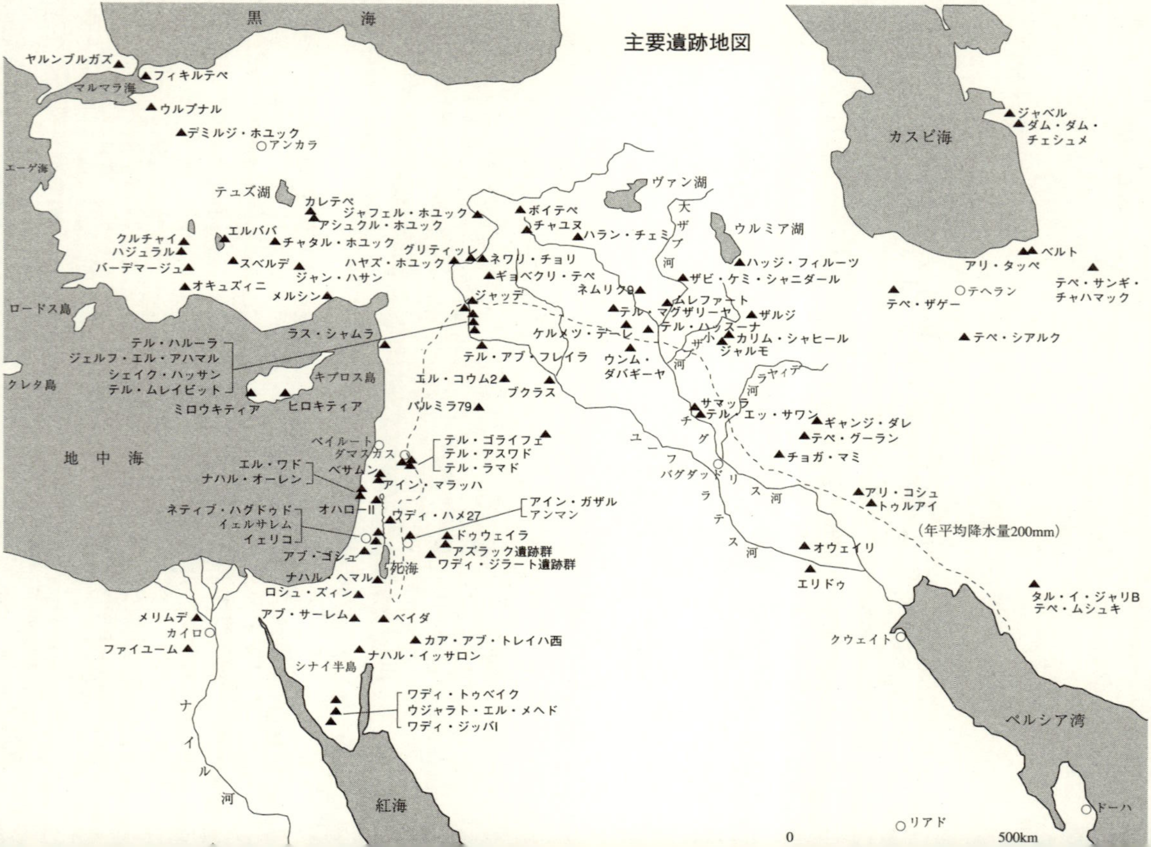

黒海
カスピ海
エーゲ海
マルマラ海
ロードス島
クレタ島
キプロス島
地中海
死海
紅海
ペルシア湾
シナイ半島
テュズ湖
ヴァン湖
ウルミア湖
大ザブ河
小ザブ河
ディヤラ河
チグリス河
ユーフラテス河
ナイル河
ヤルンブルガズ
フィキルテペ
ウルプナル
デミルジ・ホユック
アンカラ
カレテペ
ジャフェル・ホユック
アシュクル・ホユック
エルババ
チャタル・ホユック
クルチャイ
ハジュラル
バーデマージュ
スベルデ
オキュズィニ
ジャン・ハサン
メルシン
ハヤズ・ホユック
グリティッレ
ネワリ・チョリ
ギョベクリ・テペ
ボイテペ
チャユヌ
ハラン・チェミ
ジャッデ
ラス・シャムラ
テル・ハルーラ
ジェルフ・エル・アハマル
シェイク・ハッサン
テル・ムレイビット
ミロウキティア
ヒロキティア
テル・アブ・フレイラ
エル・コウム2
ブクラス
パルミラ79
ケルメツ・デーレ
ネムリク9
テル・マグザリーヤ
ムレファート
ウンム・ダバギーヤ
テル・ハッスーナ
ザビ・ケミ・シャニダール
ハッジ・フィルーツ
ザルジ
カリム・シャヒール
ジャルモ
サマッラ
テル・エッ・サワン
ギャンジ・ダレ
テペ・グーラン
チョガ・マミ
バグダッド
アリ・コシュ
トゥルアイ
オウェイリ
エリドゥ
クウェイト
リアド
ドーハ
タル・イ・ジャリB
テペ・ムシュキ
ジャベル
ダム・ダム・チェシュメ
ベルト
アリ・タッペ
テヘラン
テペ・ザゲー
テペ・サンギ・チャハマック
テペ・シアルク
（年平均降水量200mm）
ベイルート
ダマスカス
テル・ゴライフェ
テル・アスワド
テル・ラマド
ベサムン
アイン・マラッハ
エル・ワド
ナハル・オーレン
オハローII
ワディ・ハメ27
アイン・ガザル
アンマン
ネティブ・ハグドゥド
イェルサレム
イェリコ
ドゥウェイラ
アズラック遺跡群
ワディ・ジラート遺跡群
アブ・ゴシュ
ナハル・ヘマル
ロシュ・ズィン
アブ・サーレム
ベイダ
カア・アブ・トレイハ西
ナハル・イッサロン
メリムデ
カイロ
ファイユーム
ワディ・トゥベイク
ウジャラト・エル・メヘド
ワディ・ジッバI
0
500km

第1章　ムギとヒツジの自然環境

乾燥地の農耕牧畜にとってもっとも切実なのが、水の確保である。ただし、農耕牧畜の起源にとっては、完新世初頭におけるムギやヒツジの分布も重要な問題であろう。当然、それには古環境の問題も絡んでくる。降雨のパターン、古環境、そして古環境のなかにおけるムギとヒツジの分布――この3点について簡単にまとめておこう。

1　西アジアの自然環境

西アジアの自然環境は、意外に多様である。沙漠のイメージばかりが先行しているようだが、それだけではない。沙漠の周囲には山岳や高原、あるいは丘陵や渓谷などもある。こうした地形の複雑さが、西アジアの気候に意外な多様性を与えている。

（1）　多様な地形

降雨のパターンを決定する大きな要因のひとつが、地形である。西アジアの地形は、北側の山岳・高原地帯と南側の丘陵・平原地帯の2つに大別できる（図1）。現在の国名でいうと、前者はトルコやイラン、後者はシリア・イラク・湾岸諸国などに相当している。

北側部分の地形は、東西方向に延びる4つの山脈を基準に考えるとわかりやすい。まず、西アジアの北限を形成する障壁として、ポ

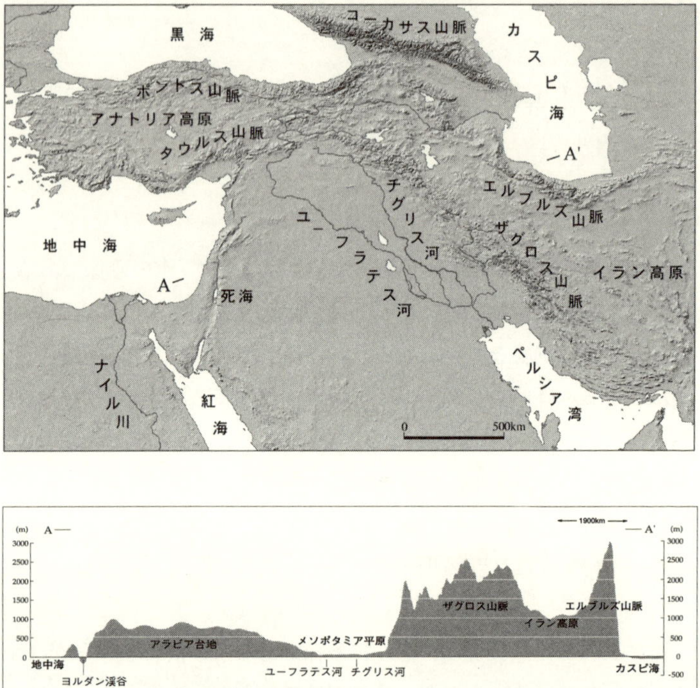

図１　西アジアの地形（上）と起伏（下）（Redman 1978を基に作成）

ントス・エルブルズの両山脈がある。トルコとイランの北端を縁取っているのが、この２つの山脈である。これとほぼ並行して（ただし最大約300kmの距離を隔てて）、タウルス・ザグロスの両山脈が、それぞれの国の南端または南西端を縁取っている。この４つの山脈のうち西側の２つに挟まれているのが、アナトリア高原である。一方、東側の２つの山脈が取り囲んでいるのが、イラン高原である。なお、この４つの山脈は中央部分でたがいに接近し、アルメニアの高地を形成している。

一方、南側の丘陵・平原地帯にも山脈はある。地中海東岸一帯を南北方向に走るやや小規模な山脈群が、それである。メソポタミアやシリアの丘陵・平原地帯は、これらの山脈群によって西側を囲まれ、また前述のタウルス・ザグロス両山脈によって北と東を囲まれた、広大な平坦地ということができよう。なお、この地域の構造は地質的に二分できる。第一は、アラビア台地である。これは、アフリカ大陸から分かれた地塊がアジア側にぶつかって潜り込んだものであり、東から西に向かって緩やかに傾斜している（ザグロス山脈は、このときに形成された褶曲山脈である）。もうひとつは、メソポタミアの沖積地である。これは、アラビア台地とザグロス山脈との間にできた窪地に土砂が厚く堆積したものである。

南側の丘陵・平原地帯のもうひとつの特徴となっているのが、ヨルダン渓谷である。南のアカバ湾から始まって、ワディ＝アラバ、死海、ヨルダン川、ガリラヤ湖、フーレー湖（ただし現在は消失）、ベッカー高原、オロンテス河、ガーブ低地、さらにはトルコ南東部のアフリン渓谷にまで達するこの大地溝帯は、南北で大きく異なる西アジアの地形に対して、さらに東西方向の多様性を与えている。そのことは、イスラエルからイラン高原までの約2000kmを一直線に駆け抜けてみると実感できるであろう。最初にイスラエルの海岸平野、次にガリラヤ・サマリアなどの緩やかな山地、ここから大きく落ち込んでヨルダン渓谷、ふたたび急上昇してヨルダンの山岳部、これを抜けるとトランスヨルダンのステップ・沙漠地帯をメソポタミアまで緩やかに下降し、ザグロス山脈にぶつかってふたたび急上昇、それを降りてようやくイラン高原である。最後に、エルブルズ山脈を上下して、カスピ海の沿岸に出る。

以上述べたように、西アジアの地形は変化に富んでいる。当然、気候も一様ではない。乾燥した沙漠のイメージばかりが先行してい

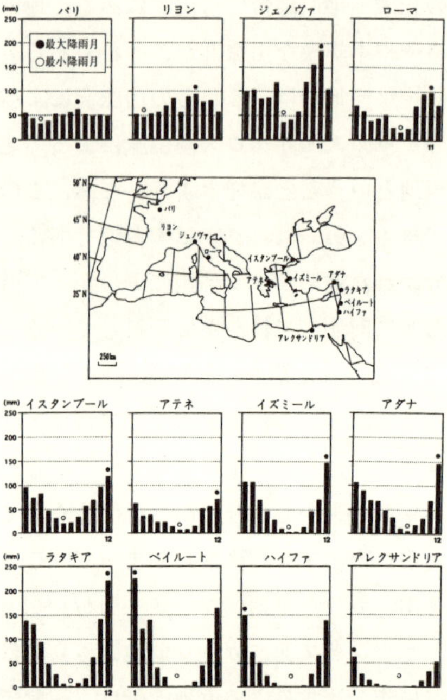

図2　ヨーロッパおよび西アジアの降雨パターン（藤井 1995b より）

るようだが、そもそも沙漠は単独で形成されるわけではない。沙漠の西側には、風上から湿り気を遮断するための山脈（砂の供給源でもある）が併走しているはずである。その向こう側は、当然、比較的湿潤な気候であろう。沙漠が形成・維持されているということは、その周囲に沙漠以外の地形・気候が併存するということでもある。西アジアの地形には、こうした多様性が内包されている。

（2）　冬雨型の降雨

夏ではなく、冬、雨が降る。これが、西アジアの気候の最大の特徴である。西アジアで栽培化されたコムギ・オオムギなどの植物がいずれも冬作物であったのは、そのためである。また、その後に導入された綿花やモロコシ、ゴマなどの作物がおもに夏作物であったのも、それらが冬作物中心の農業体系のなかに裏作として導入されたからに他ならない。

では、なぜ冬に雨が降るのか。そのヒントは、地中海一帯の降雨パターンにある（図2）。まず、最大降雨月の動きに着目してみよう。グラフからわかるように、緯度が下がれば下がるほど、最大降雨月が徐々に遅くなる。このことは、降雨の原因となるものが北から徐々に南下し、春になってふたたび北に戻っていくということを意味している。ではなぜ、このような季節移動が起こるのかというと、地球表面を覆う気団の季節的な南北移動がその原因である（鈴木 1975a、1975b）。北半球では、冬になると北極の寒気団が勢力を増す。その結果、地球上の気団全体が南に押し出される。夏はその逆である。当然、気団と気団の境目部分（この部分に大気の大循環が集中し、低気圧が発生する）も、季節的に南北移動することになる。そのひとつが、寒帯前線（polar front）である。この寒帯前線がヨーロッパと西アジアとの間を季節的に南北移動し、各地に降雨をもたらしているのである。西アジアは、寒帯前線の冬の南下位置に相当している。西アジアの気候が冬雨型であるのは、そのためである。

次に問題になるのが、西アジア各地における降雨量の較差である。西アジアの降雨量は、一般に、南に行けば行くほど、また東に行けば行くほど、少なくなる（図3）。南に行くほど降雨が減少するのは、寒帯前線が北からやってきてふたたび北に戻っていくからである。一方、東に行くほど乾燥するのは、寒帯前線の周囲で発生する低気圧とそこから延びる前線が、総じて西から東へと移動するからである。風上（西側）で奪われた湿り気は、風下（東側）までは届

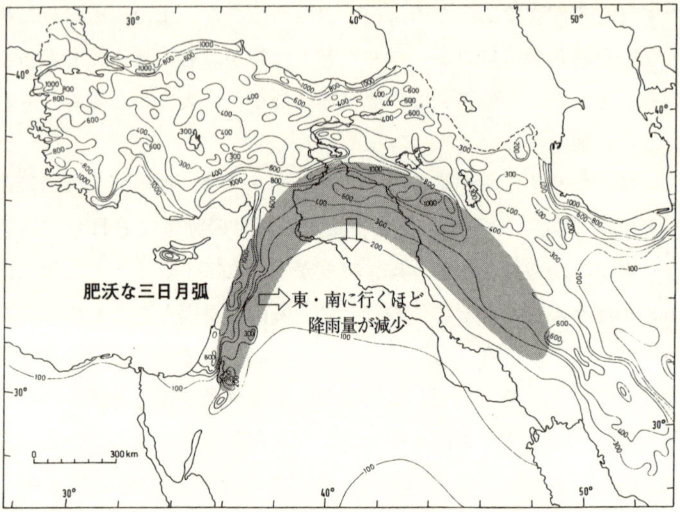

図3　西アジアの降雨量（藤井 1995b より、原図は van Zeist and Bottema 1991）

かない。しかも、地中海東岸一帯を南北に走る山脈群が障壁として立ちはだかっているので、たとえばベイルートではかなりの地形性降雨があるが、その山陰に当たるダマスカスやバグダッドでは降雨が少ない。レバノン杉が古代のメソポタミアにまで運ばれたのも、そのためである。

ただし、例外はある。イラクの北東部やイランの西部では、かなりの降雨が認められる。これは先述した東西較差の原則に反しているようであるが、じつは、地中海東岸一帯の山脈群とこれに直行するタウルス山脈との間にわずかな隙間が存在しているからである。寒帯前線上を西から東へと移動する低気圧がそこをすり抜け、ザグロス山脈にぶつかって上昇する。その際に、降雨（または降雪）がもたらされるのである。ユーフラテス河の西岸には支流が少ないが、チグリス川の東岸には支流が多い。その背景には、こうした降雨の

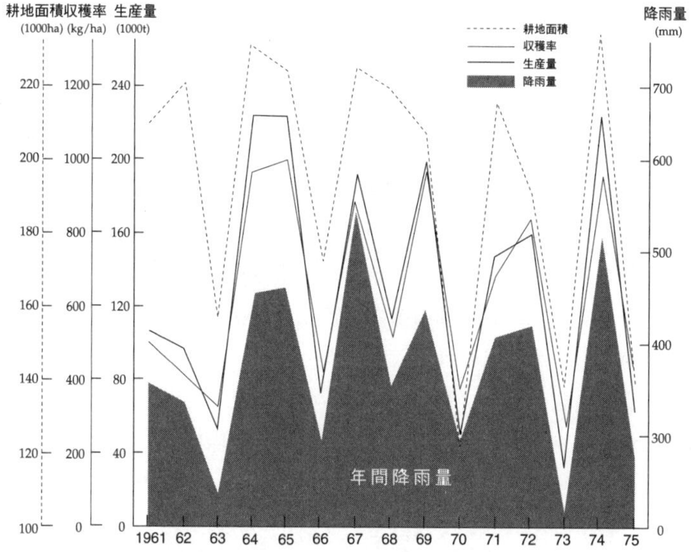

図4　ヨルダン東部における降水量の年較差と農業への影響（Abujaber 1989を基に作成。原図はEl-Sherbini 1976）

偏りがある。

（3） 大きな年較差

年ごとの変動が大きいことも、西アジアの降雨の大きな特徴である。一例をグラフに示した（図4）。変動の幅はせいぜい100～200mmほどであるが、もともとの降雨量が少ない乾燥域においては、その影響は絶大である。大豊作の翌年は大干魃、その影響で家畜もほとんど全滅。こうした事態が、今日においてもくり返されているのである。

ところで、コムギ・オオムギの天水農耕には、年間約200～300mm以上の降雨が必要といわれている。現在、この条件を満たしているのは、西アジアの西端および北側の地域だけである。しかし一方ではまた、冬の最低気温という要因もある。その結果、北側の山岳地帯が脱落する。その結果、最後に残るのが、平原部と山岳部の中間に広がる細長い山麓・丘陵地帯（いわゆる「肥沃な三日月弧 fertile crescent」）である。現在の野生ムギの分布も、この地域に集中している。ところがこの地域の年間降雨量は300～500mm 程度であり、天水農耕に必要な最低降雨量をかろうじて上回っているにすぎない。だからこそ、数百ミリメートル単位の降雨量変動が大きな影響をもたらすのである。降雨量の年較差は、初期農耕にとっても重大な問題であったと思われる。

しかも上記のグラフが示しているのは、たかだか十数年間の小変動にすぎない。初期農耕の成立過程を考える際には、より大きなオーダーの気候変動をも考慮しなければならない。その影響は絶大であり、野生ムギ（ひいては野生ヒツジ）の分布域に大きな変動をもたらしたと考えられる。西アジアの農耕牧畜起源論が、たとえば東アジアのイネ作農耕起源論などよりもはるかに深刻に気候変動の影響を考慮せざるを得ないのは、そのためである。

（４） 降雨についての補足

西アジアの降雨について、いくつか補足しておきたいことがある。第一に、冬雨型の降雨は夏雨型の降雨よりも効率がよい。なぜなら、蒸散量が少ないからである（作物にとって重要なのは降雨そのものではなく、地中に蓄えられた水分である）。したがって、西アジアの降雨量は数値から受ける印象ほど少なくはないのである。しかも、西アジアの冬雨は夏にはほとんど一滴も降らないという極端な冬雨である。降雨の季節配分が冬に集中しているという点で、少なくとも冬作物にとっては効果的な降雨といえるであろう。

第二は、降雨以外の水の重要性である。農耕牧畜にとって重要なのは、降雨ではなく、水そのものである。しかし、水はつねに上からやってくるとはかぎらない。河川のように横から流れてきたり、泉のように下から湧いたりもする。やってくる方向は違っても、これらはすべて水である。当然、こうした水の様態に応じたさまざまな農耕があり得たに違いない。下からの水に多くを依存する湧水・滞水農耕、上からの水が頼りの天水農耕、横からの水を活用する灌漑農耕などがそうである。西アジアの初期農耕には、すくなくともこの3つの形態が（基本的には時系列に沿った発展形態として、しかし部分的には併存のシステムとして）存在していた。このことは重要であろう。上からの水が横または下からの水の本源であるにしても、両者の分布はかならずしも一致しない。したがって、降雨パターンが農耕牧畜のすべてを決定するわけではない。

ついでながら、降水量に加算されない水の存在についても注意を喚起しておきたい（赤木 1990）。夜間の熱放散が盛んなステップや沙漠地帯では、しばしば夜霧や夜露が発生する。これが、降水量に加算されない水（つまり、地表に降りてこない水）である。乾燥域の動植物のなかには、こうした大気中の水分をうまく利用しているものが多い。降水量ゼロに近い沙漠のなかに多数の生物が生存しているのも、ひとつにはそのためである。むろん、夜霧や夜露だけでは、農耕は不可能である。しかし、すくなくとも牧草にとっては一定の恵みとなる。家畜の問題に関しては、降水量データに表れない水の存在も考慮する必要があろう。

最後に強調しておきたいのは、西アジアの南端部分（イエメン周辺）における夏雨地帯の存在である。寒帯前線が夏になって北上し、西アジアから去っていく代わりに、それよりもさらに南側で季節移動している熱帯収束帯が西アジアの南端部分にまで北上してくる。これが、イエメン周辺に降る夏雨の原因である。夏雨モンスーンの動向自体は、農耕や牧畜の起源問題とは直接抵触はしないが、土器新石器文化の後半から都市成立期にかけてのメソポタミアについて検討する際には重要となる。この時期、地球上の大気温度が数度分上昇したために、夏雨モンスーンの影響範囲が現在よりもさらに北側にまで拡大した可能性が指摘されているからである（Moslimany 1994）。

（5） 強い季節性

冬雨型の降雨パターンとも関係するが、西アジアの気候のもうひとつの特徴が、強度の「季節性（seasonality）」である。高温・乾燥の夏と、寒冷・湿潤の冬が鋭く対立し、しかもその中間の春・秋がきわめて短い。夏と冬の極度の対立が、西アジアの気候の大きな特徴である。

植物も、そして結果的に動物も、この条件に適応している。西アジアに生息する動植物の多くは、冬から春にかけて水分や養分を吸収し、極度の乾燥が訪れる前に大急ぎで開花・結実（または繁殖）しなければならない。西アジアの丘陵・平原地帯でコムギやオオムギを含む一年生植物が優勢であるのも、まさにそのためである。また、ヤギやヒツジが基本的に一年一産であるのも、同じ理由である。強度の季節性への対応——このことも、農耕牧畜の起源を考える際の重要な視点となろう。

（6） 動植物相

西アジアというと、まず最初に思い浮かぶのが極度に乾燥した大地であろう。したがって動植物も貧弱と思われがちであるが、これは3つの点で間違っている。第一に、西アジアはステップや沙漠だけで成り立っているわけではない。先述したように、西アジアの地

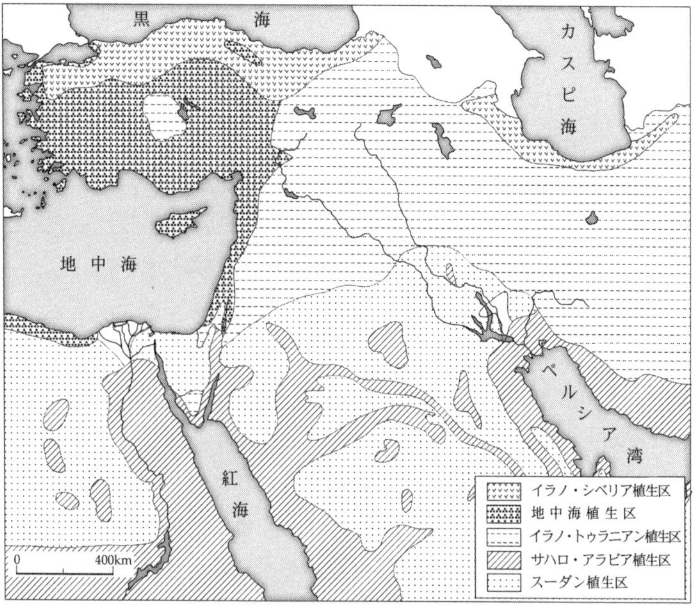

図5　西アジアの植生区分（Brawer 1988より）

形・気候は意外に多様であり、そこにはそれぞれの条件に適応した種が多数生息している。第二に、ステップや沙漠のなかにもそれに適応した種が多数生息している。第三に、西アジアは南北2つの大陸の架け橋として機能したという経緯がある。北半球の氷河期にはユーラシア大陸から多くの種が南下し、逆に、温暖期にはアフリカからさまざまな種が北上した。その通り道である西アジアには、こうした過去の遺産が部分的に継承されている。ついでながら、西アジアは、ユーラシアとアフリカとの間を往復する多くの渡り鳥にとっても、重要な中継点となっている。

実際に、植生区分図を見てみよう（図5）。西アジアには、北から順に、1）イラノ・シベリア区、2）イラノ・トゥラニアン区、

表1　世界各地の植生の比較（Danin 1995より）

国名	種数	面積(㎢)	種／100㎢
イスラエル	2,682	29,600	**9,06**
カリフォルニア	2,325	63,479	3,66
ギリシア	4,200	132,562	3,17
イタリア	5,600	301,100	1,86
シナイ半島	889	61,100	**1,45**
ブリテン島	1,666	229,850	0,72

3）地中海区、4）サハロ・アラビア区、5）スーダン区、以上5つの植生区が混在している（Zohary 1973）。植生区がこれほど複雑に入り組んでいる地域は、世界的にもめずらしい。とくに、レヴァント地方の植生は複雑である。海岸部には地中海区、トランスヨルダンの台地にはイラノ・トゥラニアン区およびサハロ・アラビア区、一方、ヨルダン渓谷の南部にはスーダン区が深く入り込んでいる。植物の密度そのものは総じて低いが、植生全体としては非常に多様であることが理解できるであろう（これに対して、たとえば熱帯雨林の植生は、豊かではあるが、総じて単調である）。

西アジアの植物相が意外に多様であることは、数値にも表れている（表1）。イスラエルの植物相は、種の絶対数ではやや劣るものの、単位面積あたりの種の数では他を圧倒している（Danin 1995）。荒涼とした岩山のイメージが強いシナイ半島ですら、緑なす草原のブリテン島（イギリス本島）よりも、植生的には多様なのである。ここには示さなかったが、動物相についてもほぼ同じことがいえる。地形・気候条件・植物相の多様性は、動物相の多様性をも支えているのである。

2　ムギとヒツジの古環境

農耕牧畜の古環境を考える上で重要なのは、次の4つの気候変動である。

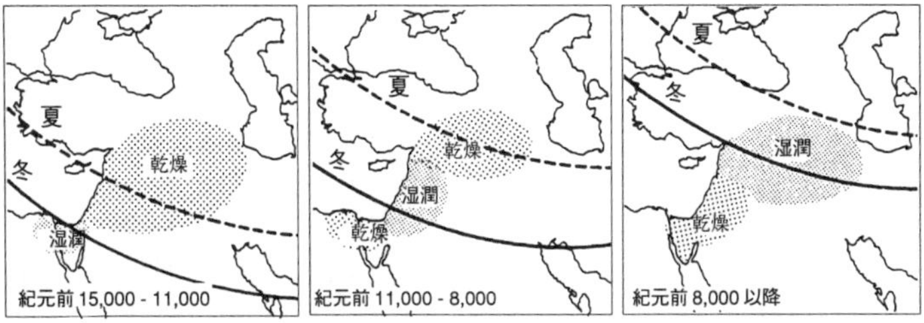

図６　寒帯前線（ポーラー・フロント）の季節的南北移動（藤井 1995b より、原図は Henry 1989）

（１）　ビュルム・マクシマム

最終氷期（ビュルム氷期）のなかでももっとも寒冷であった数千年間（紀元前18000〜13000年頃）を、ビュムル・マクシマムとよんでいる。この時期の大気の平均気温は、現在よりも約６〜７度低かったといわれている（Butzer 1978）。当然のことながら、こうした大気の寒冷化は、降雨のパターンにも大きな影響を与えたと考えられる。というのも、寒冷化によって極気団の勢力が拡大したために、寒帯前線の季節的南北移動の位置が現在よりもさらに南側に押し出されたと想定されるからである。

この点に立脚したのが、ヘンリーの提示した寒帯前線南偏モデルである（図６）。このモデルによると、ビュルム・マクシマム当時の寒帯前線は、冬はシナイ半島にまで南下し、夏は（現在の冬の南下位置である）シリア方面にまでしか北上しなかったと想定される。この場合、レヴァント南部は比較的湿潤、一方、レヴァント北部はむしろ乾燥していたことになる。つまり、現在とは逆のパターンが現出したわけである。その山陰にあたるイラン・イラク方面が乾燥していたことはいうまでもない。

このモデルは、花粉分析のデータともよく符合している（というより、花粉分析のデータを基に設定されたのが、このモデルである）。

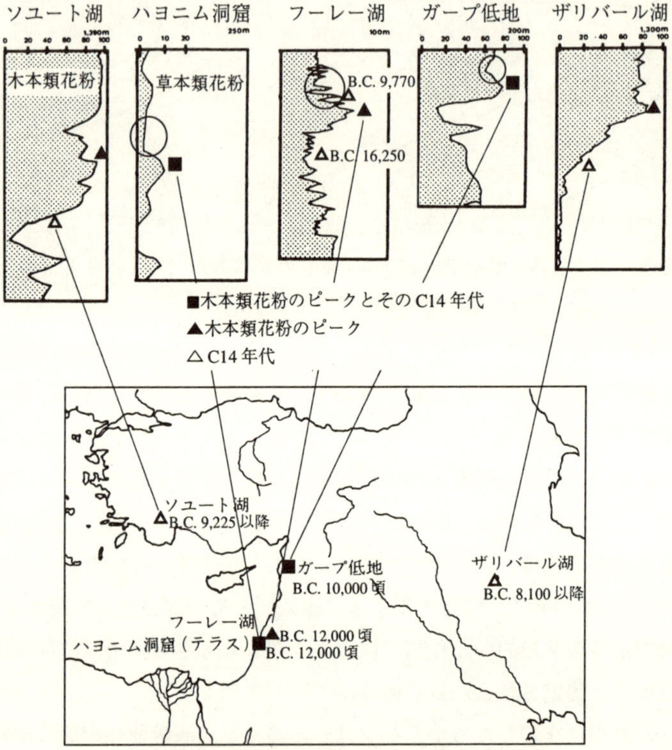

図７　完新世初頭前後の花粉分析（藤井 1995b より、原図は Henry 1989）

ビュルム・マクシマムの植生について比較すると、総じて南に行くほど後氷期の植生との差が少なく、北に行くほどその差が大きいことがわかる（図７）。また、同じ緯度でも、西に行くほど差が少なく、東に行くほどその差が大きくなっている。このことは、ビュルム・マクシマム当時のレヴァント南部が比較的湿潤であったこと、一方、レヴァント北部・イラク・イラン地方は乾燥していたこと、を示唆している。遺跡の分布状況も、これとほぼ対応している。後の章でも述べるように、ビュルム・マクシマムに相当する終末期旧石器文化前半期の遺跡は、レヴァント地方の南部に集中している。一方、この時期のレヴァント北部やイラク・イラン地方では、遺跡の分布が希薄である。

要するに、ビュルム＝マクシマムの気候については、１）全体に寒冷化、２）ただし、レヴァント南部では比較的湿潤、３）レヴァント北部およびイラク・イラン方面では極度の乾燥化、と要約することができよう。これが、農耕牧畜以前の気候環境である。

（２）　後氷期の気候回復

さて、農耕牧畜の起源にとってもっとも重要なのが、後氷期初頭における植生回復の過程である。この場合、ビュルム・マクシマムとはまったく逆の現象、つまり気温の上昇と（極気団の相対的弱体化に伴う）寒帯前線の北退、が進行したことになる。この２つの現象に後押しされた結果、後氷期の植生は急激に回復した。ふたたび、グラフに目を転じてみよう。ビュルム・マクシマムからの回復は、南で早く、北で遅い。これは、大きく南側に偏っていた寒帯前線が徐々に北退する過程と理解することができよう。また、同じ緯度でも、西の回復は早く、東のそれは遅い。これは、海洋性の気候とより大陸的な気候との差であろう。

さて、ここで重要なのは、こうした植生回復が単にビュルム・マクシマムからの回復にとどまらず、むしろ更新世以後の植生のピークともいうべき内容を示している、という点である。特にレヴァント地方の場合が、そうである。ここ２～３万年間で植生がもっとも豊かであったのが、この後氷期初頭の段階なのである。このことは、農耕への前適応としてのナトゥーフ文化の問題を考える上で、きわめて重要なポイントとなろう。

なお、氷期末から後氷期にかけての気候変動には、もうひとつの側面があったといわれている。それは、季節性の強化（とくに夏の気温の上昇）である（鈴木 1975b）。一年を通じて比較的安定した気候から、顕著な季節性に彩られた気候へのシフト――このことが、一年生植物の優勢をもたらしたことは想像に難くない。野生のコムギ・オオムギも、こうした環境下でその分布を拡大していったと考えられる。

（3） ヤンガー・ドリアス

しかし、ビュルム・マクシマムからの気候回復がそのままスムースに進行したわけではない。その途中（紀元前9000～8300年頃）に、一時的な「寒の戻り」があったことが判明している。各地の花粉分析グラフをよく見ると、後氷期直後のピークの後に小さな落ち込みがあることがわかるであろう。これが、ヤンガー・ドリアス期である（常木 1995）。

ヤンガー・ドリアス期は、レヴァント地方の編年ではナトゥーフ文化の後・晩期に相当する。ヤンガー・ドリアス期は、ナトゥーフ文化の前期に成立した定住的な狩猟採集集落の再編を余儀なくしたという点で、またその結果、先土器新石器文化Aにおけるムギ作農耕の成立を導いたという点で、農耕起源の問題にとってもきわめて大きな意味をもっている。

ところで、ヤンガー・ドリアス期以後の数千年間は降雨に恵まれた時期であった。レヴァント編年では、先土器新石器文化Aから先土器新石器文化Bにかけての約2000年間（紀元前8300～6000年頃）が、これに当たる。農耕や牧畜が相前後して始まったのが、この時期である。したがって、西アジアの農耕牧畜は気候条件のもっともよい時期に始まったことになる。この点、注意が必要である。

（4）　ヒプシサーマル

とはいえ、ヤンガー・ドリアス期からの回復がそのまま現在の気候につながったわけではない。その中間の紀元前5500〜3000年頃に、ヤンガー・ドリアス期からのリバウンドともいうべき、完新世以後の最温暖期が介在したといわれている。これが、ヒプシサーマルである。ヒプシサーマルの平均気温は、現在の気温よりも約2〜3度高かったと考えられている(鈴木 1978)。したがってこの時期には、ビュルム＝マクシマムとはまったく逆の現象、つまり寒帯前線の北偏が進行したことになる。

寒帯前線の冬の南下に降雨の大半を依存している西アジアにとって、これは大きなダメージであったに違いない。そのダメージは、レヴァント南部に集中したと考えられる。というのも、この地域にとって寒帯前線の北偏は、(現在ですら、かろうじて編入されている) 降雨域からの脱落を意味したに違いないからである。事実、レヴァント南部の土器新石器文化では、遺跡数の減少、集落の小型化、遊牧的適応へのシフトなどの諸現象が、広く認められる。

一方、レヴァント北部の場合はやや事情が異なる。寒帯前線が北偏したといっても、この地域が降雨域から完全に離脱することはなかったからである。しかし、レヴァント南部ほどではないにしても、この地域でもやはり集落の再編が進行している。その意味で、寒帯前線の北偏は、レヴァントの北部にも一定の影響を与えたと考えられる。

なお、こうした寒帯前線の北偏に連動して、熱帯収束帯も同時に(ただし、おそらくは南西から北東方向に大きく蛇行しながら) 北上したと考えられている (鈴木 1975b、El-Moslimany 1994)。その恩恵を受けたのが、前期青銅器時代の内陸部ステップ地帯である。この時期のトランスヨルダンには、多数の遊牧民遺跡が出現してい

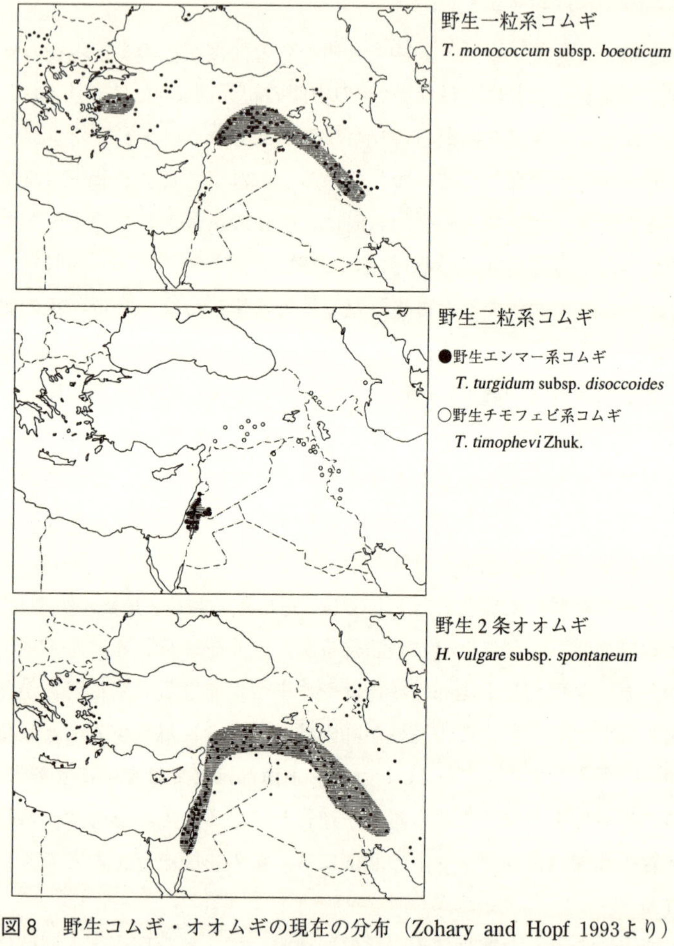

図8　野生コムギ・オオムギの現在の分布（Zohary and Hopf 1993より）

る。メソポタミア南部も、同様である。メソポタミアは、現在、西アジアでももっとも乾燥した地域のひとつであるが、それはメソポタミア南部の緯度が、寒帯前線の冬の南下位置からも、また熱帯収束帯の夏の北上位置からもはずれた、降雨の空白域となっているからである。ヒプシサーマルの気団北偏現象は、メソポタミアに固有のこうした中間的性格に変化を与えたと考えられる。土器新石器文化におけるメソポタミア平原の隆盛の一因として、こうした気候変動の影響も考慮しなければならない。

3　ムギの分布、ヒツジの分布

ようやく本題に入る。完新世初頭における野生ムギ・ヒツジの分布は、どうなっていたのだろうか。正確な復元は無理であるが、おおまかな傾向だけは予測できる。

(1)　コムギ・オオムギの分布

まず、現在の分布を俯瞰してみよう（図8）。野生一粒系コムギは、西アジアの北部を中心に東西に広く分布している（コムギ・オオムギの分類については、図33を参照）。また、ヨルダン渓谷周辺にも、その一部が分布している。一方、野生二粒系コムギの分布はこれよりも狭く、いわゆる「肥沃な三日月弧」周辺の丘陵地帯に限定されている。このうち、エンマー系のものはヨルダン渓谷に、一方、チモフェビ系のものはザグロス・タウルス山麓に、それぞれ集中している。なお、野生2条オオムギの分布も二粒系コムギの分布と類似しているが、小型のニッチはそれよりもはるかに広い範囲に点在している。

次に、ビュルム・マクシマムにおける分布予想図を見てみよう（図9）。たとえばエンマー系の野生二粒系コムギは、現在の分布よりもさらに縮小し、ヨルダン渓谷の低地部分だけに逼塞していたといわれている。というのも、ビュルム・マクシマムにおける気温低下が低地への逼塞を余儀なくしたと考えられるからである。一方、野

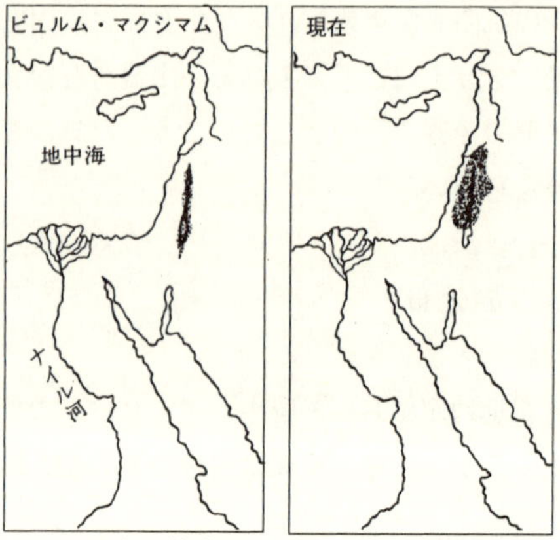

野生二粒系コムギ（エンマー系）

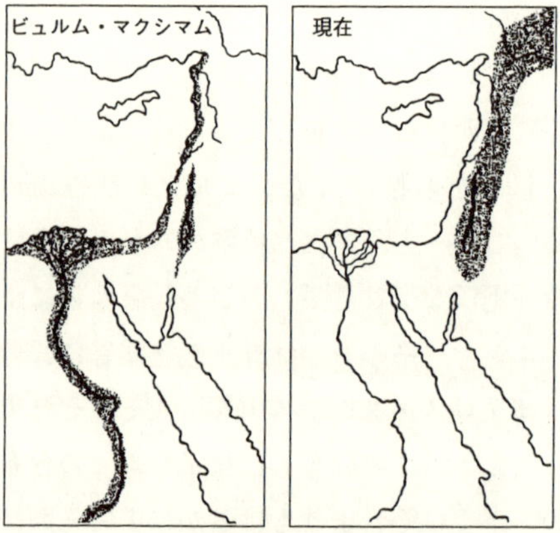

野生２条オオムギ

図９　野生コムギ・オオムギの分布変遷モデル（Henry 1989より）

生２条オオムギの分布も大きく変化し、レヴァントの海岸部やヨルダン渓谷低地部、ナイル流域などに南下・縮小したと考えられている。

問題は、新石器時代直前における野生コムギ・オオムギの分布であるが、おそらくはこの２つの時代のほぼ中間的な様相を示していたと考えられる。具体的に図示することはむずかしいが、すくなくとも現在の分布域よりもやや縮小・南偏・低下していたことは確実であろう。

（２）　ヒツジ・ヤギ・ウシ・イノシシの分布

完新世初頭前後の野生動物の生息域については、次のようなことがいわれている（Uerpmann 1987、Tchernov 1981、Davis 1987）。

まず、ヒツジ（*Ovis orientalis*）だが、その分布は西アジアの北

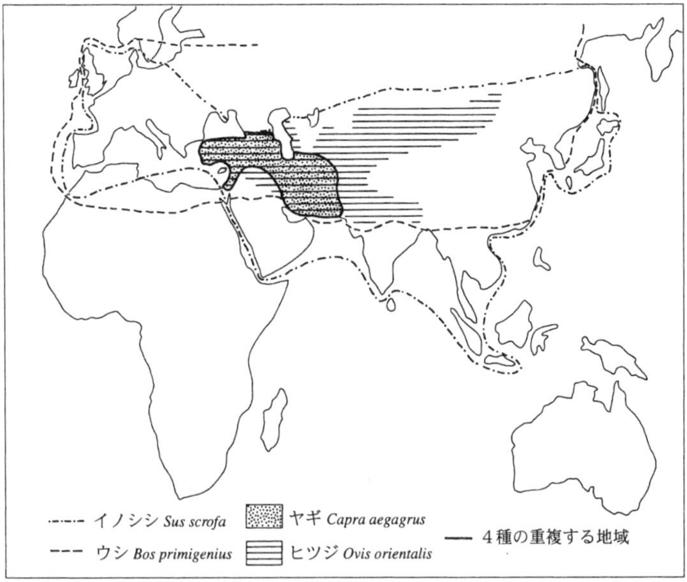

図10　完新世初頭における野生ヒツジ・ヤギ・ウシ・イノシシの分布（Davis 1987より）

半部分に偏っていたと考えられている（図10）。というのも、レヴァント南部の遺跡では、野生ヒツジの骨がほとんど出土していないからである（第2章参照）。当然のことながら、ヒツジの家畜化地域は西アジアの北半部分ということになろう。なお、イラン高原以東に生息する各種の野生ヒツジは、染色体数の違いなどから、家畜化には直接関与していなかったと考えられている（Davis 1987）。

一方、ヤギ（*Capra aegagrus*）は、ステップ・沙漠地帯を除く西アジア全域に広く生息していたと考えられている。この場合、レヴァント南部も含まれる。したがってヤギの場合、生息圏の偏りを基に家畜化の進行地域を絞り込むことはできない。西アジアの各地でヤギの家畜化が独自に進行した可能性が唱えられているのも、そのためである。

ウシ（*Bos primigenius*）の生息圏は広大である。西アジアはもとより、ユーラシアの中央部を東西にわたって広く分布していたと考えられている。なお、ウシの分布域が北アフリカにも及んでいる点に注目しておきたい。この地域の新石器文化でウシが独自に家畜化されたことが主張されているが、これには分布面での裏づけがともなっていることになる。

イノシシ（*Sus scrofa*）の生息圏は、さらに広い。西アジアを含むユーラシアのほぼ全域にまたがっている。したがって、イノシシの分布問題は、家畜化進行地域の解明にはほとんど役立たない。世界各地でイノシシの家畜化が進行した可能性が唱えられているのも、そのためである。イノシシが片利共生的に人の居留地に接近する可能性が高いとすれば、なおさらであろう。

以上、4大家畜の野生種の分布について述べた。西アジアは、この4つの野生動物が重複して分布する唯一の地域である。とりわけ、その北半部分では重複がいちじるしい。このことも、家畜の成立を考える際の重要なポイントとなろう。

（3） 農耕牧畜起源論との関係

完新世初頭における野生ムギ・ヒツジの分布について略述したが、過去にはこれとは異なるモデルもあった。その代表例が、ドゥ＝カンドルの低湿地モデルと、バヴィロフの山麓・丘陵モデルである（コラム1参照）。

西アジアの農耕牧畜起源に関するさまざまな仮説も、こうした分布モデルとの関係で整理しなおすことができる。低湿地モデルに則ったのが、チャイルドのオアシス仮説である。一方、山麓・丘陵モデルを参照したのが、ブレイドウッドの核地帯仮説である。その後の仮説の多くも、すくなくとも農耕牧畜起源の「どこで」に関するかぎり、この2つの分布モデルのどちらかの影響を受けている。一方、上述した南偏・縮小・低下モデルに則ったのが、ヘンリーやバール＝ヨーゼフ以後の総合説である（コラム3参照）。なお現在では、ムギ作農耕の最初期の形態が低湿地の小規模園耕であったという点で、チャイルド仮説が部分的に再評価され、一方、その後で山麓・丘陵部に農耕が拡大したという意味で、ブレイドウッド仮説の別な意味づけが可能となっている。

4　まとめ

西アジアにおける農耕牧畜の起源を考える際、自然環境の側でもっとも重要になるのが、1）新石器文化直前の段階における降雨パターンと、2）野生ムギ・ヒツジの分布状況であろう。当時の降雨パターンは、現在の位置よりもやや南側に偏っていたと考えられている。これに呼応して、ムギの分布もやや南偏・縮小・低下していたと考えられる。一方、ヒツジの分布はむしろ北側地域にかぎられていたようである。なお、ヤギは、ステップ・沙漠地帯を除く西アジアのほぼ全域に分布していたと考えられている。

コラム1

西アジアの農耕牧畜起源論(1)—黎明期の仮説

西アジア農耕牧畜起源論の研究史は、意外に短い。農耕牧畜起源の解明を目的とした考古学的調査が行われるようになったのは、第二次大戦後のことである。それから約50年、さまざまな仮説が提示されてきた。次の2つは、黎明期におけるもっとも代表的な仮説である。

チャイルドの「オアシス仮説」

西アジアの農耕牧畜起源に関して、考古学の側から初めてまとまった意見を述べたのは、イギリスの考古学者チャイルド(G. Childe)である（Childe 1936、1952)。チャイルドの「オアシス仮説（oasis theory)」をごく簡単に要約すると、1）後氷期の西アジアでは気候の乾燥化が進行した、2）そのため、動植物とヒトとが水辺に集中するようになり、3）その共生関係のなかから農耕牧畜が始まった、ということになろう。このうち1）については、まったく逆のデータ（乾燥化ではなく、むしろ湿潤化したことを示すデータ）が優勢になってきたため、現在では支持されていない。したがって、その結果である2）と3）も、すくなくとも因果論としては当初の意義を失ってしまった。

しかし、チャイルド仮説の意義はこれとは別のところにある。西アジアにおける農耕牧畜の起源という問題自体の社会経済史的意義を発見し、それを考古学的に追跡しようとした最初の学説が、オアシス仮説である。しかも、氏自身の著作に掲載された遺跡分布図からもわかるように、オアシス仮説が提示された当時の新石器文化遺

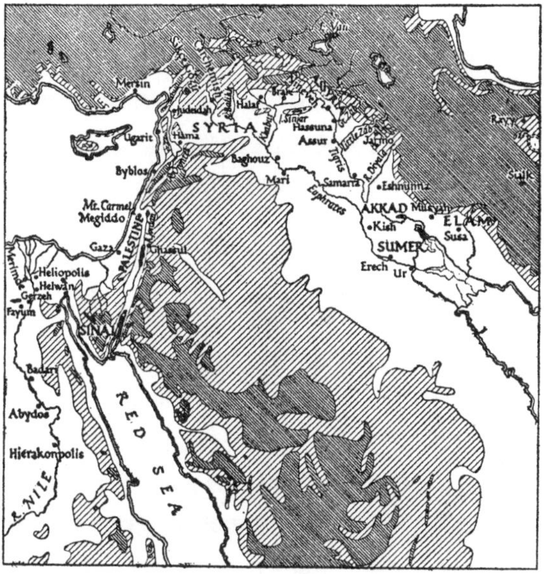

「オアシス仮説」当時の遺跡調査（Childe 1952より）
先土器新石器文化の遺跡は、ジャルモとエル・ワド(Mt. Carmel)だけである。

跡の調査はきわめて乏しかった。当時の調査の中心は、その前後の時代、つまり旧石器時代と都市文明台頭期の遺跡群にあった。したがって、チャイルドのオアシス仮説は、前者（旧石器時代の末期）から後者（都市文明の台頭期）への理論的橋渡しとして提示されたことになろう。しかし、ここで発見された問題こそが、西アジア先史考古学のその後の方向を定めたわけである。具体的なデータが乏しい時代に問題を発見・定位したこと自体に、オアシス仮説の意義がある。

ブレイドウッドの「核地帯仮説」

チャイルドが問題を発見して、ブレイドウッド（R. Braidwood）がそれに着手した。1940年代後半から実施された「イラク＝ジャルモ計画」は、チャイルドが発見した問題に対する初めての考古学的挑戦であった。その成果を基に提唱されたのが、「核地帯仮説（nuclear zone hypothesis）」である（Braidwood 1960、1975）。その骨子を要約すると、1）後氷期初頭の西アジアには、オアシス仮説のいうような大規模な気候変動はなかった、2）したがって、動植物の分布にも、大きな変化はなかったと考えられる、3）だとすれば、後氷期初頭における野生ムギ・ヒツジの分布は、オアシス仮説のいう低湿地にではなく、むしろ山麓・丘陵地帯に集中していたと考えられる（なぜなら、現在の野生種もそこに集中しているので）、4）一方、この山麓・丘陵地帯では、旧石器時代から人類の足跡が認められる、5）したがって、山麓・丘陵地帯における人類と動植物とのこうした永い共生関係のなかで、農耕牧畜も起源したと考えられる、6）事実、そこでは新石器時代初頭の遺跡（ジャルモ Jarmo など）が発見されたではないか、ということになろう。

この仮説が成り立つためには、第一に、後氷期初頭の気候変動が小規模であったこと、したがって過去・現在を通して野生ムギ・ヒツジの中心的分布域が山麓・丘陵地帯にあったということが、大前提となる。しかし、後氷期の気候は総じて湿潤化・温暖化に向かって大きく変化していたことが、イラク＝ジャルモ計画に参加していたライト（H. Wright）によって後に明らかにされている（Wright 1968）（なお、ブレイドウッドがそれを追認したのは、かなり後のことであった）。いずれにせよ、肝心の1）が成り立たない以上、そこからの推論としての2）や3）も成り立たない。

もうひとつの問題は、6）である。ブレイドウッドが調査した遺跡は、本当の意味での初期農耕集落ではなかった。カリム＝シャヒール Karim Shahir は農耕直前の遺跡であり（第2章参照)、ジャルモは農耕が十分軌道に乗った後の集落遺跡である（第6章参照)。したがって、丘陵部起源説を直接支持するデータは、調査遺跡のなかには含まれていなかったことになろう。しかしこうした弱点も、当時の調査事情を知れば納得できる。状況は、チャイルドの時代からほとんど変化していない。乏しいデータを、文化段階説の枠組みのなかに何とか位置づけたのが、「核地帯仮説」であった。

核地帯仮説の真の意義は、栽培化・家畜化の進行の場を根本的に設定しなおした点にある。オアシス仮説の主張する低湿地ではなく、むしろ山麓・丘陵地帯こそが栽培化・家畜化の起源地であると考えたこと、この点が核地帯仮説の大きな意義といえよう。この大胆な切り替えには、当時の栽培植物学分野の動向、つまりドゥ＝カンドル流の低湿地農耕起源説（De Candolle 1884）からヴァヴィロフ流の山麓丘陵部起源説（Vavilov 1951）へのシフトが影響していたように思われる。

核地帯仮説の提唱は、旧石器文化に関する編年的研究（洞窟遺跡が中心）と、古代文明についての歴史学的研究（大河川下流域の巨大遺跡が中心）との狭間に埋もれていた新石器文化の研究を、フィールドの面でも新たに分離・独立させることを意味していた。山麓・丘陵地帯における初期集落遺跡の発掘調査——西アジア先史考古学のその後の具体的方向を定めたという点で、核地帯仮説の意義はやはり大きかった。

第2章　さまざまな前適応

—終末期旧石器文化—

原人（ホモ＝エレクトゥス）による「出アフリカ」が、今からおよそ150万年前のことである。西アジアの歴史は、この時点から始まる。しかし、旧石器時代におけるムギやヒツジの利用については、まだよくわかっていない。その痕跡が微かに見えはじめるのは、約2万年前の終末期旧石器文化からである。農耕牧畜への前適応という視点から、終末期旧石器文化の特徴を俯瞰してみよう。

1　遺跡研究：オハローⅡ

オハローⅡ OhaloⅡは、ガリラヤ湖の南西岸に位置する終末期旧石器文化初頭（紀元前約17000年頃）の単純遺跡である。1989年の干魃によって水位が低下した際に発見され、3シーズンにわたる緊急調査が実施された（Nadel 1999、Nadel and Werker 1999、Kislev *et al.* 1992）。遺跡の推定面積は約1500m^2、その中央部分の約370m^{2}が発掘された。この遺跡の重要性は、1）西アジア最古の住居遺構が確認されたこと、2）動植物遺存体の検出によって終末期旧石器文化初頭の食糧獲得戦略が判明したこと、この2点にある。

まず、キャンプの構造であるが、東側に向かって開口する楕円形の住居址（長径約4m）が、3件確認されている（図11）。その周囲には、ゴミ捨て場、炉址、埋葬遺体などが点在していた。住居は火災を受けており、その床面からは多量の炭化物とともに、地面に

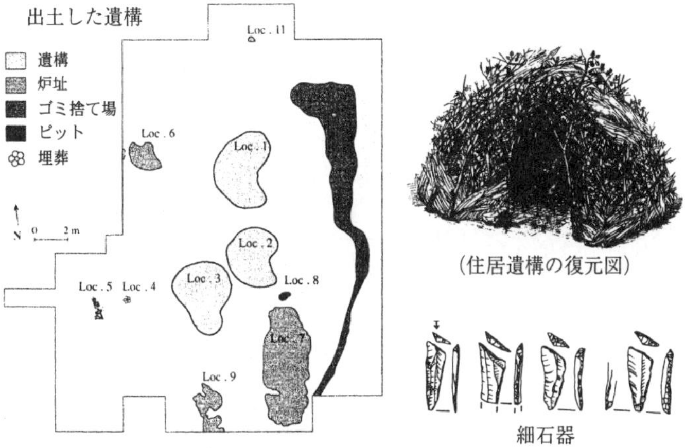

植物遺存体の出土とその利用季節

	1月	2月	3月	4月	5月	6月	7月	8月	9月	10月	11月	12月
穀物												
タルホコムギ				●	●							
カラスムギ				●	●							
オオムギ				●	●							
コムギ				●	●							
果実												
アーモンド								●	●			
サンザシ									●	●	●	
オリーブ										●	●	
ピスタチオ								●	●	●		
コナラ										●	●	
ブドウ									●	●		
ナツメ				●				●	●	●	●	●

春～初夏が穀物

秋は果実類

図11　オハローIIの遺構と遺物（Nadel 1999, Nadel and Werker 1999 などより）

直接突き刺した枝の痕跡が検出された（住居の輪郭が把握できたのもそのためである）。この遺構は礎石をともなっておらず、簡単な小屋掛け的住居であったと考えられている。3件の住居が併存していたとすれば、約10〜20人の小集団を想定し得るであろう。

出土した動物骨は、魚類、カメ、鳥類、ウサギ、キツネ、ガゼル、シカなどである。なかでも魚骨は数千点にのぼり、漁撈活動の比重の大きさを示している（魚骨の大半が小型であったことから、網による小魚漁が中心であったと考えられている）。なお、後の家畜動物であるヤギやヒツジは、まったく出土していない。

一方、植物遺存体も多種多様であり、食用可能なものだけでも数十種に及んでいる。そのなかでは、野生二条オオムギが圧倒的に多く、これにつづくのがクサビコムギ、野生エンマーコムギなどである。また、アーモンド、ピスタチオ、オリーブ、ブドウなどの堅果・液果類（いずれも野生）の種子や殻も、多く出土している。コムギ・オオムギなどの穀物類は春に、また堅果・液果類の多くは秋に収穫されるので、このキャンプはすくなくとも春・秋の2シーズン、あるいは春から秋にかけての半年間は居住されていたと考えられている。

こうした食料の獲得または加工・調理に用いられた道具類については、よくわかっていない。しかし、いくつかのヒントはある。撚りの入った植物繊維の出土は、漁網の存在を暗示している。各種の幾何学形細石器は、有蹄類動物などの狩猟具あるいは植物性食物の収穫具として用いられたと考えられる。大型の炉の存在と多量の炭化種子の出土は、コムギ・オオムギの脱穀に際して、穂を炒る方法が用いられていたことを暗示している。そのこととも関連するが、この遺跡では石臼・石杵などの籾摺・製粉具が出土していない。また、炭化種子の表面には、石臼類の使用によって生ずるはずの擦痕が認められない。これら一連の事実は、脱穀・製粉具をともなわないムギ利用のあり方を示している。

いずれにせよ、最大3家族の小集団が、少なくとも2シーズン以上、同じ場所に固定の住居をともなって居住しつづけたわけである。定住化の兆候が認められるという点で、またその背後に安定した漁撈活動と野生穀物の利用があったという点で、オハローⅡの発見は重要である。とはいえ、このような遺跡はまだ多くはない。終末期旧石器文化前半の遺跡の多くは、短期滞在型の小規模キャンプであった。バンド組織レベルでの定住化がより明確になるのは、終末期旧石器文化後期のナトゥーフ文化からである。

2　終末期旧石器文化の編年

終末期旧石器時代の西アジアは、石器文化を基準に以下の4地域に大別できる。このうちもっとも調査が進んでいるのが、レヴァント地方（とくにその南部）である。編年についても、この地域が全体の基準となっている。

（1）レヴァント地方

レヴァント地方の終末期旧石器文化は、前期・中期・後期の3つに区分されている。このうち、前期の初頭を占めるのが、冒頭で紹介したオハローⅡに代表されるマスラク文化（紀元前18000～16000頃）である。この文化の指標となる遺物は、側縁調整だけを施し、両端の調整加工をほとんどともなわない細長の細石刃である。終末期旧石器文化で盛行したマイクロ＝ビュラン技法がまだ用いられていないことも、この文化の特徴のひとつである。遺跡の規模は小さく、その大半が25～250m^{2}の範囲内に収まる。マスラク文化の分布域は広く、地中海性気候帯のみならず、シナイ・ネゲブ・トランスヨルダンの乾燥域にまで及んでいる。

マスラク文化につづいて前期の大半を占めているのが、ケバラ文化（紀元前16500～12500年頃）である。この文化の特徴は、ビュルム・マクシマムの時期に当たっていること、そのため小型かつ短期的なキャンプ遺跡（約25～100m^2）が多いことである。小規模バンド組織による回遊的なセトルメントパターンが予想される。遺物としては各種の背付き細石刃（backed bladelet）が指標となるが、後述のように石臼・石杵などもわずかに出土している。なお、ケバラ文化の分布域はマスラク文化よりも狭く、地中海性気候帯の内部にほぼ限られる。

次の中期は、各種の幾何学形細石器（geometric microlith）を指標とするジオメトリック・ケバラ文化（紀元前12500～10500年頃）によって代表される。ビュルム・マクシマムからの回復期に相当するため、この時期の気候は比較的温暖かつ湿潤であったと考えられている。これに対応して、遺跡の分布域もシリアやヨルダンの内陸部にまで大きく拡大している。遺跡の規模はやはり小さいが（25～100m^2）、なかには2000m^2（ウンム・エッ・トレル２／Ⅲ Umm el-Tlel 2、ナダウィエ２ Nadaouiyeh 2）あるいは２ha（ハラーネ４ Kharaneh 4）の規模に達するものも現れている。

終末期旧石器時代の後期に相当するのが、ナトゥーフ文化（紀元前10500年～8300年頃）である（図12）。ナトゥーフ文化は、実質的な標準遺跡であるアイン・マラッハの層位を基準に、前期（Ⅳ—Ⅱ層）・後期（Ⅰc層）・晩期（Ⅰb—Ⅰa層）の３つに時期区分されている（図14）。前期の遺跡はレヴァント地方南部の地中海性気候帯を中心に分布するが、後期・晩期の遺跡はユーフラテスの中流域やトランスヨルダンのステップ地帯にまで拡散している（逆に、地中海性気候帯内部の遺跡は縮小・放棄されている）。指標となる遺物は、半月形細石器（lunate）である。前期の半月形細石器は大型でヘルワン調整をともなうが、後期・晩期のそれは小型かつヘルワン

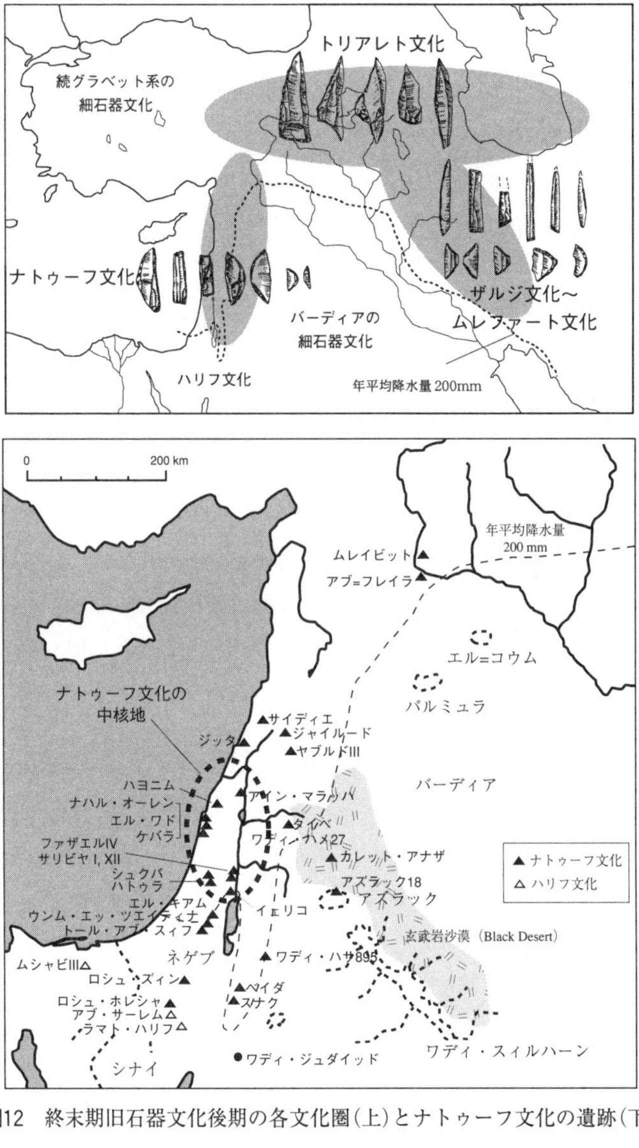

図12　終末期旧石器文化後期の各文化圏（上）とナトゥーフ文化の遺跡（下）

調整をともなわないという特徴があり、編年の基準となっている。ナトゥーフ文化では、それ以前の段階から垣間見られた定住化の傾向がより一般化している。野生コムギ・オオムギの利用も拡大しており、まさに農耕直前の文化といえる。

（2） シナイ・ネゲブ・トランスヨルダン

地中海性気候帯周辺のステップ・沙漠地帯では、上述のケバラ文化とほぼ並行する時期に、これとはやや様相の異なるネベク文化（マイクロ＝ビュラン技法による細長いポイントが指標）、カルカ文化（マイクロ＝ビュラン技法によるやや大型のカルカ型尖頭器が指標）、ニッザナ文化（マイクロ＝ビュラン技法による不等辺または二等辺の小型三角形細石器が指標）などが分布していた。周辺乾燥域にこうした諸文化が展開していた背景には、パルミュラやアズラックなどにおける内陸淡水湖の存在があったと考えられている。なお、ヨルダン渓谷には、現在の死海やガリラヤ湖をも包含する長大な湖（リサン湖）があったことが知られている。終末期旧石器文化の内容がヨルダン渓谷を挟んで東西に分かれることが多いのも、ひとつにはそのためである。

中期には、シナイ・ネゲブ地方に（おそらくは前述のニッザナ文化を起源とする、したがってマイクロ＝ビュラン技法を多用する）ムシャビ文化やラモン文化などが展開していた。一方、トランスヨルダンでは、名称は未定だが、同じくニッザナ文化の後継となる特異な細石器文化があったといわれている。

後期にもこの体制がつづいているが、その後半になると、地中海性気候帯のナトゥーフ後期文化が波及してくる。しかし晩期には、おそらくヤンガードリアス期の影響のために、終末期旧石器文化に伝統的な回遊的セトルメントパターンへの回帰が認められる。シナイ半島・ネゲブ地方のハリフ文化は、その代表的な事例である（Goring-Morris 1983）。

（3） ザグロス地方

ザグロス地方の調査は、イラン・イラク戦争以来ほぼ停滞している。そのため、レヴァント地方のような詳細な編年はまだできていない。しかしその大枠としては、バラドスト文化（後期旧石器時代）→ザルジ文化（終末期旧石器時代前半）→ポスト・ザルジ文化（終末期旧石器時代の後半）という流れが、確認されている。ザルジ文化までの遺跡は、総じて小型かつ回遊的な傾向を示す。しかし、ポスト・ザルジ文化になると、定住的な集落の成立が認められる。その一例が、イラク北東部のザビ＝ケミ＝シャニダール Zawi Chemi Shanidar である（Solecki 1980）。この遺跡は、推定面積約4 ha×堆積層約2 m の規模を誇り、鎌や石臼などを出土している。レヴァント地方のナトゥーフ文化とほぼ同じ時期に、ザグロス地方でも定住的な集落の形成が進んでいたことがわかる。

（4） コーカサス・カスピ地方

この地域では、やや大型の幾何学形細石器（とくに不等辺三角形の細石器）をともなう、おそらく森林適応型のトリアレト文化が確認されている。代表的な遺跡としては、カスピ海沿岸のアリ＝タッペ洞窟 Ali Tappeh、ベルト洞窟 Belt（下層）などがある。しかし、この地域の調査はザグロス地方以上に進んでおらず、編年の詳細は不明である。

農耕直前段階の西アジアというと、レヴァント地方のナトゥーフ文化だけが強調されがちであるが、実際には少なくともこの4つの流れがあったことになる。すなわち、「肥沃な三日月弧」の東西には、地中海性気候のカシ・ピスタチオ疎林体を背景とするナトゥーフ文化とポスト・ザルジ文化があった。一方、「肥沃な三日月弧」の北側には、森林適応型のトリアレト文化があり、その南側にはステップ適応型の細石器文化が展開していた。

西アジアの「新石器化（Neolithization）」とは、結局、これら4系統の終末期旧石器文化の農耕牧畜化に他ならない（アナトリア西部の続グラベット文化を加えれば、5系統である）。後述するように、新石器化が最初に始まったのはレヴァント地方であった。西の疎林体で始まった新石器化は、やがて東の疎林体へと波及した。一方ではまた、北の森林地帯や東南のステップ地帯へも拡散した。終末期旧石器文化の素地が地域によって異なる以上、新石器化の経緯に紆余曲折が見られたのも当然であろう。終末期旧石器文化という素地の違いが、後の新石器化に大きな影響を与えたのである。

3　前適応としての定住化

農耕牧畜への前適応には、いくつかの側面がある。ここではまず、終末期旧石器文化のセトルメントパターン、とくに定住化の経緯について検討してみよう。

（1）　定住化の内実

遺跡規模に着目して、定住化の経緯を追ってみよう。ここでは、レヴァント地方南部の終末期旧石器文化遺跡を、1）50m²以下、2）50m²以上200m²未満、3）200m²以上500m²未満、4）500m²以上1000m²未満、5）1000m²以上の5つに分類し、その度数分布を文化ごとにまとめた（図13）。サンプル数は決して十分ではないが、グラフから次のことがいえるであろう。

1）地中海性気候帯の遺跡は、ステップ・沙漠気候帯の遺跡よりも総じて大型である。

2）一方、時代別にいうと、ジオメトリック・ケバラ文化以前の遺跡は総じて小型であり、その大半が200m²以下の規模である。したがって、1～数家族の小規模バンド組織による回遊がこの時代の基本的なセトルメントパターンであったと考えられる。

3）ただし、この時期にも1000m²以上の遺跡がわずかに認められる。しかし、それらの遺跡は度数分布の中心域からやや孤立しており、それに前後する規模の遺跡をともなっていない（とくに、ジオメトリック・ケバラ文化の場合）。したがって、そうした集団形態が日

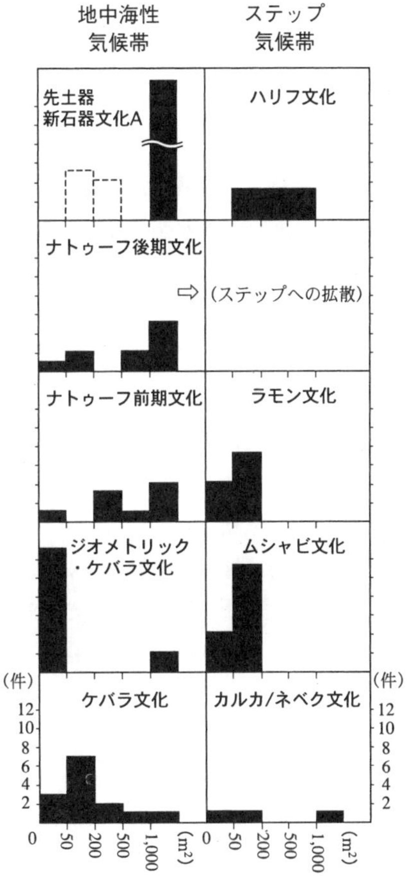

図13　終末期旧石器文化遺跡の面積の比較（Hours *et al*. 1994のデータを基に作成）

常的に形成されていたというよりも、むしろ小規模バンド組織相互の季節的結合がこうした大型遺跡となって現れたものと思われる。

4）この関係は、ナトゥーフ文化になって逆転している。ナトゥーフ文化では大型結合組織としての居住がより一般化し、逆にこれを起点とする季節的な分散行動が行われるようになったと考えられる。

5）一方、同時期のステップ・沙漠地帯では、依然として旧来型のセトルメントパターンが継続している。ただし、地中海性気候帯からの拡散がみられたナトゥーフ後期文化の段階では、遺跡規模の拡大が認められる。

6）ナトゥーフ文化の後で、再度、大きな変化が起こっている。地中海性気候帯の先土器新石器文化Aでは、集落の規模が指数関数的に拡大している（第3章参照）。一方、ステップのハリフ文化では、従来型の（ただしやや大型化した）度数分布が認められる。前者は初期農耕集落の成立、後者は狩猟採集型集団への回帰をそれぞれ示唆している。

オハローⅡの紹介に際して述べたように、定住化への動きは終末期旧石器文化の初頭頃から徐々に進行していた。しかし、ジオメトリック・ケバラ文化以前の大型遺跡は、全体の度数分布からはやや孤立した、季節的な結合体が中心であったと考えられる。この関係が逆転したのが、ナトゥーフ文化である。季節的な結合体を単位とする定住化が進行し、逆にこれを起点とする季節的分散行動が見られるようになった。それが、ナトゥーフ文化における定住化の実態と考えられる。

ナトゥーフ文化の定住的集落の一例を示しておこう。ヨルダン渓谷の低地部に位置するアイン＝マラッハ Ain Mallaha がそれである

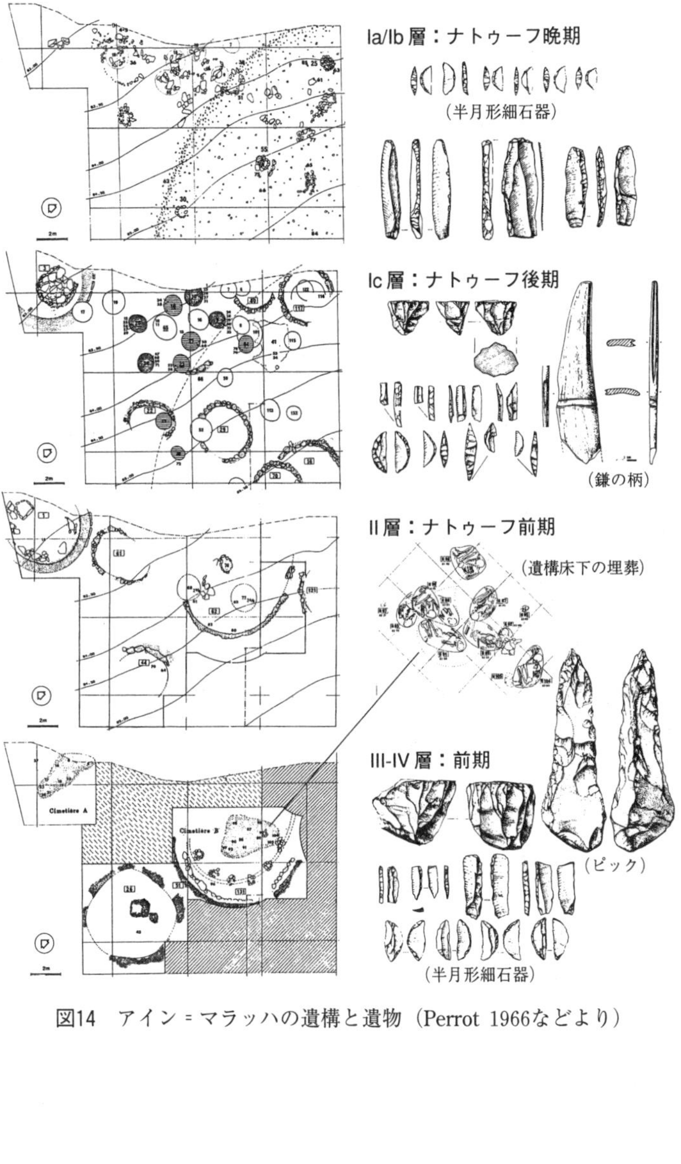

図14　アイン＝マラッハの遺構と遺物（Perrot 1966などより）

(図14、口絵参照)。この遺跡の推定面積は約2000m²である。これは、終末期旧石器文化前・中期の標準的な遺跡の約10倍の規模である。堆積層も厚く、約2～3mに達している。またこの遺跡では、柱穴と擁壁をともなう、恒久度の高い円形遺構が複数確認されている。後述するように、大型の石臼・石杵類も多数出土している。また、埋葬件数も格段に増加している。魚骨の分析でも、居住の周年性が判明している。この遺跡が定住的な集落であったことは確実であろう。

ナトゥーフ文化では、こうした集落が多数確認されている。これらの集落では、1）遺跡規模が拡大する、2）遺跡の堆積層が厚くなる、3）遺物の密度が増す、4）遺構の恒久性が増す、5）石臼などの携帯困難な大型遺物が急増する、6）貯蔵遺構が出現する、7）埋葬件数が増加する、8）遺跡での食糧獲得戦略が周年性を示すようになる、9）家ネズミ *Mus musculus domesticus* や家スズメ *Passer domesticus* など、定住的な居住地にのみ生息する動物の骨が多数出土する、などの現象が認められる。これらの現象は、一年の大半を同一のキャンプ地で過ごすというレベルでの、定住的集落の成立を意味している。

（2） 定住化集団の規模

定住化の進行によって、集落周辺の資源ストレスは相対的に上昇したに違いない。しかし、資源ストレスの強弱は、集団の定住度のみならず、その規模にも大きく左右される。この点から、先述のデータをもう一度振り返ってみよう。

終末期旧石器文化前・中期の遺跡の多くは、きわめて小規模（50～200m²）であった。したがって、当時の社会の基本単位は、1～3家族程度（つまり数人～十数人程度）の小規模バンド組織であったと考えられる。事実、このクラスの遺跡では、炉の件数が1件または数件までにかぎられている。これはとうてい、集落といえるようなものではない。しかしこの時期においても、ナトゥーフ文化の定住的集落（1000～2000m^2）に匹敵するような大型遺跡が、少数ながらも併存していた。この場合の集団規模は大きかったに違いない。具体的な数値を示すのはむずかしいが、数十人単位の集団が形成されていたと考えられる。しかしその多くは、あくまでも季節的な結合体であり、その意味で本来の集落といえるものではなかった。

ナトゥーフ文化の定住的集落も、単に規模だけを比較すればこれと大差ない。したがって、その集団規模も数十人程度であったと考えられる。しかし重要なのは、そうした集団の数が増加し、季節的な結合体から定住化集団へと変質したこと、である。従来のセトルメントパターンが逆転し、バンド組織の季節的結合体こそが日常の居住形態になったこと、この点にナトゥーフ文化の意義があるといえよう。農耕への前適応という点で、定住的集落の成立には大きな意味があった。ただしここで留意しておきたいのは、定住化がただちに集団の拡大をもたらしたわけではない、という点である。集団規模の拡大は、じつは、後続の先土器新石器文化Aになってはじめて顕著になる（第3章参照）。ナトゥーフ文化における定住化は、あくまでも狩猟採集民としての輪郭を維持した、バンド結合型の定住化であった。

（3）　定住的集落の位置と季節性

農耕への前適応という点では、もうひとつ重要なことがある。定住的集落の位置とその季節性がムギの利用に適していたかどうか、である。先述したように、終末期旧石器文化におけるムギの分布は、低地部に逼塞していたと考えられている。また、ムギは典型的な冬

表2　ヨルダン南部におけるジオメトリック・ケバラ文化遺跡の比較（Henry 1989より）

遺跡番号	面積(m^2)	堆積層(cm)	遺物数	遺物密度(n/m^3)	遺跡方位
高地部の遺跡					
21	100	5	1,019	36	O
22	120	5	343	13	O
26	100	20	1,018	17	E
31	180	30	1,319	19	E
(平均)	**125**	**15**	**924**	**21**	-
低地部の遺跡					
504	600	30	4,696	341	SW
503	260	30	1,354	227	S
201	320	80	5,051	228	S
202	400	60	5,908	641	S
203	550	80	1,296	37	SW
(平均)	**426**	**56**	**3,663**	**295**	-

作物であるから、春から初夏にかけて収穫されたに違いない。では、終末期旧石器文化で形成されはじめた定住的集落の位置と季節性は、こうしたムギの特性とうまく対応していたであろうか。

ここでは、ジオメトリック・ケバラ文化のセトルメントパターンに関するヘンリーの調査データ（Henry 1989）を参照してみよう（表2）。低地部の遺跡は一般に大型で、堆積が厚く、遺物密度も高い。高地部の遺跡はその逆である。したがって、低地部にあるのがベースキャンプであり、高地部のそれは短期キャンプと考えられる。問題はそれぞれの季節性であるが、ヘンリーは遺跡の向きに着目している（西アジアの住民にとって、強烈な日射をどのように利用または回避するかは、今日においても非常に切実な問題である）。低地部の遺跡は南（または南西）向きのものが多く、高地部のそれは東向きが中心である。このことは、低地部のベースキャンプがおもに冬から春にかけて利用され、高地部の短期キャンプが主として夏に利用されたということを示唆している。つまり、暑い夏は高地で分散、温暖な冬は低地に集結という、当然予想されるセトルメントパターンである（なお、ヘンリーは低地部の遺跡の集団規模を約25〜50人、高地部のそれを約14〜17人と予想している。したがって、ベースキャンプのバンド結合体が2〜3家族単位に分散したのが、高地部の短期キャンプということになろう）。

ジオメトリック・ケバラ文化のこうしたセトルメントパターンは、野生ムギの分布や季節性ともうまく重なっている。つまり、1）ムギの登熟季・収穫季である晩冬から春にかけて、2）それが分布する低地部に、3）バンド組織の結合体としての居住が営まれていたからこそ、野生ムギの組織的な利用が始まったのであろう。というより、それを利用するためにこそ、こうしたセトルメントパターンが成立したのかもしれない。事実、ジオメトリック・ケバラ文化のベースキャンプ的な遺跡では、後述するように、石臼・石杵・鎌刃などの製粉具・収穫具がしばしば出土している。

ナトゥーフ文化の定住的集落も、ジオメトリック・ケバラ文化のベースキャンプと同様の立地を示す。その意味で、ジオメトリック・ケバラ文化における低地・冬季・ベースキャンプの通年化こそが、ナトゥーフ文化における定住化の実態といえるであろう。

4　農耕への前適応

ムギ作農耕への前適応をもうすこし具体的に探ってみよう。コムギやオオムギは「いつ」「どこで」利用されはじめたのだろうか。また、これに関連する道具や設備にはどのようなものがあったのだろうか。

図15　ワディ＝ハメ27号遺跡とヨルダン渓谷（ヨルダン、筆者撮影）

（1）野生コムギ・オオムギの利用

野生コムギ・オオムギの利用開始時期については、遺跡出土の炭化種子が手がかりになる。しかし残念ながら、そうした資料の検出は希である。前期の確実な出土例は、先述のオハローⅡだけである。中期の遺跡からはまだ検出されていない。しかし、後期（ナトゥーフ文化）になると検出例が急増し、たとえばワディ＝ハメ27 Wadī Hammeh 27（図15）では野生二条オオムギが、テル＝アブ＝フレイラ Tell Abu Hureyra では野生一粒系コムギと野生二条オオムギが、またハヨニム洞窟 Hayonim cave では野生二条オオムギが、それぞれ検出されている。したがってすくなくともナトゥーフ文化の段階では、野生コムギ・オオムギの利用が一般化していたと考えてよかろう。

問題は、それ以前の段階における野生ムギの利用頻度である。オハローⅡのような遺跡は例外的なのか、それとも実際にはかなり広い範囲で利用されていたのか。その判断はむずかしいが、ヒントはある。先述したように、前・中期の段階では定住的集落の形成があまり進んでおらず、遺跡の大半は短期的なキャンプであった。したがって、仮にムギを利用したとしても、単発的な採集に止まっていた可能性が高い。事実、この段階では貯蔵施設は確認されていない。また、後述するように、この段階では農耕関連用具の出土も少ない。これらのことを考え合わせると、前・中期までのムギ利用はやはり限定的であったように思われる。

なお、ここではコムギ・オオムギだけについて述べたが、終末期旧石器文化の遺跡では各種のマメ類（ソラマメ、エンドウマメ、ヒヨコマメ、レンズマメなど）や堅果類（ピスタチオ、アーモンドなど）、液果類（ブドウ、イチジク、オリーブなど）なども、多数出土している。したがって、農耕への前適応が当初から穀物中心で進行していたとはかぎらない。この点は、注意が必要であろう。

（2）　植物性食物の利用増加

炭化種子の出土状況とも関連するが、終末期旧石器文化の後半になると、植物性食物の比重が増したといわれている。ここでは、2つの分析例を紹介しておこう。

第一は、歯の疫学的研究である。ナトゥーフ文化の遺跡から出土したヒトの歯には、しばしば顕著な摩耗や擦痕が認められる。その原因としては、繊維質の多い食物（つまり植物性の食物）を多量に摂取したことや、それを摂取する際に石臼・磨石などの加工処理用具の砕片が混入していたことなどが指摘されている(Smith 1991)。つまり、植物性植物の利用増加がこうした歯の損傷を招いたのではないかというのが、現在の解釈である。

第二は、人骨の組成分析である（図16)。この方法は、動物性食物と植物性食物とに含まれるストロンチウム／カルシウム比の顕著な違いに着目し、それが人骨の組成にどう反映しているかを調べることによって、その人骨が摂取した食物のおおまかな傾向を推定するものである（Sillen and Lee-Thorp 1991)。グラフからわかるように、1）ケバラ文化の段階でも植物性食物の比重はかなり高い、2）ナトゥーフ文化の前期になると、さらにその比重が増す、3）これらの遺跡はいずれも定住的な集落である（とくにアイン＝マラ

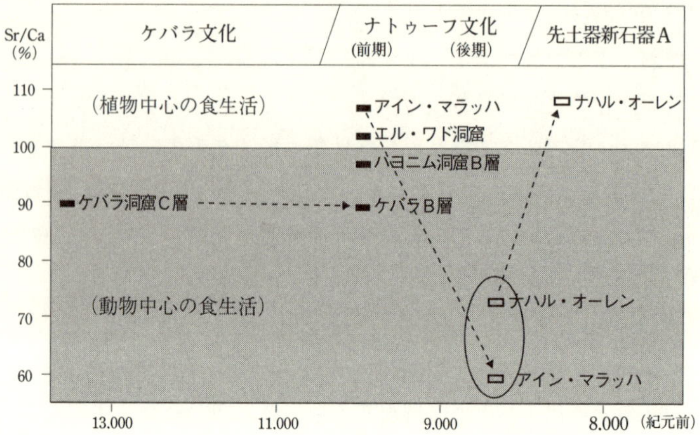

図16　ストロンチウム／カルシウム比分析（Sillen and Lee-Thorp 1991より）

ッハ）、４）ところがナトゥーフ後期文化になると、動物性食物の比重がふたたび高くなる（ヤンガー・ドリアス期の再寒冷化の影響か？）、５）しかし先土器新石器文化Ａになると、ふたたび植物性食物の比重が回復する。ここでは、１）と２）が重要である。終末期旧石器文化の定住化集団が植物性食物に大きな比重をかけていたことは、注目に値しよう。なお、ナトゥーフ文化が植物性食物に傾斜していた文化であったことは、炭素同位体比分析などの方法によっても、追認されている。

植物性食物への傾斜は、農耕への第一歩である。終末期旧石器文化の人骨や歯にそうした痕跡が認められるとすれば、これは前適応の重要な証拠となろう。とはいえ、これらの分析方法にはいくつかの問題があり、その結果を額面通りに受け取ることはできない。しかしその一方では、定住的集落の形成や炭化種子の出土などといった、違った角度からの傍証もある。また、後述するように、農耕に関連する遺物・遺構もこの時期に初現または増加している。これらのことを考えあわせると、終末期旧石器文化（とくにその後半）に植物性食物が多く利用されていたことは、やはり確かであろう。

（3）　農耕関連の道具・設備

考古学固有の遺物や遺構を基に、前適応の痕跡を追ってみよう。終末期旧石器文化における農耕関連の遺構・遺物としては、以下のようなものがある（図17）。

①収穫具：西アジア初期農耕文化の特徴のひとつに、組み合わせ道具としての鎌の使用がある。鎌は、1）骨角製または木製の柄、2）刃を形成するための石器（鎌刃 sickle　blade）、3）石器を柄に固定するための粘着材、の3つで構成されていた。そのいずれもが、終末期旧石器文化の段階で確認されている。

まず、鎌刃について。パルミラ盆地の第40号遺跡では、後期旧石器文化の終わり頃から細石器の鎌刃が用いられたと考えられている（Fujimoto　1983、1988）。終末期旧石器文化前期のアイン＝ゲブⅠ Ain GuevⅠでは、特有の光沢（sickle　sheen）をともなった鎌刃が石臼・石杵類とセットで出土している。ただし、終末期旧石器文化中期までの遺跡で鎌刃を出土した遺跡は、決して多くはない。鎌刃を出土する遺跡が増えたのは、やはりナトゥーフ文化になってからである。

一方、鎌の柄は、ナトゥーフ文化の遺跡で多数確認されている。材料はおもに動物の骨または角である。鎌刃を装着するための溝を片側の側面に彫り込み、柄の部分にはしばしば（滑り止めをかねた）動物の彫刻を施している。重要なのは、この時代の鎌がナイフ状の直線鎌であり、しかも刃渡りが10～15cm 程度の小型の鎌であったという点である。このことは、当時の鎌による収穫が1～数本程度の穂軸を単位とする、単発的な作業であったということを暗示して

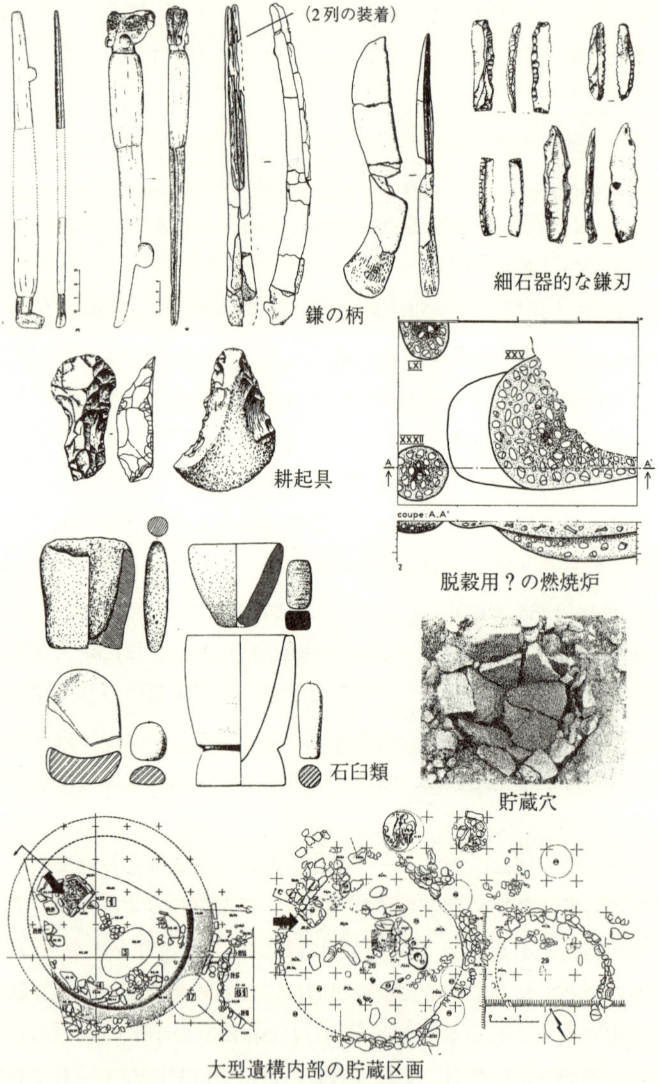

図17　終末期旧石器文化の農耕関連遺物・遺構（Valla 1975などより）

いる（藤井 1971、1983）。

なお、粘着材としては、ビチュミン（天然のアスファルト）や石灰プラスターなどが用いられた。前者はナトゥーフ文化の遺跡で出土する鎌刃にしばしば付着しており、もっとも一般的な装着材であったと思われる。一方、後者の事例はラガマⅧ LagamaⅧ（シナイ半島北部におけるジオメトリック・ケバラ文化の遺跡）で報告されている（Bar-Yosef and Goring-Morris 1977）。むろん、こうした粘着材の付着した石器がすべて鎌刃であるとは断定できないが、粘着材が使用されるようになったことの意義は大きいであろう。なぜなら、尖頭器や彫器などと異なり、鎌刃の場合は紐による着柄が不可能だからである。粘着材の使用は、鎌刃成立の重要な要素であろう。

いずれにせよ、組み合わせ道具としての鎌は、少なくともナトゥーフ文化の段階までには成立していたことになる。ただし、それが野生ムギの収穫だけに用いられたという保証はない。建材や燃料としての葦などを刈った可能性も大いにある。

②土掘り具：終末期旧石器文化は細石器の文化であるが、実際には大型の打製石器も少数製作されている。ただし、それらは一般に不定形であるため、機能を特定することができない。しかし、ナトゥーフ文化になると器種の分化が進み、ピック、打製石斧、手斧などが同定できるようになる。このうち、すくなくともピック類は土掘り具として用いられたと考えてよかろう。問題はこうした道具を使ってどこを掘ったのかということであるが、かならずしも耕作地だけを掘ったとはかぎらない。住居建築のための地盤整備や、ピットの掘削などに用いられた可能性もある。したがって、土掘り具の初現がかならずしも耕作の始まりを意味するとはかぎらないが、すくなくともそうした作業に用いることのできる石器がナトゥーフ文化の段階でひとつの器種として独立したことは、注目に値しよう。

③加工・処理具：野生ムギを、食料として摂取するためには、野生ムギに固有の鋭い芒《のぎ》や堅い外皮を除去する必要がある。人間の場合、食物繊維分解酵素（セルロース）が分泌しないからである。問題はこれらをどうやって除去するかであるが、２つの方法があったと考えられている。ひとつは、ムギを炒ることによって芒や外皮を除去する（または除去しやすくする）方法である。オハローⅡやムレイビット（ユーフラテス中流域のナトゥーフ文化の遺跡)、あるいはベイダ（ヨルダン南西部山岳台地上のナトゥーフ文化遺跡）などで確認された大型の炉は、そうした作業に用いられた可能性がある。

一方、穀物を擦って物理的に芒や外皮を除去する方法もあった。これに用いられたのが、石臼などの大型磨製石器である。擦痕または敲打痕のある小型石皿類は、早くも後期旧石器文化の段階から出現している。しかし、オーカー（赤色顔料の一種）の粉末がしばしば付着していることが多いので、これらの小型石皿は顔料の粉砕用に使用された可能性が高い。また、ひとつの遺跡からの出土数が少なく、サイズの点でも製粉具としてはやや小型すぎるなどの問題もある（藤本 1984)。したがって、後期旧石器文化の小型石皿類はムギの加工処理具と認定するにはやや疑問があろう。穀物の加工処理用具と見なし得る石臼が増加するのは、やはり終末期旧石器文化になってからである。この時期の石臼の特徴は、従来の小型石皿に加えて、縦長の石臼類(および縦長の石杵類)が登場したことである。このことは、製粉よりもむしろ脱穀が当面の急務であったことを暗示している。製粉（というより挽き割り）は、縦臼と石杵を用いた脱穀作業のなかで半ば自動的に行われていたのであろう。

ナトゥーフ文化でもこの傾向がつづいているが、ひとつの遺跡からの出土数は、集落自体の定住化の影響もあって、格段に増加して

図18　石灰岩露頭を利用した固定式の石臼(エル＝ワド洞窟のテラス部分、イスラエル、筆者撮影)

いる。たとえばアイン＝マラッハでは、石皿が15点、磨石が76点、縦型の石臼が30点、これに対応する石杵が257点、出土している。また、石臼のなかには高さが70cmを超えるものも現れている。ムギの利用が一般化したたことがわかる。

なお、こうした携帯可能な加工処理具以外にも、石灰岩の露頭や大型の板石を利用した（半）固定式の縦型石臼（bed-rock mortar）も、多数確認されている。たとえばナトゥーフ文化のロシュ＝ズィンやエル＝ワド洞窟のテラス部分では、こうした固定式の石臼が多く認められる(図18)。通常の石臼と同様に、あるいはそれ以上に、こうした固定式の石臼も広く用いられていたと考えられる。

④貯蔵施設：ムギの利用が単発的な消費の段階に止まっているかぎり、それは農耕とはいえない。問題は、集落の定住を支える通年食物としてのムギ利用がどの段階で始まったのかである。この問題を追跡するための手がかりとなるのが、貯蔵施設である。

終末期旧石器文化の前・中期の段階では、確実な貯蔵施設は見つかっていない。小規模バンド組織による回遊行動が当時のセトルメントパターンの中心であったことから考えても、これは当然のことであろう。貯蔵施設が確認されはじめるのは、ナトゥーフ文化の段階からである。たとえばアイン＝マラッハでは、住居遺構の壁面内側に小型の貯蔵区画（一辺約0.5～1m）が設けられている。また、

1）ワディの灌木を集めて火を炊く

2）置き炭の混る熱い灰の中にパン生地を投入する

3）数分待つと出来上がり

図19　ベドゥインによるパン焼き（ヨルダン、筆者撮影）

ハヨニム洞窟のテラス部分では、石灰岩の板石を敷きつめた貯蔵穴（直径約0.5m×深さ約0.4m）が発見されている。むろん、これらの貯蔵施設がムギ専用であったとの確証はないが、食料を貯蔵するための施設であった可能性は高い。そうした貯蔵施設が整えられ始めたということは、注目に値しよう。

ナトゥーフ文化の貯蔵施設に関しては、次の２点が重要である。第一に、容量が小さい。ムギ専用の貯蔵施設であったとしても、一家族・一年分の主食を供給できたとは思えない。したがって、ナトゥーフ文化における野生ムギの利用は、依然として季節的食糧の枠内に止まっていたということになろう。第二に重要なのが、こうした貯蔵施設が集落単位ではなく家族単位で設置されていた、という点である。したがって、野生ムギの利用は採集活動の一環として行われていたことになろう。

⑤調理施設：ムギを食物として摂取する以上、収穫と調理の作業だけは欠かせない。このうち収穫作業の存在については、鎌刃や鎌の柄を通して間接的に知ることができる。しかし、調理については

何もわかっていない。終末期旧石器文化の段階では、パン焼き竈などの調理遺構がまったく確認されていないからである。おそらく、現在のベドゥインと同様に、炉の置き炭を利用して無発酵のパンを焼いていたものと想像される（図19）。

（4）　二峰性遺構群の成立

農耕への前適応は、集落内部の遺構構成という点からも追尾することができる。集落の基本単位としての二峰性遺構群の成立がそれである（藤井 1996、1997）。

一例を挙げてみよう（図20）。ネゲブ地方の3件の終末期旧石器文化遺跡のうち、ナトゥーフ後期文化のロシュ＝ズィン Rosh Zin では、比較的均質な小型円形遺構群によって遺跡が構成されている。これに対して、次のハリフ文化の遺跡（アブ＝サーレム Abu Salem、ラマト＝ハリフ Ramat Harif）では、大小2種類の遺構が一群を形成し、これが基本単位となって集落が構成されている。問題はこの段階で新たに加わった大型遺構の成立経緯であるが、石臼の分布が重要なヒントになる。ロシュ＝ズィンの場合、石灰岩の露頭を利用した固定式の石臼が、小型円形遺構群の外側の活動スペースに設けられていた。一方、アブ＝サーレムとラマト＝ハリフでは、大型の石灰岩板石を利用した半可動式の石臼が、（同じく小型遺構群に付帯する）大型遺構の内部に置かれている。この2つの事実は、屋外で行われていた製粉作業が新たに設けられた大型遺構の屋内に移動したことを、示唆している。大型遺構が日常の活動スペースであったことは、明らかであろう。

では、一方の小型遺構は何かということになるが、遺構自体の規模や構造、遺物の多寡、炉や石臼の有無などに着目し、あわせて民族例をも参照すると、次のような要約が可能であろう。小規模かつ

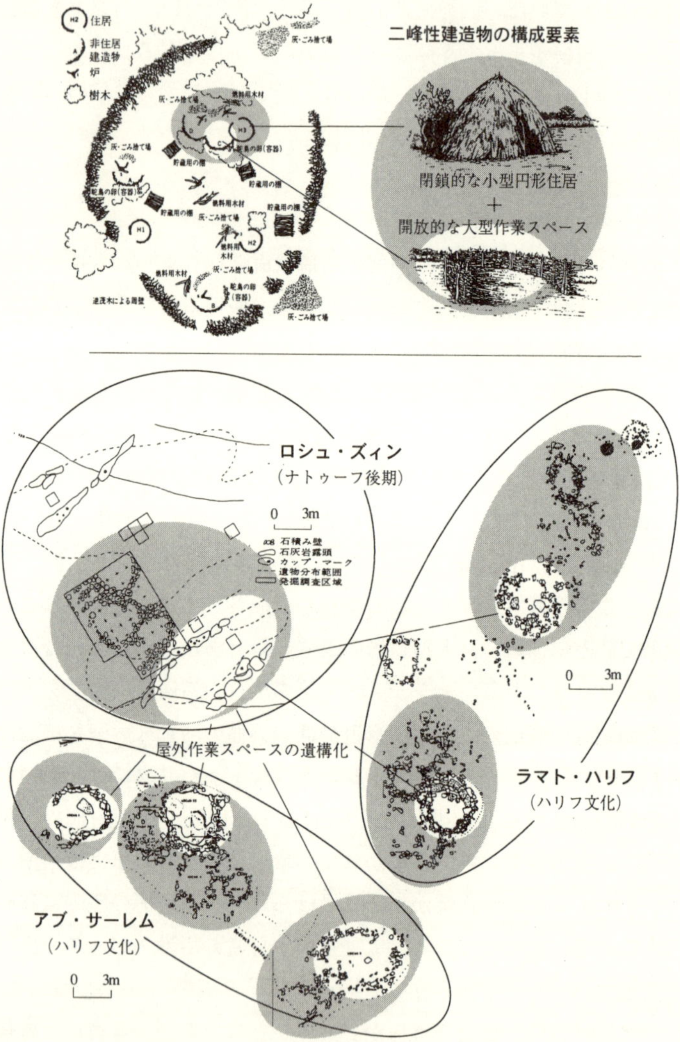

図20　二峰性遺構群の民族例（上）とネゲブ地方の実例（下）（藤井 1997 などより）

閉鎖的な構造で、遺物や炉・石臼などの希な小型円形遺構は、分散型の就寝用スペースと考えられる。一方、大規模かつ開放的な構造で、遺物や炉・石臼などの集中する大型遺構は、日常的な活動スペースと考えられる。だからこそ、小型円形遺構は2つのタイプの遺跡に共通して、しかも複数認められるわけであり、一方、大型遺構は一群の小型遺構に対してつねに1件だけなのであろう。

日常的活動スペースとしての大型遺構1件と、それに付帯する分散型就寝スペースとしての小型遺構群――これが、集落の基本単位としての二峰性遺構群である。ムギ利用の拡大にともない、脱穀・製粉作業が日常化かつ長時間化した。そのために、屋外活動スペースの遺構化(つまり二峰性遺構群の成立)が進んだものと思われる。その意味で、二峰性遺構群の成立は農耕への前適応のひとつといえるであろう。

ただし、二峰性遺構群の成立には2つの文脈があったと考えられる。ひとつは乾燥地型の文脈であり、上述したネゲブ地方の事例がこれに相当する。この場合、小型円形遺構群が先行し、これに屋外活動スペースの遺構化が加わることによって、二峰性遺構群が成立したことになる。一方、地中海性気候帯の場合は、その逆である。開放的な構造で活動痕跡の濃厚な大型遺構がまず先にあり、後から小型遺構が追加されることによって、二峰性遺構群が形成されている。たとえば、終末期旧石器文化前半のオハローⅡやアイン＝ゲブⅠの大型半円形遺構は、この大型遺構にあたるであろう。この場合、個人の就寝スペースは大型遺構の内部または周辺にあって、まだ遺構化していなかったものと思われる。それが遺構化したのが、ナトゥーフ文化のアイン＝マラッハ（図14）やテル＝アブ＝フレイラ（図36）などにみられる二峰性遺構群であろう。そこでは、開放的かつ活動痕跡の濃厚な大型遺構1件に、閉鎖的かつ活動痕跡の希薄な小型遺構が少数付帯し、これが基本単位となって集落が形成されている。この場合、二峰性遺構群の一単位がひとつの家族に対応していることはいうまでもない。したがってナトゥーフ文化の定住的集落は、大小の住居の集合体ではなく、二峰性遺構群の集合体ということになろう。

問題はこの2つの文脈の時期差であるが、明らかに後者の方が早く、ナトゥーフ前期文化の段階で二峰化が完了している。一方、前者の二峰化が顕在化したのはハリフ文化の段階においてであった。こうした時期差も、農耕への前適応の緩急を暗示しているように思われる。いずれにせよ、分散型就寝スペースと日常的活動スペースとが遺構の面で明確に分離されたという点に、ムギ利用の日常化を見て取ることができるであろう。

(5) 前適応の「いつ」「どこで」

農耕への前適応について、その全般的な流れを述べてきた。定住的集落の成立、炭化種子の出土、植物性食物の利用増加、農耕関連遺物・遺構の初現または増加、二峰性遺構群の形成——こうした各種の証拠が出そろったのは、ナトゥーフ文化の段階であった。それ以前の文化でもさまざまな前適応が認められたが、とりわけ定住的集落の一般化という点で、また二峰性遺構群の形成という点で、ナトゥーフ文化の前適応は際立っていた。前適応の「いつ」は、ナトゥーフ文化からということになろう。したがって、「どこで」の問題も「ナトゥーフ文化の分布域」という答えになる。とりわけ、ナトゥーフ前期文化の集落遺跡が集中しているレヴァント地方中南部(イスラエル北部海岸、ガリラヤ・サマリア丘陵、ヨルダン渓谷)がそうである(図12)。終末期旧石器文化における農耕への前適応は、レヴァント地方中南部の地中海性気候帯内でもっとも顕著に進行していたといってよかろう。

これにつづくのが、レヴァント地方の北部、具体的にはユーフラテスの中流域である。この地域の前適応は、ナトゥーフ後期文化の段階になってはじめて顕在化している。ナトゥーフ後期文化におけるステップへの拡散が、こうした現象の直接的な原因と考えられる。そこにはレヴァント南部で見られたのと同様の、ただしこの地域に固有の特徴を併せもった前適応が、認められる（第3章参照)。ザグロス地方も、これに次ぐ。先述したように、ポスト・ザルジ文化のザビ＝ケミ＝シャニダールでは、定住的集落の成立や石臼・鎌刃の初現または増加などの現象が認められた。終末期旧石器文化の最終段階になると、ザグロス地方でもさまざまな前適応が進行していたと考えられる。

一方、シナイ・ネゲブ・トランスヨルダンのステップ地帯では、これとは逆の動きが認められた。終末期旧石器文化に固有の回遊的セトルメントパターンの維持またはそれへの回帰である。この地域の集団は一般に小型であり、石臼・鎌刃などの農耕関連遺物も少なかった。そこでは地中海性気候帯の諸文化とは異なる、より伝統的な適応型が堅持されていたと考えられる。なお、コーカサス・カスピ地方の動向は明らかではない。しかし、大型の集落が形成されておらず、また石臼類などの農耕関連遺物が見られないことからすると、この地域では依然として森林適応型の狩猟採集文化が継続していたものと思われる。

以上述べたように、農耕への前適応は、肥沃な三日月弧の西側部分でもっとも顕著に進行していたと考えられる。気候・植生の面からいうと、地中海性気候帯のカシ＝ピスタチオ疎林帯とそのステップ側周縁部分が、それに該当する。文化的には、ナトゥーフ文化がその典型であった。

5　家畜化への前適応

家畜化への前適応は、農耕への前適応よりも追跡しにくい。なぜなら、家畜化の過程には、考古学的な遺構・遺物がほとんどともなわないからである。ここでは、終末期旧石器文化の段階でヤギ・ヒツジへの傾斜を強めていた地域を割り出すとともに、家畜化に関連したいくつかの動向を指摘しておこう。

（1）旧石器時代のヤギとヒツジ

旧石器時代における野生ヤギ・ヒツジの出土状況については、次のようなことがいえるであろう（藤井 1999）。

〔レヴァント地方〕多数の先史遺跡が調査されているにもかかわらず、野生ヤギ・ヒツジの出土は希である（図21）。とりわけ、野生ヒツジの出土は希である。そのため、レヴァント地方（とくにその南部）には野生ヒツジがほとんど分布していなかったと考えられている（Uerpmann 1987、Bar-Yosef and Meadow 1995）。

では、実際にどのような動物が狩猟されていたのだろうか。アフリカ大陸とユーラシア大陸との接点に位置するレヴァント地方の動物相はもともと錯綜しており、しかもこれに第四紀におけるさまざまな気候変動の影響が重なっている。そのため、南方的なカバやワニから北方的なウマやクマまで、実にさまざまな動物が狩猟または屍肉あさり（scavenging）されている。しかし前期旧石器時代の末（アシューロ＝ヤブルド期、約20万年前）頃から、遺跡出土の動物相がほぼ安定してくる。これ以降、新石器時代の初頭にいたるまで、レヴァント地方の狩猟民は、ガゼル *Gazella gazella*（図22）とファローシカ *Dama mesopotamica* をおもな狩猟対象としていたようで

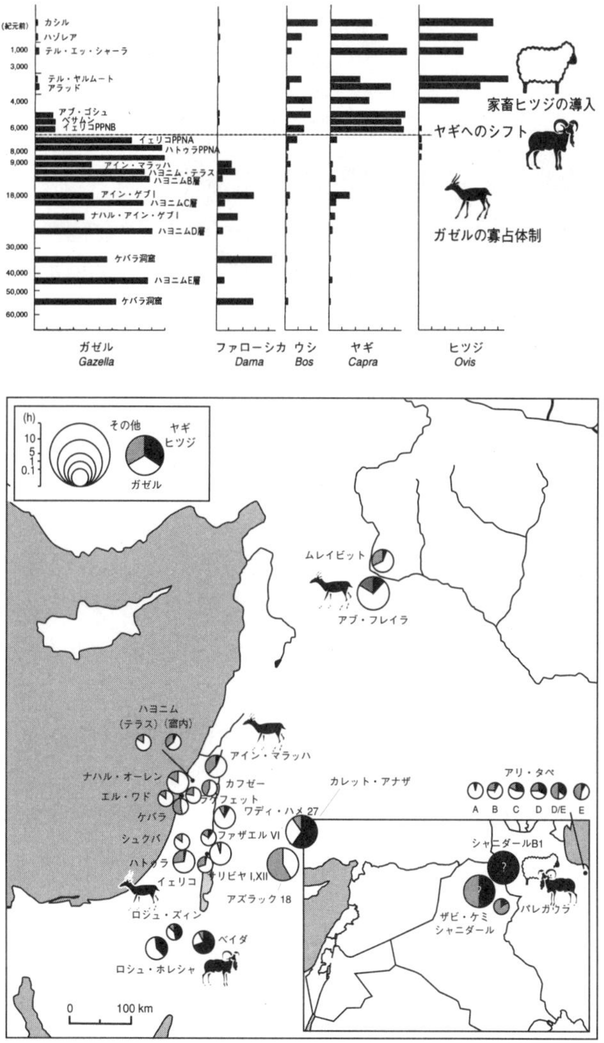

図21　レヴァント地方における遺跡出土動物相の変遷（上、藤井1999aより、原図はDavis 1987）と、ナトゥーフ文化当時の状況（下）

図22　マウンティン・ガゼル *Gazella gazella*（ハイファ動物園、イスラエル、筆者撮影）

である。これをわずかに補足したのが、アカシカ *Cervus elaphus*、ノロジカ *Caprelus capreolus*、ウシ *Bos primigenius*、イノシシ *Sus scrofa*、ウマ科動物 *Equus spp.*、ハーテビースト *Alcelaphus buselaphus*、などであった。ようするに、レヴァント地方の旧石器時代狩猟民は後の家畜化動物（この場合、ヤギ・ヒツジ）をほとんど狩猟していなかったのである。

ただし、これは一般的傾向である。一口にレヴァント地方といってもその領域は広く、さまざまな変異が認められる。たとえばヨルダン南西部山岳台地のベイダでは、ヤギとアイベックス *Capra ibex* が狩猟動物の約9割を占めている（第5章参照）。一方、レヴァント地方の北部ではヒツジも多く狩猟されている。たとえばアフリン渓谷のデデリエ洞窟では、中期旧石器時代の人類が野生のヤギやヒツジを積極的に狩猟していたことが判明している（赤澤 2000）。したがって、ガゼル中心の狩猟動物相は、レヴァント地方のなかでも南部の平原地帯の特徴と考えるべきであろう。丘陵や山岳地帯では、ヤギが（北部ではヒツジも）しばしば狩猟されていたのである。

〔ザグロス地方〕レヴァント地方とは対照的に、ザグロス地方ではヤギ・ヒツジが積極的に狩猟されている。たとえばイラク北東部のシャニダール洞窟では、中期旧石器時代の段階から野生ヤギ・ヒツジが他の有蹄類動物を圧倒している（Perkins 1964）。同様のことが、終末期旧石器文化のザビ＝ケミ＝シャニダールやカリム＝シャヒルでも認められる。

したがって、ザグロス地方では旧石器時代からほぼ一貫して野生ヤギ・ヒツジが狩猟されていたことになろう。むろん、狩猟頻度の高さだけが家畜化の前適応ではないが、早い時期からヤギ・ヒツジへの集中が認められるという事実は、とりわけレヴァント地方の南部とくらべた場合、大きな意味をもつであろう。

〔シナイ・ネゲブ・トランスヨルダン〕レヴァント地方に隣接するこれらの乾燥域でも、やはりガゼル中心の狩猟動物相が認められる。ただし、乾燥域特有の様相もうかがわれる。たとえばトランスヨルダンでは、オナーゲルやオリックスなどのステップ適応種がしばしば多数を占めている。一方、山岳地のシナイ・ネゲブ地方では、ヤギ属の一種であるヌビア＝アイベックス *Capra ibex nubiana* が多く狩猟されている。また、レヴァント地方では希なはずの野生ヒツジも、アブ＝サーレム、ロシュ＝ホレシャなどの遺跡から少数出土している (Uerpmann 1987)。しかし、これらの事例がヤギやヒツジの家畜化に関係していたとは思われない。というのも、角芯部形態の相違などの点から、ヌビア＝アイベックスはヤギの家畜化には直接的には関与していなかったといわれているからである (Davis 1987)。また、野生ヒツジの出土もきわめて例外的であり、レヴァント南部の小規模ニッチに取り残された個体群にすぎないと考えられている。

〔コーカサス・カスピ地方〕カスピ海南岸の終末期旧石器文化遺跡であるアリ＝タッペ洞窟では、ガゼルを中心とするレヴァント南部型の狩猟動物相が認められる (Uerpmann and Frey 1981)。しかし、これは平野部の遺跡に固有の傾向であって、山岳地ではむしろヤギ・ヒツジへの強い傾斜が認められる。たとえば、チグリス河上流における紀元前9千年紀の遺跡ハラン＝チェミでは、野生ヤギ・

ヒツジが全体の約43%を占めている。家畜化直前段階の遺跡でヤギ・ヒツジへの強い傾斜が認められることは、注目に値しよう。

（2） 追込み猟の流行

何を狩猟していたのかも重要であるが、それをどのように狩猟していたのかも重要であろう。というのも、家畜化の契機は狩猟の形態によっても大きく左右されるからである。

ところで、狩猟とは一般に、野生動物を「殺して集める」行為である。なぜなら、野生動物を手元に集めるには、殺す以外にないからである。しかし、殺して集めているかぎり、家畜化は永遠に初動しない。問題は「殺さないで集める」、すくなくとも「集めてから殺す、ただしすぐに殺すとはかぎらない」という狩猟の形態である。それが、家畜化の前適応としての追込み猟である。

追込み猟自体は、旧石器時代の早い段階から実施されていたと考えられる。マンモスを沼沢地に追い込むとか、レイヨウ類を洞窟のチムニー（天井孔）から追い落とすなどの事例がそれである。しかし、このような追込み猟では、獲物は集まった時点ですでに死んでいる。あるいは、ただちに殺される（殺さないと逃げられてしまうので）。したがって、すべての追込み猟が家畜化の初動装置となり得たわけではない。「殺さずに集める」または「集めてから殺す、ただしすぐに殺すとはかぎらない」という意味で、囲いや網による追込み猟こそが、家畜化の初動にかかわる狩猟形態といえるであろう。

では、そのようなタイプの追込み猟は、いつ頃から始まったのであろうか。そこで注目されるのが、トランスヨルダンの玄武岩沙漠で多数確認されているガゼルの追込み猟施設（カイト・サイト kite site）である（Helms and Betts 1987、藤井 1987、1989、図51、口絵参照)。これこそまさに、「囲う」タイプの追込み猟であろう。問題はその年代であるが、最古の事例はナトゥーフ文化にまでさかのぼる可能性があるといわれている。だとすれば、すくなくとも終末期旧石器文化の後期には、家畜化の初動契機となり得る狩猟法が確立していたことになろう。むろん、カイト・サイトを用いた狩猟によってガゼルの家畜化が実際に進行したわけではないが、これはガゼル自身の生態（とくに個体距離の大きさや、成オスの強いテリトリー制など）がおもな原因であろう。家畜化の初動装置が成立していたことの意義に変わりはない。

しかし、カイト・サイトはトランスヨルダンやシナイ・ネゲブのステップ・沙漠地帯にだけにみられる特殊な狩猟遺構である。ナトゥーフ文化の分布域内にそのような装置が存在していたかどうかは、まだよくわかっていない。しかし、ガゼルへの一極集中や群れ単位の狩猟を示唆する屠殺年齢パターンなどが認められることから、地中海性気候帯の遺跡でもやはりガゼルの追込み猟が実施されていたのではないかと思われる。問題はその形態であるが、捕獲網を用いた追込み猟の可能性が高い。というのも、オハローⅡでも述べたように、網の存在が予想されるからである。

いずれにせよ、家畜化の初動装置（つまり、囲いまたは網を用いた追込み猟）は、すくなくともナトゥーフ文化の段階までには成立していたと考えられる。むろん、初動装置があればただちに家畜化が進行するわけではない。「殺さずに集めた」獲物の大半は、結局、「集めてすぐに殺された」に違いないからである。事実、ナトゥーフ文化では家畜化は進行しなかった（家畜化の進行はこれから約2000年後のことである)。しかし、初動装置成立の意義は大きい。「殺さずに集める」狩猟においてのみ、「集めて」から「殺す」までの間に獲物の生存余地がわずかに生じ得るからである。

（3） イヌの家畜化

食用家畜とは異なるが、イヌの家畜化についても一言述べておきたい。人と動物との間に芽生えたはじめての恒常的な共生関係として、イヌの家畜化には大きな意味がある。

西アジアにおける家畜イヌの成立は、すくなくともナトゥーフ文化の段階にまでさかのぼる（Davis 1987)。その根拠のひとつが、体躯サイズの縮小である。体躯サイズの縮小は家畜化の過程に共通して現れる現象であり、家畜化過程を追尾する重要な手段となっている（第5章参照)。イヌの場合、下顎骨第一大臼歯（M_1）の奥行きの長さが比較されることが多い。ナトゥーフ文化の遺跡から出土したイヌの犬歯は、後氷期初頭のオオカミよりも小型であり、現在のイヌと同等のレベルにまで縮小している。

第二の根拠が、イヌの随葬である。たとえばアイン＝マラッハのH104号墓では、老人（おそらく女性）の遺体に生後3～5カ月の子イヌがともなっていた。死後の食糧として埋葬された可能性も否定できないが、それならばむしろ（当時の動物性食料の大半を占めていた）ガゼルが供えられるはずであろう。老人の左手に添うかのように置かれているこの子犬は、やはりペットであったと考えられる。類例は、同じくナトゥーフ文化のハヨニム＝テラスでも確認されている。

このほか、イヌの餌の断片も検出されている。イスラエルのハトゥラ Hatoula やシリアのテル＝ムレイビットなどでは、ガゼルの骨片が多量に出土したが、そのなかには動物の消化液で表面が腐食したものが多数含まれていた。骨片を飲み込むという食習慣からみて、人間が食べたものとは思えない。そこで注目されたのが、骨片の大きさとイヌの咀嚼能力との一致である。イヌの餌として与えられたガゼルの骨が、噛み砕かれた腐食骨片となって出土しているのではないか、というわけである。なお、ハトゥラ周辺のより古い時代の遺跡から出土したガゼルの骨には、この種の腐食痕は認められなかった。このこともまた、イヌの家畜化がナトゥーフ文化から始まったという説の根拠となっている。

以上述べたように、ヒトとイヌとの共生関係がナトゥーフ文化の段階で成立していたことは、まず間違いなかろう。ではなぜ、この時期にイヌの家畜化が進行しはじめたのであろうか。考古学的には、むしろこの方が重要である。ひとつ言えるのは、この時期に定住的な集落が成立していたということである。したがって、この定住的集落の存在がイヌの側からの片利共生的な接近を促したと考えることができよう。しかし、ヒトはなぜイヌの接近を許したのであろうか。場合によっては危害を加えかねないイヌ（当初はまだオオカミであった）の接近は、かならずしも歓迎されるものではなかったはずである。

この点で注目されるのが、追込み猟の流行である。定住的集落における片利共生的な接近以前に、ヒトとイヌは追込み猟の現場で出会いはじめていたのではないだろうか。というのも、追込み猟はイヌの狩猟形態にもっとも近く、イヌにとってもっとも接近・介入しやすい場であったと考えられるからである。追込み猟の現場で成立しはじめたこの共生関係を、定住的集落の内部にまで部分的にもち込んだ。それがアイン＝マラッハでの随葬であり、ハトゥラでの餌付けではないかと思われる。

ところで、このようにして成立した家畜イヌは、追込み猟の際の猟犬として重用されたと考えられる。その追込み猟が、「集めてから殺す、ただしすぐに殺すとはかぎらない」という意味でヤギ・ヒツジの家畜化の契機を担っていたとすれば、猟犬としての家畜イヌの成立は、ヤギ・ヒツジの家畜化にとっても重要な前適応のひとつであったといえよう。

（4） 前適応の「いつ」「どこで」

以上述べたことを、地域単位でまとめておこう。まず、レヴァント地方であるが、この地域では定住的集落の成立がもっとも早くから認められた。その意味で、集落周辺における動物資源ストレスは相対的に上昇していたと考えられる。しかし、狩猟動物相は一般にガゼルに集中しており、ヤギやヒツジは丘陵・山岳地帯でわずかに狩猟されていたにすぎない。したがって、家畜化への前適応は希薄であったといわざるを得ない。しかし、イヌの家畜化だけは進行していた。また、家畜化の初動装置としての追込み猟については、捕獲網などの間接的な証拠が認められた。これらの証拠は、ナトゥーフ文化に集中していた。

レヴァント地方ほど明確ではないが、ザグロス地方でも定住的集落の成立が認められた。しかも狩猟動物相の面では、ヤギ・ヒツジへの強い傾斜が旧石器時代の早い段階から認められた。しかし、追込み猟の痕跡については不明な点が多い。ただし、イヌは家畜化されていた可能性が高い。

シナイ・ネゲブ地方では、定住的集落の形成が進んでいなかった。ヤギやヒツジはわずかに狩猟されてはいたが、中心となるのはやはりガゼルやアイベックスであった。一方、トランスヨルダンでは、コウジョウセンガゼル、オナーゲル、オリックスなどのステップ適応種が盛んに狩猟されていた。しかし、カイト・サイトの存在は追込み猟の実施を明示していた。イヌの家畜化は不明である。なお、コーカサス・カスピ地方の実態は不明であるが、海岸平野を除く山岳地では一般にヤギ・ヒツジの狩猟が盛んであった。

結局、どの地域にも一長一短があり、明確な較差は認めがたい。

しかし、少なくともヤギ・ヒツジへの傾斜という点で、ザグロスやコーカサス・カスピ地方がレヴァント地方よりも先行していたことだけは確かであろう。したがって、家畜化への前適応では、農耕への前適応とはまったく逆の構図が認められることになる。この点は重要である。

6　その他の問題

終末期旧石器文化における前適応について述べてきたが、そこから漏れた問題について検討しておきたい。ここでは、前適応の背景になるいくつかの問題を取り上げてみよう。

（1）　気候変動

農耕牧畜の起源をどのオーダーで論ずるかにもよるであろうが、氷期末から後氷期初頭にかけての気候変動はやはり重要な問題のひとつである。とりわけ、前適応の段階で利用されたのは野生の動植物であるから、気候変動の与えた影響は大きいに違いない。概略は第1章で述べたので、ここでは次の2点だけを強調しておこう。

第一は、ケバラ文化がビュルム・マクシマムの時期に相当していたという点である。この時期の寒冷かつ乾燥した気候は、西アジアにおけるムギの分布をいちじるしく縮小したと考えられている。農耕への前適応を暗示するオハローⅡなどの遺跡が、ヨルダン渓谷や海岸丘陵などの低地部に集中しているのも、そのためであろう。また、こうした例外を除いて、ケバラ文化の遺跡の多くが小規模集団による遊動的セトルメントパターンを示しているのも、やはりこの時期のきびしい気候条件の影響と考えられる。

第二に強調しておきたいのは、ジオメトリック・ケバラ文化からナトゥーフ前期文化までの期間がビュルム・マクシマムからの急速な回復期に当たっていた、という点である。むろん、この間にも、たとえばジオメトリック・ケバラ文化の末における再寒冷化のように、小規模の変動はあったと考えられる。しかし、すくなくともナトゥーフ前期文化における気候・植生の回復は、各種の花粉分析、地形・土壌学的分析、海底酸素同位体比分析などによって、広く裏づけられている。ナトゥーフ前期文化で農耕への前適応が顕在化したことの背景には、こうした気候・植生の回復にともなうムギ分布の拡大があったと考えられる。

(2) 広範囲生業

農耕牧畜への前適応のひとつとして、しばしば指摘されるのが、「広範囲生業（broad spectrum subsistence）」あるいは「多角的生業戦略」である。多様な資源を利用する複雑社会の狩猟採集民こそが（その周辺部分において）農耕牧畜を起源させた、という主張である（コラム2参照）。しかし、このアイデアの源泉となったアリ＝コシュは、じつは先土器新石器文化B中期以後の遺跡である（第6章参照）。発掘が行われた1960年代前半はともかく、先土器新石器文化Aの初期農耕が確認された今となっては、農耕の起源に直接かかわる遺跡とはいいがたい。したがって、この遺跡で抽出された広範囲生業という概念についても、再検討が必要であろう。

そもそも、何と比較してより「広範囲」なのか。この点がどうも曖昧なように思われる。広範囲生業が農耕牧畜の前提条件というならば、1）生業の広範囲化は農耕の直前段階になって初めて進行した、2）こうした現象は農耕が起源した地域にのみ認められる——この2つのことが確認されねばならない。しかし実際にわかっているのは、農耕が起こった地域の農耕直前段階の生業は農耕以後の生業よりも多角的であった、ということだけである。たとえばユーフラテス中流域のテル＝アブ＝フレイラの場合、ナトゥーフ文化層の生業内容は、先土器新石器文化B層のそれにくらべてたしかに多角的である（常木 1999）。しかし、このデータが示しているのは、農耕文化の進展にともなう「モノカルチャー化」にすぎない（コラム4参照）。広範囲生業を農耕牧畜の前提条件とするならば、1）と2）の検証が必要であろう。

まず1）についてだが、農耕の起源よりも約1万年古いオハローⅡの生業もすでに十分多角的であった。同時期のファザエルⅨ Fazaelやファザエル Ⅹ—Ⅺも同様である。レヴァント地方の主要な狩猟動物であるガゼルやファロー・シカのみならず、ヤギ、ウシ、ロージカ、イノシシなどの中型ほ乳類、キツネ、ウサギ、ネコなどの小型ほ乳類、さらには淡水産の蟹や各種鳥類なども検出されている。近年では、中期旧石器時代末の生業でさえも十分多角的かつ広範囲であったことが、指摘されている（Edwards 1989）。したがって、すくなくとも西アジアの場合、広範囲生業は農耕直前になってはじめて成立したのではなく、それよりもかなり以前から行われていたと考えるべきであろう。

次に2）についてだが、広範囲生業は農耕直前の社会だけに認められるわけではない。たとえばアフリカの狩猟採集民サン族の生業は、十分多角的であろう（田中 1971）。極北の狩猟採集民はともかく、すくなくとも中緯度地帯では広範囲生業を営んでいない狩猟採集民の方がむしろ希なのではないだろうか。

そもそも広範囲生業は、定住化の一側面でもある。定住的な集落では、各季節の食物残滓が1カ所に集積される。このことが、生業の幅を見かけ上増幅している可能性があろう。また、後氷期における季節性の強化も、広範囲生業の成立と密接な関係があるように思われる。季節性が強化されれば、資源も必然的に多様化するからである。生業の広範囲化は、その表れでもあろう。その意味で、広範囲生業は、ビュルム・マクシマム以後の中緯度地帯に通有の現象であり、農耕の前適応とはやや次元の異なる問題ではないかと思われる。

（3） 重点化をともなう広範囲生業

以上述べたように、農耕牧畜への前適応としての広範囲生業には、十分な裏づけがともなっていない。この点を鋭く突いたのが、ヘンリーの反論である（Henry 1989）。農耕直前段階のナトゥーフ文化では、ガゼルへの一極集中が認められる。その意味では、決して「多角的」ではない。むしろ特定資源への集中こそがナトゥーフ文化の特徴ではないか、というのが彼の主張である。

しかし、この主張にも問題はある。なぜなら、ガゼルへの一極集中は確かだとしても、ナトゥーフ文化で利用された動植物資源が多様であったことに変わりはないからである。結局のところ、「全体としては多様、しかしその内訳は重点的」というのが、ナトゥーフ文化の生業の特徴であろう。同じことは、先述のオハローIIについてもいえる。この遺跡では数十種を越える動植物が利用されていたが、その内訳は特定種（植物では野生オオムギ、動物では魚類）への集中を示していた。

したがって、単に広範囲生業といっても意味がない。重点化をともなう広範囲生業――広範囲生業が農耕牧畜への前適応として意味をもつとすれば、まさにこの点であろう。なぜなら、コムギ・オオムギあるいはヤギ・ヒツジへの「重点化」こそが、農耕牧畜を生んだ最大の要因と考えられるからである。

（4）　所有・管理の単位

農耕牧畜への前適応が進行しはじめたとき、食糧としての動植物はどのように管理・所有されていたのであろうか。この問題は、栽培化・家畜化の経緯を考える上できわめて重要である。

まず植物であるが、採集は基本的に女性の仕事であり、しかも一般に個人単位の仕事といわれている。むろん、同じバンド組織の女性が連れ立って出かけることも多いが、採集した植物自体は採集者個人に属するのがふつうのようである。その結果、植物性食物の多くは、当該の女性が所属する家族を単位として管理・所有・消費される傾向がある。

西アジアの終末期旧石器文化でも、同様のことが認められる。先述したように、アイン＝マラッハの貯蔵区画は、集落単位ではなく、あくまでも各家屋に付帯していた。この貯蔵区画が野生ムギの貯蔵にも用いられたとすれば、ナトゥーフ文化のムギは家族単位で管理・所有・消費されていたことになろう。このことは逆に、ナトゥーフ文化のムギが採集活動の一環として収集されていたにすぎないということを暗示している（鎌が小型であったのも、そのためであろう）。

一方、動物性の食料については、次のようなことがいえる。個人あるいは少人数で行う待ち伏せ猟や罠猟などはともかく、追込み猟は集団単位の狩猟である。したがって、追込み猟の獲物は、集団単位で管理・所有・消費されるという傾向がある。むろん、例外は多いが、少なくとも採集植物の管理・所有形態にくらべて、集団的傾向がより強いことだけは確かであろう。

家畜化の過程にも、こうした傾向が反映しているように思われる。後述するように、ヤギやヒツジの家畜化は集落内の囲いのなかで進行したが、その囲いは通常、集落内に１件または少数のみであった

(第5章参照)。その点、穀物の貯蔵施設とは対照的である。家畜は、穀物とは異なり、あくまでも集落単位で管理・所有・消費されたことになろう。こうした傾向が認められるのも、西アジアにおけるヤギ・ヒツジの家畜化が集団追込み猟を媒介に進行したことと決して無縁ではあるまい。

7　まとめ

農耕牧畜への前適応は、すくなくとも終末期旧石器文化の段階から進行していたと考えられる。まず、農耕の面では、(ムギの分布やその季節性ともうまく対応した冬季・低地ベースキャンプの延長線上における) 定住的集落の出現、野生コムギ・オオムギなどの利用増加、各種農耕関連用具・施設の初現または増加、そして屋外活動スペース (あるいは分散型就寝スペース) の遺構化にともなう二峰性遺構群の成立などが、指摘できる。こうした前適応は、レヴァント地方中南部のナトゥーフ文化において、もっとも顕著に認められた。一方、牧畜の面では、タウルス・ザグロス地方を中心にヤギ・ヒツジへの強い傾斜が認められた。

コラム2

西アジアの農耕牧畜起源論(2)—第二世代の仮説

チャイルドやブレイドウッドの仮説が第一世代の農耕牧畜起源論だとすれば、ビンフォードやフラネリーらの人口圧仮説はまさに第二世代の仮説といえるであろう。両者の最大の違いは、農耕牧畜の起源に対する基本的評価のあり方にある。前者が総じてプル・モデル（食糧調達のために不安定な日々を送る狩猟採集民は、条件さえ整えばすすんで農耕牧畜民になるはずだという考えに立つモデル）であったのに対して、後者の多くはプッシュ・モデル（なんらかの環境的・社会的ストレスのために、やむなく農耕・牧畜を選択したにすぎないというモデル。ストレス・モデルともいう）であった。こうしたパラダイムの逆転を促す一因となったのが、次に述べる3つの調査である。

ペロによる「定住的な狩猟採集民」の発見

ヨルダン渓谷のナトゥーフ文化遺跡、アイン＝マラッハの発掘調査（1955～56）によって、狩猟採集民の最終段階ですでに定住化が進行していたことが明らかになった（Perrot 1966）。この発見によって、狩猟・採集→農耕・牧畜→定住化、という古典的な図式が根本から覆ったわけである。農耕牧畜の起源問題に直接言及しているわけではないが、立論自体の自由度を拡大したという点で、ペロ(J. Perrot）の業績は特筆に値する。後述の人口圧仮説も、定住化による人口増加を農耕牧畜起源の動因に挙げているという点で、ペロの業績の恩恵を受けている。

リーによる「満ち足りた狩猟採集民像」の発見

狩猟採集民についての固定観念は、人類学の分野でも疑問視されるようになった。その一例が、リー（R. Lee）らによるアフリカでの人類学的調査である。彼らの目に映ったのは、物質的にも精神的にも十分ゆとりのある、従来の常識とは正反対の狩猟採集民像であった（Lee and Devore 1968）。こうした新たな狩猟採集民像の発見は、西アジア農耕牧畜起源論の問題設定の方向をも逆転させることになった。環境と調和し、満ち足りていたはずの狩猟採集民が、いったいなぜ、多忙かつ不安定な農耕・牧畜民にならねばならなかったのか。プル・モデルからプッシュ・モデルへの切り替えの直接的契機となったという点で、リーらによる人類学的研究の意義は大きかった。

ハーランによる野生コムギの収穫実験

これと並んで挙げておかねばならないのが、1960年代の中頃に行われた、ハーラン（J. Harlan）による野生コムギの収穫実験である（Harlan 1967）。ハーランは、トルコ南東部の都市ディアルバクルの近郊で野生一粒系コムギの収穫実験を行い、手こぎの方法でも１時間に平均約２kg、鎌を用いた場合は約2.5kg の収穫が得られることを実証した。この値からすると、１家族全員で作業すれば、わずか数週間で一年分の消費を賄うだけの収穫が得られることになる。　豊かな狩猟採集民像が、いよいよムギとの関係においても証明されたわけである。この衝撃も大きかった。野生種の採集でも十分まにあうはずのムギを、どうしてわざわざ栽培化する必要があったのか。栽培化の背景にはよほどのストレスがあったに違いない。

このこともまた、プル・モデルの終焉を導く一因となった。

ビンフォード、フラネリーの人口圧仮説（別名「縁辺部仮説」）

こうして登場したのが、プッシュ・モデルである。その初期の代表例が、ニュー・アーケオロジーの旗手ビンフォード（L. R. Binford）の提唱した「人口圧仮説（population pressure hypothesis）」である。この仮説を要約すると、1）水棲資源の利用などによって、旧石器時代末の河川流域や沿岸部では人口が増加した、2）そのため、資源の潤沢でない縁辺部に押し出される集団がでてきた、3）この縁辺部での人口圧が徐々に高まった結果、4）補完手段としての農耕・牧畜が始まった、ということになろう（Binford 1968）。この仮説の根拠として用いられたのが、ボスラップ（E. Boserup）の人口動態論（人類史上の大きな変革は人口増加の結果として生起したものであって、その逆ではないという分析モデル、Boserup 1965）である。

しかし、この人口圧仮説には具体的な考古学データがまったくといってよいほどともなっていなかった。この弱点を遺跡調査によって補おうとしたのが、フラネリー（K. V. Flannery）である。なかでも、イラン南西部の新石器文化遺跡、アリ゠コシュの発掘調査は、「広範囲生業」という基本的概念の源泉となったことで有名である。この概念で武装した新たな人口圧仮説は、1）旧石器時代の末に、多様な生物資源を食糧として利用する広範囲生業が成立し、2）その結果、定住化・人口増加が進行した、3）そのため、縁辺部に徐々に人口が排出され、4）その縁辺部での人口圧が環境扶養能力以上に高まった結果、農耕・牧畜が（核地帯と同レベルの環境扶養能力を擬制的に創りだすために）成立した、というものである（Flannery 1969、1973）。

これは、従来にない新鮮な説明であった。事実、1970年代の西アジア農耕牧畜起源論は、人口圧仮説一色に塗りつぶされた観がある。しかし、この仮説に内在する決定的な弱点はいまだに払拭されていない。第一に、旧石器時代末の人口増加が各地域の環境扶養能力を超過していたという確証は、じつはどこにもない（その直後に農耕が始まっているから超えていたはずだ、というのが本音であろう）。第二に、現在知られている最初期の農耕牧畜集落は、野生ムギ・ヒツジの分布域の外周にではなく、その内側に位置している。したがって、縁辺部での農耕牧畜起源そのものが成り立たない。第三に、人口圧仮説の根幹を成す「広範囲生業」という概念自体に疑問がある（第2章参照）。

したがって、人口圧仮説がそのままの形で成立するわけではないが、ヒトの側の社会的・生態的要因を農耕・牧畜起源論に巧みに組み入れた点は、高く評価されねばならない。

第3章　狩猟採集民の農耕

—先土器新石器文化A —

西アジアのムギ作農耕は、先土器新石器文化Aの前半、つまり紀元前8000年頃に始まった。このときの農耕を一言でいうならば、「狩猟採集民の農耕」ということになろう。用語としては矛盾しているが、実態としてはまさにそうである。主として女性による、採集活動の延長としての小規模園耕という意味で、それはまさに「狩猟採集民の農耕」であった。先行の諸文化との関係に力点を置きながら、先土器新石器文化Aにおける初期農耕の始まりを追跡してみよう。

1　遺跡研究：ネティブ＝ハグドゥド

ネティブ＝ハグドゥド Netiv Hagdud は、ヨルダン川西岸の扇状地（海面下約170m）に位置する先土器新石器文化Aの単純遺跡である（Bar-Yosef and Gopher 1997、Tchernov 1994）。1980年代の前半から中盤にかけて発掘された。先土器新石器文化Aの初期農耕集落のなかでは、イェリコと並んで、もっとも詳細に調査された遺跡のひとつである（図23、口絵参照）。

栽培コムギ・オオムギの炭化種子や、鎌刃・石臼などの農耕関連遺物の出土を基に、この遺跡ではムギ作農耕が行われていたと考えられている。そのことは、遺跡規模の拡大にも現れている。ネティブ＝ハグドゥドの推定面積は約1.5ha、堆積層の厚さは約500年間

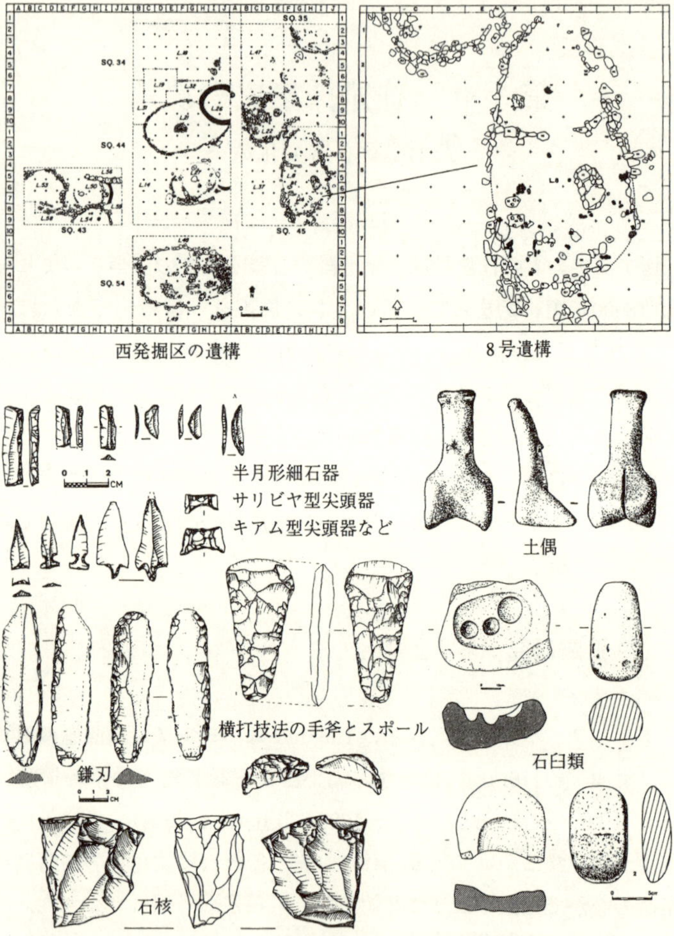

図23　ネティブ＝ハグドゥド（Bar-Yosef and Gopher 1997より）

で最低約3.5mである（まだ処女層には達していない）。一方、ナトゥーフ文化の集落遺跡のなかでも最大クラスのアイン＝マラッハは、面積約0.2ha×堆積層約2m（約2000年間）であった。この比較だけでも、初期農耕の成立が集団規模の拡大化・固定化を招いたことがわかるであろう。遺構が頻繁に切り合っているのも、定住農耕集落に固有の現象である。

一方、遺構型式の点でも新たな変化が生じている。ナトゥーフ文化までの単室遺構と異なり、この遺跡の大型楕円形遺構では複室化の兆しが認められる。農耕の始まりにともない、居住空間の再編・分割が進行しはじめたことがわかる。ただし、二峰性遺構群が単位となって集落が形成されているという点は、ナトゥーフ文化と変わらない。

石器は剥片が中心であり、細石器の伝統は後退している。道具類の内訳では、穿孔器、抉入石器、調整石刃などが多い。後の先土器新石器文化Bで盛行する鎌刃や尖頭器は、まだ少ない。なお、先土器新石器文化Aの鎌刃は大型の石刃からつくられており、ベイト＝タミール型鎌刃と称されている。光沢が側縁全長(または中央部分)に認められること、刃部の長さが装着溝の長さとほぼ一致することなどから、ナトゥーフ文化で見られたような直線鎌に鎌刃1個体分だけが単体装着されたと考えられる。この点でも、細石器的な組み合わせ道具からの脱却がうかがわれる。なお、この時期の標準遺物のひとつに、横打技法によって刃を付けた打製石斧・手斧類がある。刃部が何度も再生されているので、耕作作業や木材加工などが盛んに行われていたことがわかる。

石臼類では、それまで多かった縦臼・縦杵のセットから横臼・磨石のセットへのシフトが認められる。栽培コムギ・オオムギの成立によって脱穀作業の重要性が後退し、むしろ製粉作業が主目的になってきたことがうかがわれる。その他の遺物としては、いわゆる地母神像が2点出土している。これらの地母神像は廃棄された状態で出土しているので、恒常的な礼拝の対象というよりも、むしろ特定の祭祀に用いられたものと考えられている。このほか、骨角器、石製ビーズ、貝殻、木製品・籠・紐などの断片なども出土している。

埋葬遺体は、計28体（墓坑数では計22件）確認されている。埋土あるいは住居の床面下からの出土が多い。大半が楕円形土坑への単葬であり、屈葬の姿勢をとっている。副葬品はほとんどともなわない。一次葬と二次葬があるが、とくに成人骨の場合、頭蓋骨を欠く事例が多い。逆に、頭蓋骨だけの埋葬もある。頭蓋骨の除去はナトゥーフ後期文化から始まった風習であるが、後の先土器新石器文化Bでは装飾頭蓋骨としてさらに発展している。これらは、祖先崇拝儀礼に関係するものと考えられている。

生業面では、ガゼルの狩猟とオオムギの栽培が中心であった。ただし、これ以外にも多様なオプションが認められる。植物性食物では、コムギ、各種のマメ類、油脂植物、液果類（ブドウ、イチジク）、堅果類（アーモンド、ピスタチオ、カシノミ）、野菜類なども多く出土している。一方、動物性食物としては、イノシシ、アイベックス、キツネ、ウサギ、齧歯類、各種の鳥類などが幅広く利用された。こうした食物資源の利用時期は四季にわたっており、この遺跡が狩猟・農耕にもとづく定住的な集落であったことを裏づけている。

なお、この集落の人口は、最大約100人程度であったと考えられる（藤井 2000）。したがって、十数家族からなる小規模な集落ということになろう。ガゼル猟がまだ盛んに行われていたという点で、また農耕自体の規模が小さかったという点で、青壮年男子は依然として農耕には取り込まれていなかったと考えられる。女性中心の小規模園耕――それが、この時代の農耕の実態であった。

2　先土器新石器文化Aの編年

（1）先土器新石器文化とは

先土器新石器文化（Pre-Pottery Neolithic）とは、文字通り、土器出現以前（Pre-Pottery）の新石器文化（Neolithic）のことである。先土器新石器文化の存在とその意義が最初に発見されたのは、死海北西岸の遺跡イェリコ Jericho（現地名テル＝エッ＝スルタン）の発掘調査においてであった。この遺跡では、農耕の痕跡は認められるが土器はともなわないという文化層が厚さ約10mにわたって確認された。これを、発掘者のイギリス人考古学者ケニヨン（K. Kenyon）が、「先土器」新石器文化と命名したのである。発掘が行われた1940～50年代には、新石器文化とは一般に土器をともなうものと考えられていたので、「先土器」新石器文化の発見は大きな驚きをもって迎えられた。

イェリコの先土器新石器文化は、層序・遺構型式・石器組成などを基に、先土器新石器文化A（PPNA＝Pre-Pottery Neolithic A、紀元前8300～7300年頃）と、先土器新石器文化B（PPNB＝Pre-Pottery Neolithic B、紀元前7300～6000年頃）の、2つに時期区分された。この時期区分は、西アジアにおける新石器文化編年の大枠として、現在も広く用いられている。ただし、それはあくまでも時代名であって、各地域の個々の文化に対しては固有の文化名が与えられることが多くなっている。

（2）各地域の編年

もう一度、終末期旧石器文化の最終段階の状況を思い出していただきたい（図12）。レヴァント地方にはナトゥーフ文化、シナイ・

ネゲブ・トランスヨルダンにはハリフ文化に代表されるステップ適応型のポスト＝ナトゥーフ文化、ザグロス地方ではザビ＝ケミ＝シャニダールに代表されるポスト＝ザルジ文化、コーカサス・カスピ地方では幾何学形細石器の伝統を強く保持するトリアレト文化が、それぞれ展開していた。各地の先土器新石器文化Aにも、こうした素地の違いが反映している。

〔レヴァント地方〕ナトゥーフ文化を継承したのが、先土器新石器文化Aの前半に当たるキアム文化（紀元前8300〜8000年頃）である。キアム文化は、キアム型尖頭器を標準遺物とする短期間の文化であるが、細石器の伝統を強く保持しており、ムギ作農耕はまだ実施されていなかったと考えられている。したがってキアム文化は、「先土器」とはいえても、「新石器文化」とはいえないことになる。しかし、ナトゥーフ文化からスルタン文化への移行期として、便宜的に先土器新石器文化Aの初頭に位置づけられている。キアム文化は、レヴァント地方の全域からイラク北西部まで、広く分布している。

このキアム文化につづくのが、レヴァント地方南部のスルタン文化、中部のアスワド文化、北部のムレイビット文化である（図24）。キアム文化の段階で見られた地域色がより鮮明になるため、レヴァント地方の内部でもそれぞれ別の文化名が与えられているわけである。ムギ作農耕が始まったのが、まさにこの時期である。なお、冒頭で紹介したネティブ＝ハグドゥドは、イェリコとともに、スルタン文化を代表する遺跡のひとつである。

これとほぼ同じ頃、レヴァント地方とザグロス地方の中間領域であるイラク北西部からシリア南東部にかけての平原地帯（ジャズィーラ）では、ネムリク型尖頭器を標準遺物とする前期ネムリク文化が興っている。この文化はザグロス地方のポスト＝ザルジ文化を基

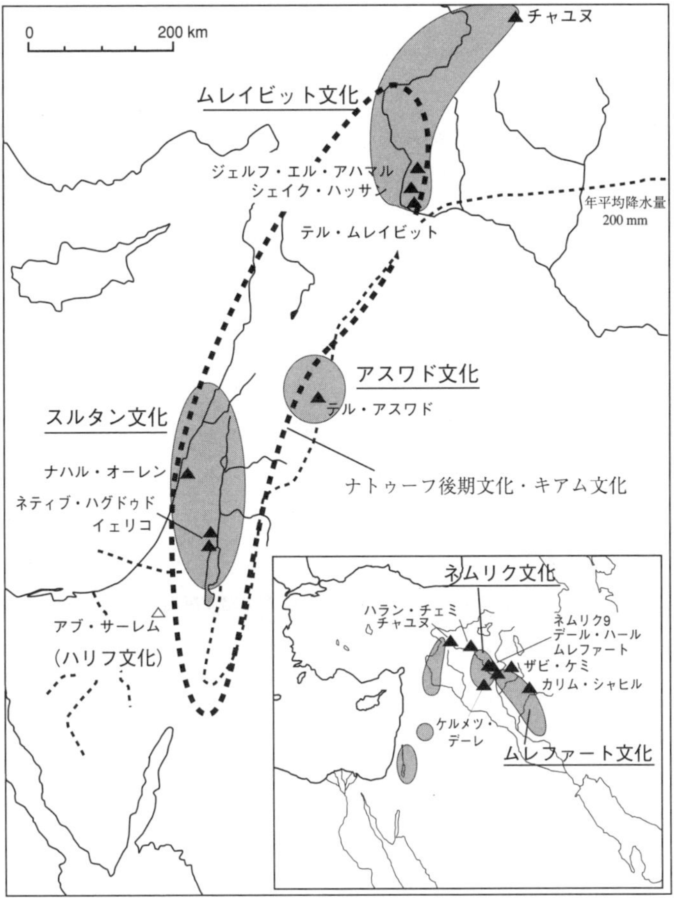

図24　先土器新石器文化Aの初期農耕文化

盤に派生したものと考えられるが、キアム型尖頭器が混在するなどの点で、レヴァント地方との接触も認められる。

〔ザグロス地方〕ザグロス山脈北西山麓を中心に、ポスト＝ザルジ文化を母胎として興ったのが前期ムレファート文化である。この文化の指標遺物は、押圧剥離技法による石器素材を用いた各種の背付き（細）石刃（backed blade/bladelet）である。レヴァント地方の同時期の諸文化にくらべて細石器の伝統が根強いのが、この文化の特徴である。なお、前期ムレファート文化では農耕の痕跡がやや不明確であり、依然として定住的な狩猟採集経済が継続していたと考えられている。

〔シナイ・ネゲブ・トランスヨルダン地方〕シナイ・ネゲブ地方では、ナトゥーフ文化の末に成立したハリフ文化につづいて、キアム文化が部分的に波及している。シナイ半島南端のアブ＝マーディⅠ Abu MadiⅠはその一例である。しかし、スルタン文化と並行の時期にどのような文化があったのかは、まだよくわかっていない。トランスヨルダンの状況は、さらに不明である。このようなことから、先土器新石器文化Aに並行する時期の周辺乾燥域では、人類の居住自体が希薄であったと考えられている。

〔コーカサス・カスピ地方〕大型の幾何学形細石器を中心とするトリアレト文化の継続が認められる。ベルト洞窟（上層）、ダム＝ダム＝チェシュメⅡ Dam Dam CheshmeⅡ、ハラン＝チェミ Halan Çemi などの遺跡がある。しかし、その内容についてはまだ不明な点が多い。

農耕の開始を先土器新石器文化Aの定義とするならば、レヴァント地方の3つの文化（スルタン文化、アスワド文化、ムレイビット文化）だけが、それに相当する。他の地域の諸文化は、先土器新石器文化Aの時期における定住的または遊動的な狩猟採集文化ということになろう。したがって、先土器新石器文化Aの段階で西アジア全域がただちに農耕化したわけではない。この点は注意が必要である。

3　ムギ作農耕の「いつ」「どこで」

ムギ作農耕の「いつ」「どこで」は、かなり正確にわかってきている。終末期旧石器文化からの流れに着目しながら、ムギ作農耕の始まりを追尾してみよう。

（1）　終末期旧石器文化からの推移

ヨルダン川の下流西岸地区は、西アジアのなかでももっとも綿密な調査が行われた地域のひとつである。この地域では、西から東に向かって、丘陵・渓谷・扇状地・平原・湿地帯が帯状に分布し、狭いながらも多様な環境が認められる（図25）。ここで取り上げるのは、ワディ＝ファザエルとワディ＝サリビヤの流域で発掘または試掘された一連の遺跡群である（Goring-Morris 1980）。

まず、遺跡面積と堆積の厚さに着目してみよう（表3）。ナトゥーフ文化を含めて終末期旧石器文化遺跡の多くが面積約200m^2×堆積約0.5m以下の値を示すのに対して、先土器新石器文化Aの遺跡は、面積では約100倍（約1～2.5ha）、堆積の厚さでは約10倍（約3～8m）の値を示している。とりわけ、スルタン文化における遺跡の大型化は顕著である。石器密度や埋葬件数の点でも、スルタン文化の遺跡は他を圧倒している。加えて、石臼・鎌刃などの農耕関連遺物やコムギ・オオムギなどの炭化種子の出土も、スルタン文化に集中している。スルタン文化でムギ作農耕が成立していたことは、まず間違いないなかろう。

スルタン文化における農耕の開始は、遺跡立地の点からも見て取れる。ケバラ文化までの遺跡の多くが渓谷部に集中しているのに対して、ジオメトリック・ケバラ文化以後の遺跡の大半は扇状地に移

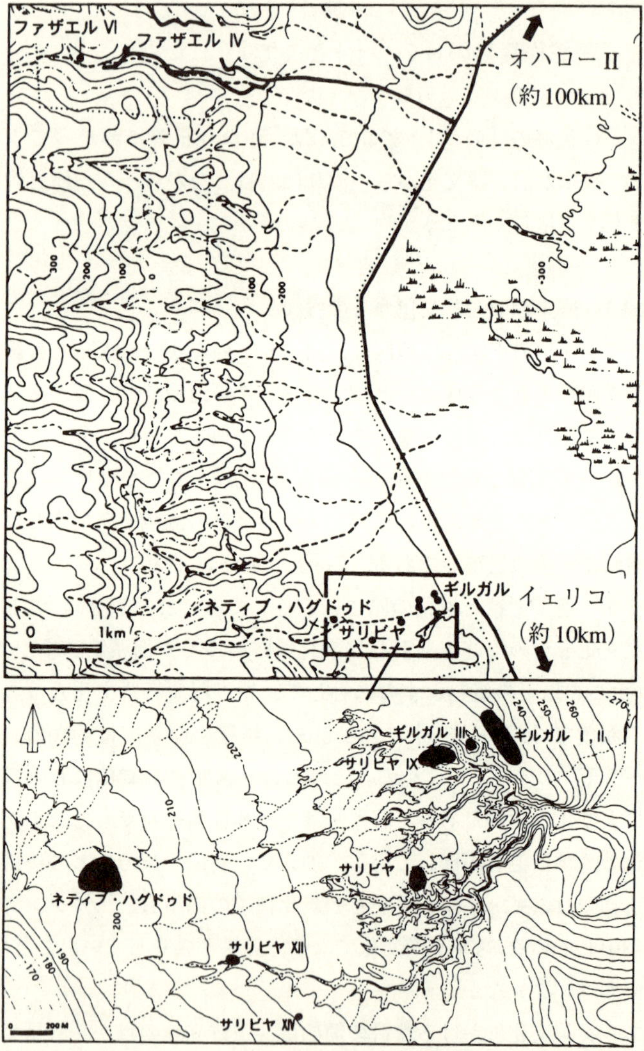

図25　サリビヤ・ファザエル地区の遺跡群（藤井 1999より、原図は Bar-Yosef and Gopher 1997）

表３　サリビヤ・ファザエル地区の遺跡データ（Goring-Morris 1980などを基に作成）

時代/文化	遺跡名	面積（m^2）	堆積（m）	密度*	立地**	遺構	埋葬	鎌刃	石臼	石斧	種子
中期旧石器	ファザエルI				⊿						
後期旧石器	ファザエルIX	100–150	0.5	750	︾						
	ファザエルX	200	0.5	850	﹀				△		
	ファザエルXI			1,250							
終末期旧石器											
ケバラ文化	ファザエルIIIA	75-100	0.4	1,150	﹀						
	ファザエルIIIB	50	0.1–0.2	450	﹀						
	ファザエルV				︾						
	ファザエルVII	50	0.4	450	︾				△		
	ファザエルXII				﹀						
	ウルカン・エッ・ルッブII				⊿						
	タラート・ザラーI–II				⊿						
ジオメトリック=ケバラ文化	ファザエルIIIC	100	0.1		⊿						
	ファザエルVIII	50	0.5		︾						
	ウルカン・エッ・ルッブIV				⊿						
ナトゥーフ前期	ファザエルVI	500			︾						
	サリビヤXII	150			⊿						
ナトゥーフ後期	ファザエルIV	300		2,500	︾						
	サリビヤI–VIII				⊿						
	サリビヤXIV				⊿	扇状地へ					
	ギルガルII, V, VI				⊿						
先土器新石器文化A											
キアム文化	サリビヤIX	10,000	1.25		⊿			5.7	○		
	ギルガルIII				⊿						
スルタン文化	ギルガルI	3,000	?		⊿	+			+	+	+
	ネティブ・ハグドゥド	15,000	3.5		⊿	+	28	5	+	+	+
	イェリコ	25,000	8.0		⊿	+	272		+	+	+

* 単位堆積当たりの石器の密度(点/m^3)

** ︾（渓谷上部）、﹀（渓谷下部）、⊿（扇状地）

動している。しかも、等しく扇状地といっても、ジオメトリック・ケバラ文化までの遺跡がワディ＝ファザエルの側に集中していたのに対して、ナトゥーフ文化以後の遺跡の大半はワディ＝サリビヤの側に移動している。このことは、ムギ利用の拡大にともなってより大型の扇状地への移動が進行したということを意味している。それだけではない。ワディ＝サリビヤの扇状地のなかでも、ナトゥーフ文化〜キアム文化の遺跡がしばしば緩斜面を選択しているのに対して、スルタン期の遺跡はより平坦な場所を好んで選択している。このこともまた、スルタン文化における農耕の始まりを強く示唆している。

以上述べたように、この2つのワディの流域では、農耕への足跡を連続的に追うことができる。こうした連続性は、たとえば石器文化の推移にも表れている。終末期旧石器文化の細石器文化がキアム文化にまで継続し、スルタン文化以後は徐々に姿を消す。その一方で、キアム文化に初現した尖頭器類や大型石刃がスルタン文化の石器の中心を占めるようになる。この地域がムギ作農耕の起源地のひとつであったことは間違いあるまい。

では、こうした流れが西アジアの全域で広く認められるのかというと、決してそうではない。現在のところ、紀元前8千年紀における初期農耕の痕跡は、以下に述べる3つの文化においてのみ認められる。

（2） スルタン文化

スルタン文化については上述したので、ここでは要点のみを述べておく。ネティブ＝ハグドゥドやイェリコなどを標準遺跡とするスルタン文化は、ヨルダン渓谷およびその周辺の丘陵地帯に分布している。この文化はナトゥーフ文化やキアム文化を母胎に成立しており、いわばナトゥーフ直系の初期農耕文化である。したがって、終末期旧石器文化からの流れをもっとも連続的に追跡できるのが、この文化である。標準遺物は、横打技法による打製石斧・手斧、ベイト・タミール型鎌刃、ハグドゥド＝トランケイションなどである。遺構としては、竪穴式の単室または複室楕円形遺構が特徴的である。ネティブ＝ハグドゥド、イェリコ、ギルガルⅠ、ゲシェルからは、栽培ムギまたは栽培マメが出土している。

（3） アスワド文化

アスワド文化は、シリア南西部のダマスカス盆地に位置するテル＝アスワドTell Aswad（とくにそのⅠA層）を標準遺跡とする初期農耕文化である。その分布は、現在のところダマスカス盆地のみにかぎられている。この文化は、地理的にもまた文化的にも、ヨルダン渓谷周辺のスルタン文化とユーフラテス中流域のムレイビット文化との中間的な性格をもっている。細石器がほぼ欠落していること、先土器新石器文化Bに特徴的なナヴィフォーム型石核の技術がすでに用いられていることなどの点では、ムレイビット文化に近い（Contenson 1995）。一方、ハグドゥド＝トランケイションが石器組成のなかに含まれていること、また二粒系コムギが栽培作物の中心を占めているなどの点では、むしろスルタン文化的である。なお、この文化で出土した二粒系コムギは栽培種だけであり、野生種はともなっていなかった。そのため、外部（おそらくヨルダン渓谷のスルタン文化）から、栽培作物の形でもち込まれたものと考えられている。編年的にも、スルタン文化よりはやや遅れるように思われる。

（4） ムレイビット文化

テル＝ムレイビットTell MureybetのⅢ層を標準遺跡とする、ユーフラテス中流域の初期農耕文化である。しかし、この文化の遺跡で出土したムギやマメ類はすべて野生段階であり、栽培化にはまだいたっていない。その意味では農耕以前の文化とすべきであるが、穀物の栽培化だけが農耕の基準ではない。後述するように、この文化では貯蔵区画を含む大型の複室円形遺構がつくられており、石臼や鎌刃・打製石鍬なども多く用いられている。また、先土器新石器文化Bの特徴であるナヴィフォーム型石核やビブロス型尖頭器もすでに一般化している。これらのことを考えあわせると、ムレイビット文化は野生のコムギ・オオムギを対象とした初期農耕文化といえるであろう。

(5) その他の地域

その他の地域では、初期農耕と明言できる文化はまだ確認されていない。たとえば、スルタン文化の南側のシナイ・ネゲブ地方では、回遊的セトルメントパターンを保持するハリフ文化・キアム文化が残存していた。またその東側のトランスヨルダンでは、この時期の居住自体が希薄であった。一方、ムレイビット文化の東側にはネムリク前期文化があったが、農耕の痕跡はまだ明確にはなっていない。また、タウルス山脈以北のトリアレト文化ではハラン＝チェミなどの有望な遺跡があるが、農耕の確実な証拠はまだ確認されていない。ザグロスのムレファート文化も同様である。定住的な集落は認められるが、明確な農耕痕跡はまだ見つかっていない。

(6) 「いつ」「どこで」のまとめ

西アジアの初期農耕文化とは、結局、ムレイビット文化・アスワド文化・スルタン文化の3つである。この3つの文化の分布域（現在の地中海性気候帯とステップ気候帯との中間領域）を連結したのが、バール＝ヨーゼフのいう「レヴァント回廊（Levantine corridor）である（Bar-Yosef and Belfer-Cohen 1989）。これらの文化では、1）栽培コムギ・オオムギの成立、2）1 ha以上の大型集落の出現、3）堆積層の増大またはテルの形成、4）遺構の大型化・複室化、5）耕起具・鎌刃・石臼などの農耕関連遺物の初現または急増、6）貯蔵施設や脱穀用燃焼ピットなどの一般化、7）細石器的石器組成の後退——などの現象が、かならずしも全項目にわたってではないが、ほぼ満遍なく認められる。したがって、ムギ作農耕の「いつ」「どこで」はほぼ確定したといってよかろう。西アジアのムギ作農耕は先土器新石器文化Ａの中頃から後半にかけて、つまり紀元前8000〜7500年頃に、レヴァント回廊一帯で始まったというのが、多くの研究者の共通理解である。

では、ムギ作農耕の始まりがこれ以上古くなることはないのかというと、断言はできない。しかし、その可能性はきわめて低いように思われる。なぜなら、スルタン文化に先行するキアム文化やナトゥーフ文化の遺跡では､野生ムギだけが検出されているからである。また、集落の規模や農耕関連遺物の頻度などの点でも、スルタン文化との間に大きな較差が認められるからである。これらのことから、西アジアにおけるムギ作農耕の始まりが紀元前8000年よりも大きくさかのぼる可能性は低いと考えられる。

ただし、「どこで」についてはまだ修正の余地がある。第一に、イラク・イラン方面の調査が再開された場合、ムレファート文化やネムリク文化の再評価が行われるであろう。また、アナトリア東部にも、これとは別個の初期農耕文化が潜在している可能性がある。一方、現在確認されている３つの初期農耕文化の分布域自体が拡大することもあり得る。スルタン文化は東西の丘陵部にまでさらに拡大する可能性があるし、アスワド文化はレバノン南部やシリア南部方面へ、ムレイビット文化はユーフラテス最上流域に、それぞれ大きく拡大する可能性が残されている。この点は、今後の調査を待つほかない。

なお、３つの初期農耕文化の前後関係についていうと、西アジアのムギ作農耕はまずスルタン文化で成立し、（ナトゥーフ後期文化およびキアム文化の共通分布圏であった）シリア方面にただちに拡散したとするのが、もっとも妥当と思われる。事実、前適応段階からの連続性という点でも、スルタン文化が他を圧倒していた。また、栽培植物遺伝学の分野でも、コムギ・オオムギの変異の少なさなどを理由に、一元的な栽培化説が支持されている（Zohary 1996）。

しかし、西アジア内部におけるムギ作農耕の一元論について議論してもあまり意味はない。というのも、初期農耕文化の段階ですでに顕著な地域性が認められるからである。第一に、農耕の対象となる作物自体が異なっていた。スルタン文化・アスワド文化が二粒系コムギ中心であったのに対して、ムレイビット文化は圧倒的に一粒系コムギ中心であった。石器の内容（とくにナヴィフォーム型石核出現の前後関係）のほか、後述のように遺構の型式にもそれぞれの文化の固有性が認められる。考古学的にはむしろこうした文化内容の差が重要なのであって、栽培化の一元論・多元論をめぐってわずかな時期差を詮索してもあまり意味はなかろう。

したがって、現段階では次のように考えておくのがもっとも妥当と思われる。ナトゥーフ後期文化およびキアム文化という同一の素地の上に、わずかな前後関係をもって（おそらくはスルタン文化がやや先行して）成立したのが、これら３つの初期農耕文化である。

4　初期農耕の形態

先土器新石器文化Aの初期農耕とは、いったいどのような農耕だったのだろうか。水利問題を中心に、初期農耕の形態を探ってみよう。

（1）　スルタン文化

スルタン文化では、遺跡面積と遺跡標高との間に強い負の相関が認められる（図26、27）。遺跡の規模が大型になればなるほどその

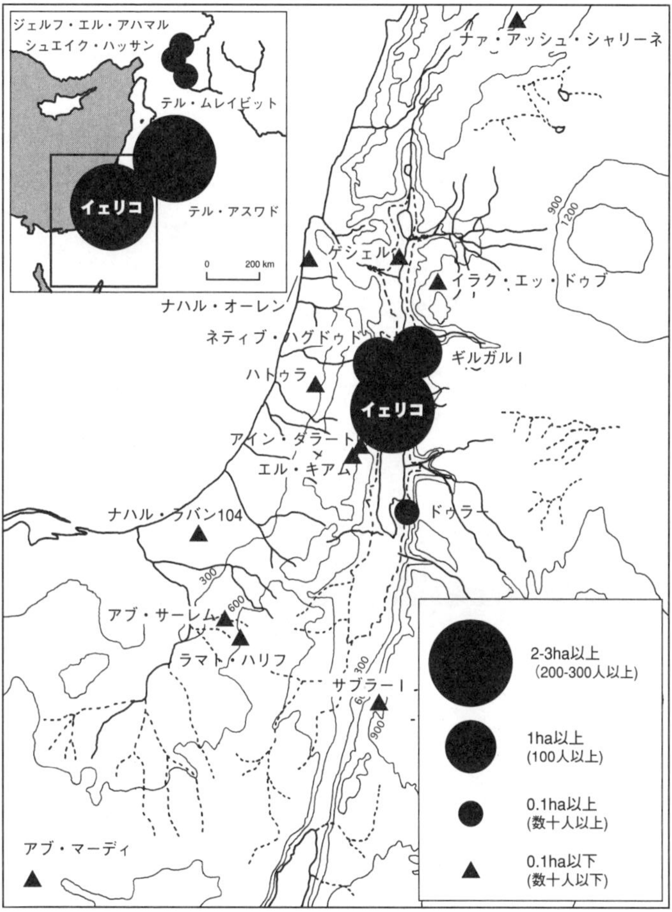

図26　キアム文化・スルタン文化の遺跡規模と推定人口(藤井 1999より)

標高は低下し、逆に、小型になればなるほどその標高は上昇している。同じことが、栽培コムギ・オオムギの検出頻度、農耕関連遺物の出土数、埋葬件数などについてもいえる。これらの頻度は低地部

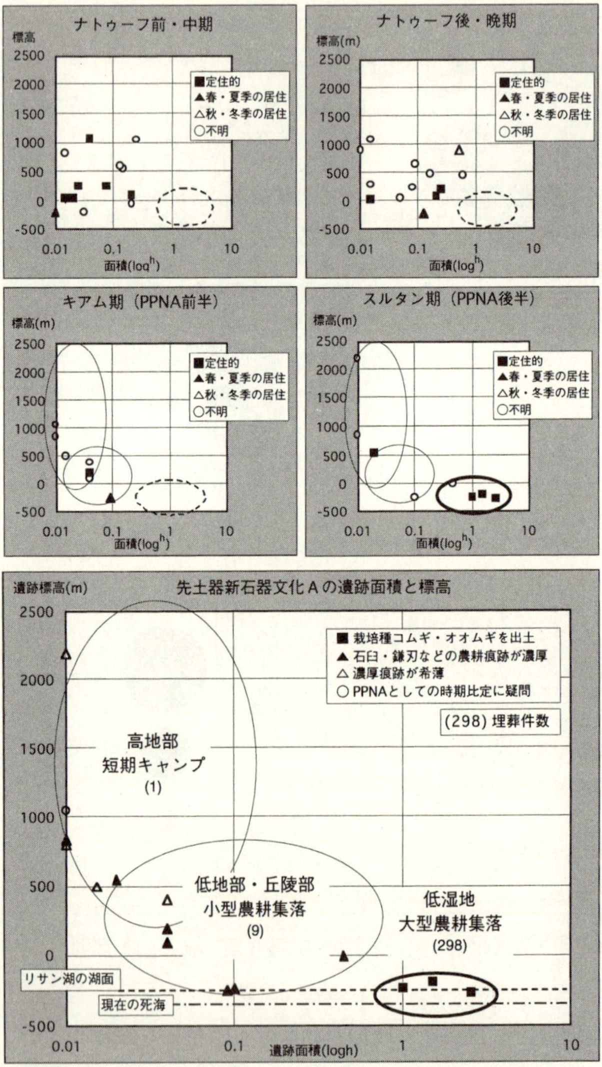

図27　ナトゥーフ文化～スルタン文化の遺跡標高と遺跡面積（藤井 1999より）

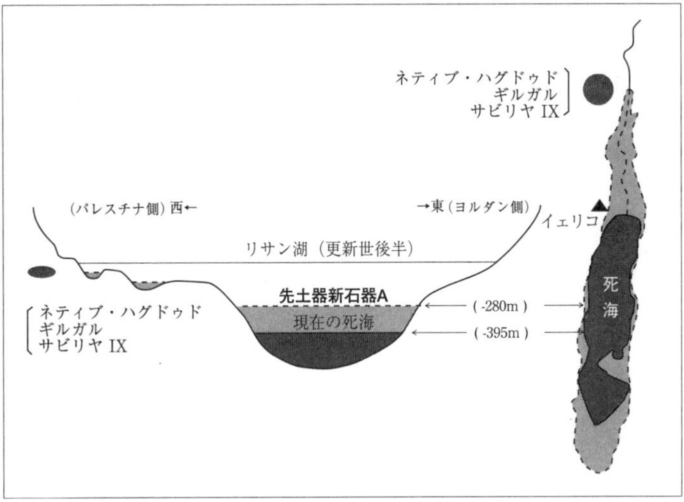

図28　リサン湖の湖面変動と初期農耕集落の立地（藤井 1999より、原図はTchernov 1994）

の大型遺跡で高く、高地部の小型遺跡で低い。

したがって、結論は明らかであろう。低地部に位置する、大型かつ農耕痕跡の濃い、より定住的な遺跡こそが、スルタン文化の初期農耕集落である。イェリコ、ネティブ＝ハグドゥド、ギルガルⅠ Gilgal Ⅰなどの遺跡がそれに当たる。一方、周辺の丘陵・山岳部に位置する、小型かつ農耕痕跡の希薄な遺跡は、狩猟採集民のキャンプや、定住農耕集落からの（物資調達・交易・狩猟採集などを目的とした）短期出張キャンプと考えられる（藤井 1999）。

このような集落立地のあり方からみて、スルタン文化の農耕は低湿地型の農耕であったと考えられる。スルタン文化の大型集落が集中するヨルダン渓谷の低地部には、（更新世後半以降、後退しつつあった）リサン湖の残した多数の沼沢地があったといわれている（図28）。スルタン文化の初期農耕は、こうした低湿地で営まれていた

表4　イェリコ出土の耕起具類・鎌刃の比率（Payne 1983を基に作成）

	石斧	手斧	鑿	ピック	耕起具類合計	鎌刃	石器合計
ナトゥーフ	-	-	-	-	-	7.84	51
PPNA	**-**	**3.58**	**1.67**	**0.14**	**2.73**	**5.35**	4617
PPNB	0.52	0.61	0.57	-	1.27	20.84	4655

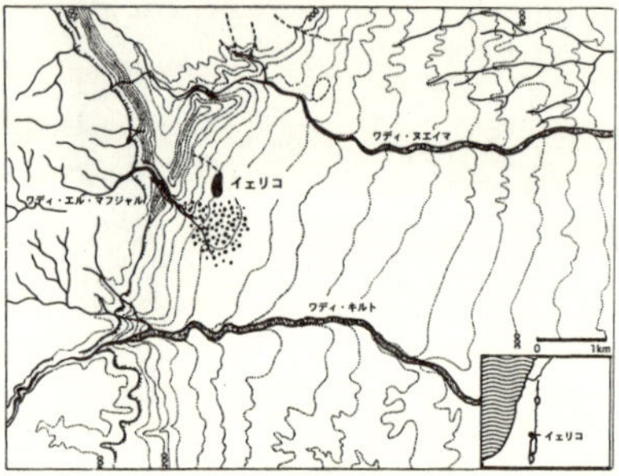

イェリコ周辺の地形

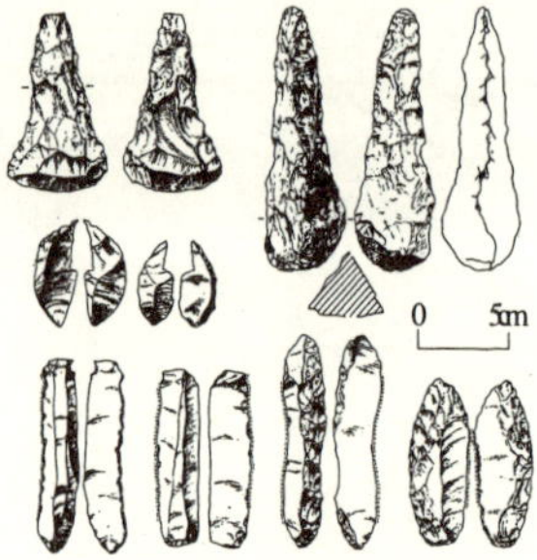

手斧・ピック類・鎌刃

図29　イェリコの周辺地形と耕起具・鎌刃（Bar-Yosef 1986, Payne 1983より）

わけである。事実、イェリコ（図29）やネティブ＝ハグドゥド（図25）の周辺地形からみて、集落背後の急峻な丘陵地帯で農耕が行われていたとは思えない。耕作地は、やはり集落前方の緩斜面・平坦面にあったと考えるべきであろう。とりわけ、イェリコの場合はそうである。泉の位置からみて、耕作地は明らかに集落の前方（南東方向）にあったと考えられる。

加えて、スルタン文化では大型の打製石器（その一部は耕作具と考えられる）が多数出土している。その頻度は、先土器新石器文化Bの段階よりもむしろやや高い（表4）。このこともまた、スルタン文化の初期農耕が湧水・滞水を利用した低湿地の小規模園耕であったことを暗示しているように思われる（なお、本書でいう「園耕(horticulture)」とは、主として女性によって営まれた、小規模の

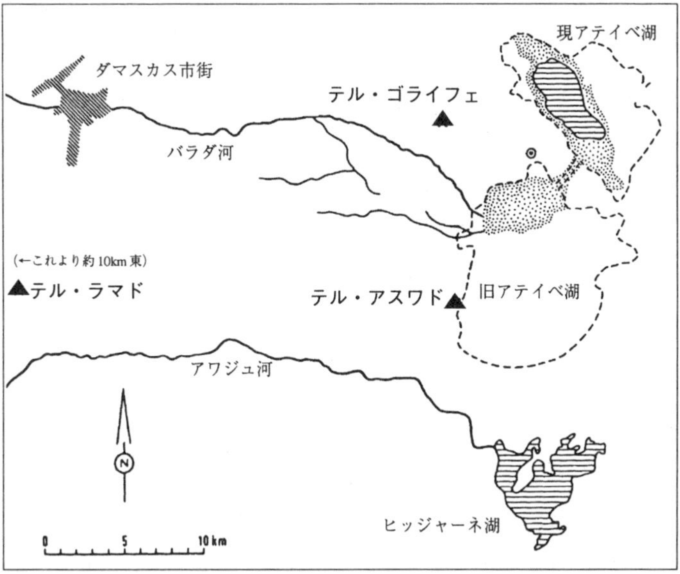

図30　アスワド文化の集落立地(van Zeist and Bakker-Heeres 1979, Contenson 1995より)

菜園的農耕というほどの意味である)。

(2)　アスワド文化

ダマスカス盆地の遺跡についても、同じことがいえる。アスワド文化の初期農耕集落であるテル＝アスワドは、(完新世初頭の時期に大きく拡大していた)旧アテイベ湖の西岸に位置している(図30)。アスワド文化の初期農耕が低湿地志向であったことは、明らかであろう。

面白いことに、ダマスカス盆地の初期農耕集落は、時期が下るにつれて湖畔から後退している。先土器新石器文化B中期のテル＝ゴライフェ Tell Ghoraifé、同後期のテル＝ラマド Tell Ramad の立地がそうである。この現象は、先土器新石器文化Aから同Bにかけての旧アテイベ湖の湖面上昇と、これにともなう遺跡立地の後退とも考えられるが、一方ではまた、低湿地から丘陵部への耕作地シフトとも解し得る。いずれにせよ、アスワド文化の初期農耕が低湿地志向であったことだけは確かであろう。

（3） ムレイビット文化

ユーフラテス河中流域の初期農耕集落は、いずれもユーフラテス河の河岸段丘または丘陵末端部分に位置している（図31）。したがってやはり低湿地志向といえるが、丘陵部の粗放天水農耕的な要素もたぶんに認められる。というのも、1）河川敷自体の規模が、ヨルダン渓谷やダマスカス盆地の低地部ほど広くない（口絵4）、2）この河川敷は、ムギの登熟・収穫季である春先に濁流をともなって冠水する、3）ユーフラテス中流域の年間降水量は現在でも約200mmあり、天水への依存が可能である、などの特徴が認められるからである（Wilkinson 1978）。

この点で興味深いのが、テル＝アブ＝フレイラの地勢分析である。現在、この地域では河川敷の沖積地のみならず、丘陵部での耕作も並行して行われている。年平均降水量が200mm前後であるから収量はかならずしも安定しないが、それでも耕作自体は十分可能なのである。降雨に恵まれた先土器新石器文化の時期ならば、なおさらであろう。洪水の多発する河川敷よりも、豊かな天水に恵まれた丘陵部の方が有利であったとも考えられる。事実、この地勢分析でも、新石器文化の段階では、穀物類だけは丘陵部でも栽培されていたであろうと結論づけられている（第4章参照）。

したがって、ムレイビット文化の初期農耕は、スルタン文化やアスワド文化の初期農耕ほど明確な低湿地志向とはいいがたい。丘陵

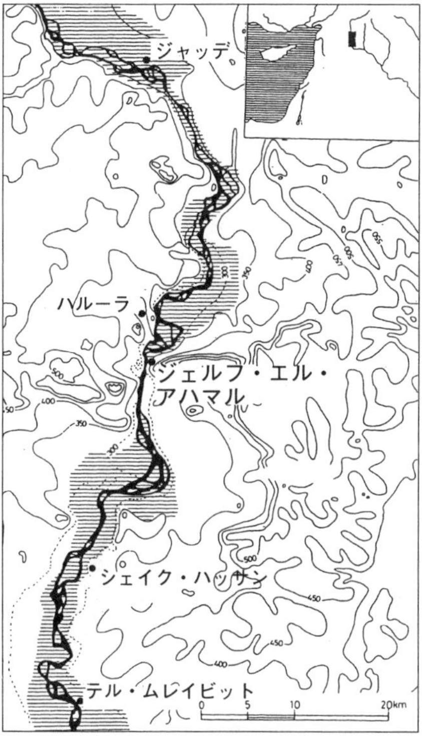

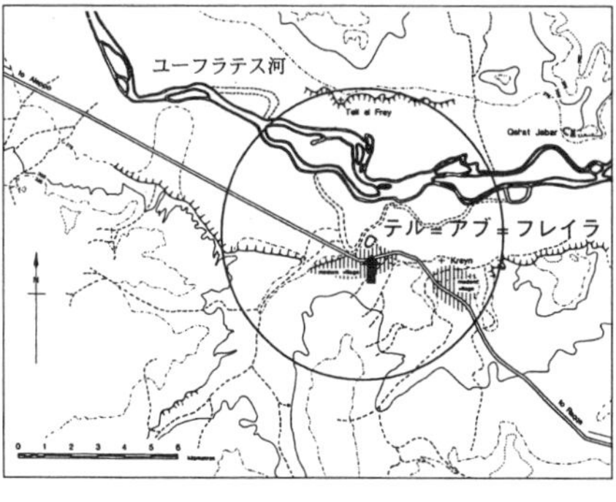

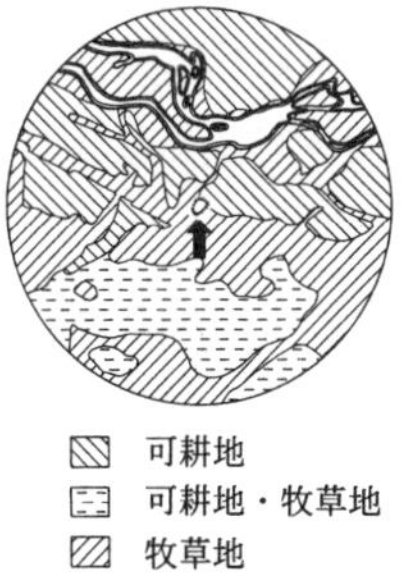

図31　ユーフラテス中流域の初期農耕集落の立地（上）とテル＝アブ＝フレイラの地勢分析（下）
(Stordeur *et al.* 2000, Moore 1975, Moore *et al*. 2000より)

部粗放天水農耕への傾斜が当初から潜在していたように思われる。

（4） 農耕起源論との関係

コラム(1)でも述べたように、西アジアのムギ作農耕起源論は低湿地農耕起源説から始まった。その代表が、チャイルドの「オアシス仮説」であった。これに対して、丘陵部における粗放天水農耕起源を唱えたのが、ブレイドウッドの「核地帯仮説」である。西アジアの初期農耕は丘陵部の天水農耕から始まり、その後になって大河川流域の灌漑農業にシフトしたという古典的な図式があるが、そのベースとなっているのがこの「核地帯仮説」である。

ところが今、振り子はふたたび元に戻りつつある。スルタン文化やアスワド文化の低湿地志向が確認されたからである。西アジアのムギ作農耕は、扇状地や沼沢・湖などの岸辺を舞台とした、いわば小規模園耕とでもいうべき形態から始まったと考えられる。一方、丘陵部の粗放天水農耕は、その後の発展形態と見なされるようになってきたのである。

しかし、振り子を元に戻すだけでよいかというと、事はそう単純ではない。先土器新石器文化Aの初期農耕が、かならずしも低湿地一辺倒であったとはかぎらないからである。先述したように、ムレイビット文化には丘陵部の粗放天水農耕的な要素が潜在していた。先土器新石器文化Bの西アジアを広く覆ったのがこのタイプの農耕文化であるが、その原型はすでに先土器新石器文化Aの段階で萌芽していたことになろう。だとすれば、振り子は途中までしか戻せない。

この点で注目されるのが、3つの初期農耕文化のなかでムレイビット文化だけが栽培ムギをともなっていないという点である。定住的集落や半恒久的複室家屋の成立など、ムレイビット文化には農耕への確実な歩みが認められる（第4章参照）。この点では、スルタン文化と大差ない。にもかかわらずムレイビット文化でのみ栽培ムギが成立していないのはなぜであろうか。どうやらこの点に、ムレイビット文化に潜在する粗放天水農耕的な性格が暗示されているように思われる。というのも、粗放天水農耕では遺伝的な隔離が弱く、そのために栽培化が遅れた可能性があるからである。一方、スルタン文化やアスワド文化の低湿地小規模園耕は遺伝的隔離がより強く、そのために栽培ムギがいち早く成立した可能性があろう。

西アジアのムギ作農耕は低湿地から始まった。しかしその一方では、依然として丘陵部志向を内包する、その意味で終末期旧石器文化的なムギ利用が、北シリアにおいて認められた。前者が狩猟採集民的生業の集約化の頂点に位置するものであるとすれば、後者はその放散化の第一歩といえるであろう。集約化はやがて限界を迎える。先土器新石器文化Bの西アジアを覆うことになったのは、むしろ放散化の方であった（第4章参照）。

5　初期農耕集落の内と外

初期農耕の成立は、人びとの暮らしにどのような影響をもたらしたのであろうか。変化したものも重要だが、変化しなかったものも重要である。そのどちらの意味も問わねばならない。

（1）　集落人口の増加

スルタン文化のイェリコには、約2000～3000人が居住していたといわれている。しかし、この推定は疑わしい（Bar-Yosef 1986、藤井 1999）。

集落の人口を推測するにはさまざまな方法があるが、もっとも簡便かつ有効なのが､遺跡面積に人口密度を掛け合わせる方法である。イェリコの場合、遺跡面積は約2.5haである。問題は人口密度であるが、人類学的な調査によると、西アジアの農村の人口密度は１haあたり約100人前後とするのがもっとも妥当と思われる。この場合、イェリコの集落人口は2.5ha×100人／ha≒約200〜300人ということになろう。2000〜3000人という推定値はあまりにも現実離れしており、とうてい受け入れがたい。

ではなぜ、このような過大評価が流布してきたのかというと、ひとつには遺構の読み違えがあるように思われる。スルタン期のイェリコでは円形の密集遺構が多数確認されているが（図32)、従来の人口査定では、こうした円形遺構の１件ずつがひとつの家族に対応するものと仮定されていたように思われる。だからこそ、現在の農村の実態とかけ離れた集落人口が算出されたのであろう。しかし、先土器新石器文化Aの初期農耕集落にみられるのは、ナトゥーフ文化で成立した二峰性遺構群（活動の痕跡が濃厚で、開放的かつ大型の遺構１件と、活動痕跡が希薄で閉鎖的かつ小型の遺構数件とが、一群を形成する遺構構成）である。先述したように、二峰性遺構群はそれ全体でひとつの家族に対応すると見なすべきであろう。このことだけでも、イェリコの集落人口は大幅に下方修正される。

先土器新石器文化Aの推定人口分布を図示した（図26)。人口約100〜200人程度の定住農耕集落が低湿地に集中し、その周囲に人口数十人前後の中型集落が点在、さらに周囲の丘陵・山岳部地帯にはバンド組織レベルの小型キャンプ地が散在していたと考えられる。これが、先土器新石器文化Aの初期農耕文化の実態であろう。重要なのは、バンド組織レベルの小集団またはそれのやや大型化した中規模集団こそが通常の居住形態であり、人口100人以上の農耕集落はむしろ例外的な存在であったという点である。したがって、初期農耕の成立によってただちに農耕社会が成立したわけではない。この点は注意が必要であろう。

とはいえ、ナトゥーフ文化における定住的集落の約10倍の面積・人口をもつ大型集落が出現したことの意義は大きい。ちなみに、ナトゥーフ文化における定住的集落の規模は、終末期旧石器文化の前・中期に見られた季節的バンド結集組織の規模と大差なかった。したがって、ナトゥーフ文化の段階においても、それを大きく上回る定住的集団はまだ出現していなかったわけである。この制約をはじめて打ち破った点に、初期農耕の意義がある。人口数千人の「町」が成立していたわけではないが、先土器新石器文化Aの社会は確実に変質を遂げつつあったといえるであろう。

（2）　二峰性遺構群の堅持

一方、集落内部の遺構構成には大きな変化は認められない。ネティブ＝ハグドゥドやイェリコなどの初期農耕集落は、ナトゥーフ文化伝統の二峰性遺構群によって構成されていた（図32）。したがって、先土器新石器文化Aの初期農耕集落は、定住的狩猟採集民当時の居住のあり方（とくに家族分散型の就寝形態）を基本的に踏襲していたことになろう。

このことは、青壮年男子が依然として狩猟活動に力点を置き、農耕にはまだ完全に取り込まれていなかったということを暗示している。というのも、家族原理よりも性別原理が優先する社会においては、分散型の就寝形態がより一般的だからである（第4章参照）。先土器新石器文化Aの初期農耕集落では、経済の基本単位がまだ家族だけに一本化されておらず、バンド組織の残影が依然として併存していたものと思われる。先土器新石器文化Aの初期農耕が「狩猟採集民の農耕」であるというのも、ひとつにはそのためである。

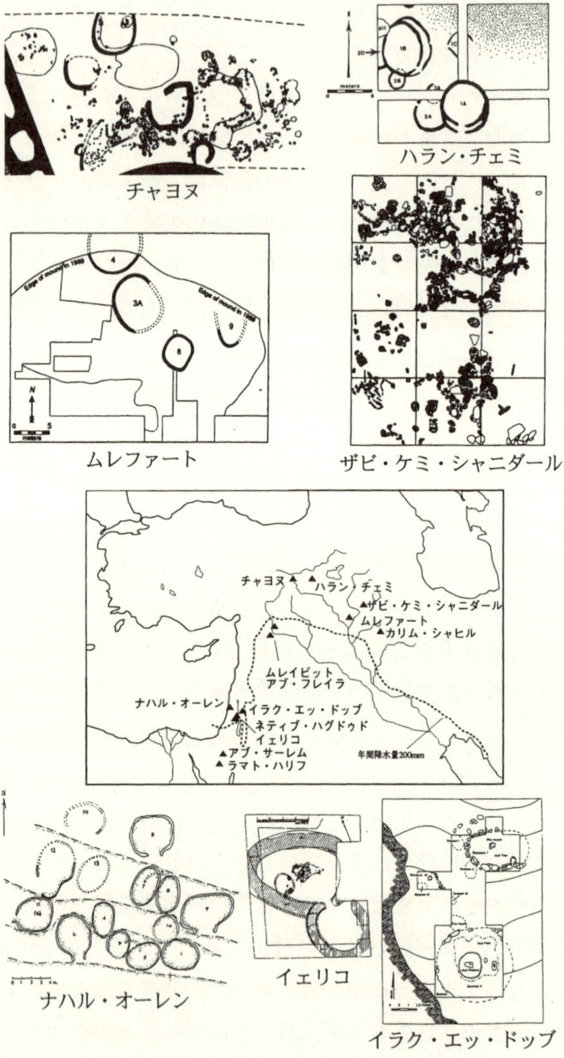

図32　先土器新石器文化Ａまたはそれに前後する時期の二峰性遺構群（Solecki 1980などより）

（３）　住居の恒久化・複室化

しかし、二峰性遺構群の細部には変化が生じていた。第一に、日干しレンガ（ただし手捏ねによる不定形のレンガ）が、建材として用いられるようになった。イェリコの葉巻状レンガはその一例である。この他には、ピゼ pise あるいはタウフ tauf などとよばれる不定形の粘土塊が、テル＝ムレイビットなどで使用されている。こうした新たな建材の使用は、より恒久的な住居の構築を意図したものであろう。

第二に挙げられるのが、二峰性遺構群のなかの大型遺構（つまり、日常的活動スペース）の複室化である。むろん、遺構内のスペースを目的に応じて使い分けることは、ナトゥーフ文化の（半）円形単室遺構でも認められる。たとえばアイン＝マラッハでは、いくつかの作業が特定のスペースに集中していたことが遺物の分布から推測されている（Valla 1988）。先土器新石器文化Ａにおける複室化もその延長線上に成立したわけだが、内壁の創設によって各スペースを固定化・顕在化した点に新たな意義がある。その一例が、ネティブ＝ハグドゥドの楕円形大型複室遺構である（図23）。この場合は妻入型の、つまり前後方向の複室化である。これに対して、ムレイビット文化のテル・ムレイビットでは、（後に平入型として発達する）横方向の複室化が認められる（図36）。初期農耕の段階で芽生えたこうした地域性は、後の先土器新石器文化Ｂの建築にも大きな影響を与えることになる（第４章参照）。

ところで遺構の恒久化・複室化の要因としては、農耕の成立による定住の強化と貯蔵スペースの増加、そして作業自体の長時間化・固定化があったと考えられる。ただし、このことがただちに農耕社会の成立を意味するわけではない。先土器新石器文化Ａのムギ利用は、依然として季節的消費の段階に止まっていたと考えられるから

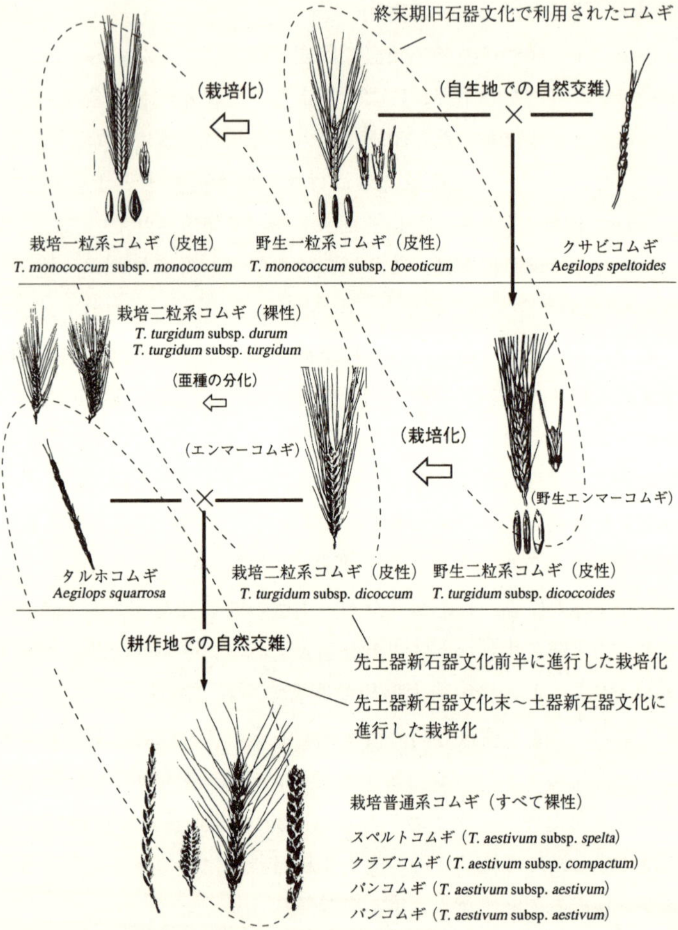

図33　野生ムギと栽培ムギ（Zohoray and Hopf 1993などを基に作成）

である。たとえばテル＝ムレイビットの穀物貯蔵区画（石臼類が置かれていたことで間接的に類推できる）の容量（図46）は、アイン＝マラッハの貯蔵区画（図14、17）の容量と大差ない。また、二峰性遺構群の各家族に1件ずつ付帯しているという管理・所有形態も、ナトゥーフ文化と同じである。この点でもやはり、先土器新石器文化Aの初期農耕は「狩猟採集民の農耕」であったといえるであろう。

（4）　野生ムギから栽培ムギへ

一方、集落の外側では別の変化が進行していた。野生ムギから栽培ムギへのシフトである（図33）。では、野生ムギと栽培ムギの違いがどこにあるのかというと、ようするに種の保存のメカニズムが備わっているかどうかである。当然、それを備えているのが野生ムギであり、それを半ば以上喪失しているのが栽培ムギである。

このことをもっとも端的に表しているのが、小穂脱落性の有無である。野生ムギの場合、登熟すると穂軸から小穂が自然に脱落して、自ら播種するしくみになっている。ちょうど柿の実が落ちるのと同じことである。一方の栽培ムギは、こうした自然播種のメカニズムを失っている。というより、失ったものを栽培ムギと定義しているわけである（ちなみに、イネについても同じである）。

むろん、これ以外にもさまざまな点で相違が認められる。たとえば、野生ムギでは穎が固く穎果を包んでいるので、外部の環境変化に耐えることができる。また、芒が発達しているので、鳥や昆虫による補食を防ぐと同時に、風で遠くまで運ばれて地中に潜りやすくなっている。休眠性を備えているので、不用意な発芽もしない。登熟季が不揃いであるのも、環境の変化に対して危険分散を図っているからである。一方、栽培ムギはその逆である。環境の変化に脆く、また補食に対する防御も弱い。環境の変化にも脆い。農耕とは、栽培ムギのもつ（生物としてはおよそ不都合なはずの）こうした性質を、逆に利用・促進する営みでもあった。たとえば、脱落性を失ったムギの方が、すくなくとも鎌を用いた収穫ではロスが少ない。登熟季が揃っていると、収穫が一度ですむ。芒や頴が退化していると、脱穀や籾摺がやりやすい。休眠性が弱い方が発芽時期をコントロールしやすい、などである。

しかし、初期農耕民が栽培ムギの利点に着目して徐々に増やしていったというのは俗説であろう。なぜなら、野生ムギの群落に突然変異として出現する栽培ムギはごくわずかな量であり、実際にこれに気づくことはあり得ないからである。したがって、初期農耕民が栽培ムギの利点に着目しはじめたのは、それが群落のなかで一定の比率を占めるようになってからと考えるべきであろう。逆にいうと、そうなるまでの間は無意識の選択淘汰だけがはたらいていたことになる。問題は、この無意識の選択淘汰がどのようにして行われたかである。

鎌が収穫具として用いられたことが、ここで意味をもってくる(Hillman and Davies 1990、1992。コラム3参照)。鎌による収穫では穂軸に振動が加わるので、小穂の脱落しない栽培ムギの方が残りやすい（したがって、収穫の確率がわずかに高い)。この収穫物の一部が播種されるわけであるから、収穫をくり返すごとに栽培ムギが徐々に(しかし途中からは指数関数的に)増加することになる。これが野生ムギから栽培ムギへのシフトの実態だというのが、ヒルマンらの見解である。彼らのモデル計算によると、こうした無意識の選択淘汰によって野生ムギの群落が栽培ムギの群落に置き換わるまでの期間は、早ければ20～30年、どんなに遅くても200～300年とのことである。耕作地の開拓によって遺伝的隔離を強化すれば、その速度はさらに速まる。途中から意図的な選択が行われたとすれば、なおさらである。

栽培化速度の評価はさておき、収穫などの作業形態が栽培化の速度にも深く関与しているという指摘は重要であろう。細石器文化の段階で始まった西アジアのムギ利用は、まさしく細石器的な組み合わせ道具としての鎌を用いたことによって、いち早く栽培化をなしとげたことになる。これとは逆のケースが、西アフリカの雑穀栽培である（中尾 1966）。そこでは団扇状の収穫具（シード・ビーター）が用いられたために、脱落性のある野生個体の方がむしろ収穫されやすく、だからこそ作物自体の栽培化が遅れたとも考えられるのである。

（５） 集落間の関係

農耕が始まると集落間の関係にも変化が生じ、耕作地や貯蔵穀物をめぐる争いが起こったとよくいわれる。そうした社会的緊張の象徴としてつねに引用されるのが、イェリコの「城壁」である。

しかし現在では、イェリコの「城壁」は戦争のための防衛施設ではなく、むしろ洪水から集落を護るための土木施設であったとの意見が優勢になりつつある（Bar-Yosef 1986）。スルタン文化の初期農耕が低湿地志向であったことを考えると、その可能性は高いであろう。事実、イェリコの「城壁」は、土砂の堆積によって集落の比高が周囲よりも高くなった時点で放棄されており、その後は増改築されていない。また、この「城壁」は地盤の低いところに集中してつくられており、地盤のやや高い箇所では欠落している可能性がある（藤井 2000）。このような石壁は、「城壁」ではあるまい。

スルタン文化の社会に大規模な武力衝突がなかったことは、武器頻度の低さにも表れている。イェリコのスルタン文化層で出土した尖頭器はわずか９点であり、同じ層から出土した石器道具類4851点のうちのわずか0.2%にすぎない（Payne 1983）。細石器を組み合わせた矢や槍が併用されていたとしても、その頻度は低かったと考えられる。集落を囲っている周壁は、「城壁」ではなかろう。ちなみに、イェリコ周辺のスルタン文化遺跡でも、またアスワド文化やムレイビット文化の遺跡でも、武器の頻度はやはり低い。社会的緊張は総じて希薄であったといってよかろう。

そもそも、先土器新石器文化Aの初期農耕は「狩猟採集民の農耕」であった。穀物は季節的消費の段階に留まっており、しかも家族単位で管理・所有・消費されていた。加えて、家畜はまだ成立していなかった。このような社会においては、集落間の武力衝突を引き起こす動機自体が希薄であったといわざるを得ない。戦争は、新石器時代後半に進行した農耕社会の変質のなかにこそ芽生えたように思われる（藤井 1996）。

6　ムギ作農耕の「なぜ」

農耕の起源に関するさまざまな仮説については、各章末尾のコラム欄で紹介している。ここでは、現在もっとも有力と考えられる総合説に焦点を絞って、ムギ作農耕の「なぜ」を検討してみよう。

（1）　近年の総合説

総合説の概要を、筆者自身の意見を織り交ぜながら、フローチャートにまとめてみた（図34）。まず、終末期旧石器文化における前適応としては、（重点化をともなう）広範囲生業と、（低地・冬季ベースキャンプ型の）定住的集落の成立が重要であろう。つまり、定住的な狩猟採集民の出現である。これが農耕にとっての重要な前適応であったことは、疑いない。

終末期旧石器文化の最終段階であるナトゥーフ文化では、こうした前適応の上に、さらに新たな要素が加わっている。人口圧の上昇

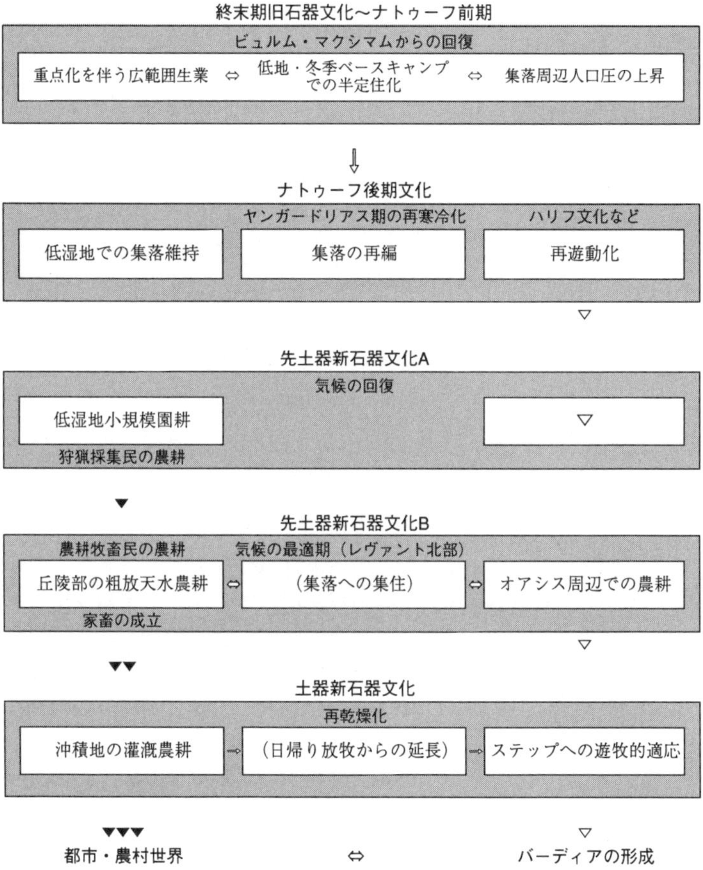

図34　総合説のあらまし

と、これにともなうより集約的な採集・狩猟活動の始まりである。ただし、ここでいう人口圧の上昇とは、かならずしも実際の人口増加を意味しない。重要なのはむしろ、定住の強化にともなう集落周辺での相対的な資源ストレスの上昇である（ただし、コーエンらの生理学的仮説がいうように、炭水化物中心の食生活によって出産率が上昇する一方で、乳幼児の死亡率が低下し、その結果、実際に集落人口が増加した可能性もある)。一方、より集約的な採集・狩猟活動とは、野生ムギの計画的利用やガゼルの集団追込み猟などを指している。

さて、ここからが問題である。従来の仮説では、ナトゥーフ文化における最終的な前適応(定住化・人口圧上昇・ムギ利用の顕在化)の延長線上に農耕が起源すると考えられてきた。近年の総合説は、こうした一線的なモデルからより複線的なモデルへとシフトしている。その契機となったのが、ヤンガー・ドリアス期の発見である。ナトゥーフ前期文化までの比較的順調な前適応の流れが、再度の寒冷化によって再編を余儀なくされた。この点に、農耕の起源を求めようというのが近年の総合説の特徴である。

ヤンガー・ドリアス期の集落再編には、大別して2つのタイプがあったと考えられている。ひとつは、狩猟採集を基盤とする乾燥地適応型文化への復帰である。その代表例が、シナイ・ネゲブ地方で展開したハリフ文化である。現在はまだ確認されていないが、これに類する狩猟採集文化はシリアやトランスヨルダンのステップ地帯にも広く分布していたものと思われる。一方、これとは対照的に、限られた低湿地に集結し、植物性食物への傾斜を強めることによって集落の維持を図ろうとした集団もあった。この路線上に展開したのが、先土器新石器文化Aの初期農耕文化である。

したがって、次のように要約できるであろう。西アジアのムギ作農耕は、1)ナトゥーフ前期文化までのさまざまな前適応をベースとし、2)ヤンガー・ドリアス期への対応とその直後の植生回復とを具体的契機として、3)一方ではまた、鎌による収穫作業が無意識の選択淘汰となって、4)レヴァント回廊の低湿地を舞台に、5)あくまでも狩猟採集民の農耕として始まった、と考えられる。これが近年の総合説のあらましである。ここで重要なのは、6）先土器新石器文化Aの初期農耕は女性中心の、したがって採集活動の延長としての小規模園耕から始まった、7）一方、青壮年男子はバンド組織的輪郭のなかでの狩猟活動に力点を置いていた、8）青壮年男子が最終的に農耕に組み込まれたのは、(家畜が成立した）先土器新石器文化B中・後期からである、という点である。

しかし、総合説でムギ作農耕の「なぜ」がわかるかというと、かならずしもそうではない。総合説は「どのようにして」の説明を周到に行うことによって、「なぜ」への直接的な回答を巧みに回避しているからである。しかし、総合説にはこれまでの仮説にはなかった新たな視点が組み込まれている。それは、一見して農耕の起源とは無関係のステップ・沙漠地帯をも含む、より大きな枠組みのなかでムギ作農耕の起源を探求しようという基本姿勢である。こうした視点からみると、ムギ作農耕は、あまたある適応のなかのひとつの類型として、しかもきわめて局地的に始まったことになろう。このことは重要である。今後の農耕起源論は、南側・東側のステップ地帯、北側・東側の森林地帯をも組み込んだ上で、再構築されねばならない。総合説は、そのことを示唆している。

7　その他の問題点

ムギ作農耕起源の5W1Hについて、現在わかっていることを要約してきた。最後に、その周辺の重要な問題について二、三検討しておこう。

（1）「野生種」の栽培

野生ムギと栽培ムギの最大の違いが小穂脱落性の有無にあること

は、先述した。しかし、遺跡から実際に出土するのは炭化種子であるから、小穂脱落性の有無を植物の生態として直接観察できるわけではない。そこで、小穂下端部分の形態を基に、間接的に推定する方法がとられている。簡単にいうと、小穂の付け根部分が穂軸から滑らかに剥離しているのが野生ムギであり、むりやり剥がされたような裂痕が認められるのが栽培ムギである。スルタン文化の遺跡から出土した炭化ムギが栽培ムギに同定されているのも、このような不規則な裂痕が認められたからにほかならない。

しかし近年、こうした識別方法自体に疑問が提示されている（Kislev 1989）。その理由は、1）野生ムギのなかにも、脱落性の弱い個体がかなりの確率（最大約10%）で含まれている、2）実際にそれらを脱穀してみると、これまで栽培ムギの同定根拠になっていたのと類似の裂痕が生ずる、3）この種の擬似栽培ムギは終末期旧石器文化初頭のオハローⅡからも出土している、などである。したがって、オハローⅡ出土のムギを栽培ムギと同定しない以上、先土器新石器文化Aのそれも栽培ムギとすべきではない、というのが近年の問題提起である。

これに対しては、再度の反論がある（Zohary 1992）。収穫後ただちに野生ムギを脱穀すると、小穂の付け根部分に10%程度の確率で不規則な裂痕（栽培ムギの特徴）が生ずる。この点では上記の意見を支持できる。しかし、1日ほど乾燥させて脱穀すると、この裂痕は2～3%の個体にしか生じない。初期農耕のムギも乾燥の過程を経ていたに違いないから、そこで出土している（不規則な裂痕をともなった）炭化ムギはやはり栽培ムギと見なすべきであろう、という反論である。

本書では、スルタン文化やアスワド文化で初期農耕が始まったと記述してきた。しかし、それは単に後者の見解に従ったからではない。むしろ、ナトゥーフ文化から先土器新石器文化Aにかけてのさまざまな文化的変質（低湿地への進出、集落規模の拡大、農耕関連遺物の増加、大型遺構の複室化など）を重視したからである。とりわけ、ナトゥーフ文化における最大クラスの遺跡の約10倍の規模を誇る大型集落が低湿地に偏って成立し、そこにさまざまな農耕痕跡が認められるという事実は、重要であろう。したがって、そこでの作物が野生ムギであろうと栽培ムギであろうと、そのこと自体はかならずしも決定的な意味をもたない。仮に栽培ムギであったとすれば、それはまさしく栽培ムギを対象とする栽培耕作である。しかし仮に野生ムギが対象であったとしても、「野生種栽培」の段階と見なすことが可能であろう。ムレイビット文化はまさにその好例であった。

このように、栽培される側の形質問題（野生ムギか栽培ムギか）と、栽培する側の営為自体の評価（農耕か否か）は、かならずしも一致するとはかぎらない。上記のようなズレも、時として生じ得る。農耕の初現期にさかのぼればさかのぼるほど、そうであろう。その場合、本書では後者を優先した。なぜなら、本書で検討したいのは栽培植物の成立史ではなく、栽培行為自体の歴史だからである。

（2）　異なる適応

変化の中心部分だけを見つめていると、かえって実像がぼやけてくる。初期農耕文化の周辺には、終末期旧石器文化の伝統を保持する集団もあった。というより、その方がはるかに多かった。シナイ・ネゲブ地方のハリフ文化はその好例である。

ハリフ文化が旧石器離れしていないことは、その遺跡面積に端的に表れている（図35）。この文化の最大クラスの遺跡は、約600m^2である。これは、終末期旧石器文化の遺跡サイズと大差ない。また、

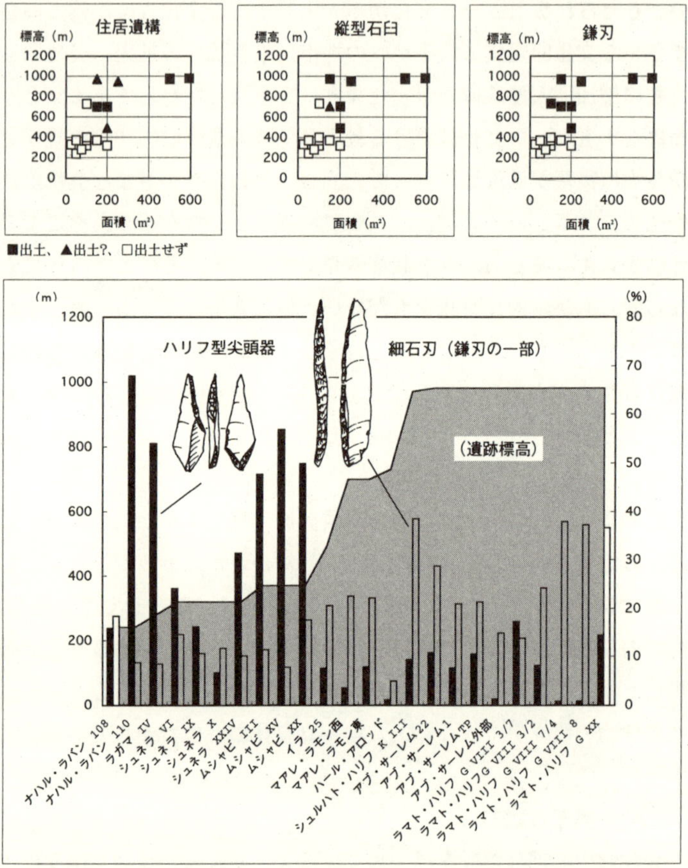

図35　ハリフ文化（藤井 1996より、データは Goring-Morris 1983）

二峰性遺構群は形成されているが、複室化は認められない。石器もやはり「終末期旧石器離れ」していない。細石器の比率が依然として高く、逆に、鎌刃などの比率はきわめて低い。これらのことから、ハリフ文化の性格を読みとることが可能であろう。ハリフ文化では、終末期旧石器文化伝統の回遊的セトルメントパターンが継続していたと考えられる。スルタン文化のすぐ南隣にこのような集団が併存していたことは、注目に値する。

もうひとつ注目されるのが、ベースキャンプと出先キャンプとの関係である。スルタン文化とは対照的に、ハリフ文化の遺跡は高地に行くけば行くほどより大型化し、逆に低地部に行けば行くほど小型化している。当然、高地部の大型遺跡（といっても最大約600m^2）がベースキャンプであり、低地部の小型遺跡が短期キャンプと考えられる。面白いのは、高地部の大型遺跡に、遺構・石臼・鎌刃などが集中しているという点である。このことは、高地部の大型遺跡で野生ムギの採集が行われ、季節的な定住生活が営まれていたということを示唆している。この地域の気候や遺跡の標高などから考えて、それは夏季中心の短期的定住であったと思われる。一方、低地部の短期キャンプは冬季中心の狩猟採集キャンプであろう。標高と尖頭器との間に認められる負の相関も、この推測を裏づけている。

したがって、スルタン文化のすぐ南隣には、スルタン文化とはまったく逆のセトルメントパターンをもった狩猟採集民の小集団が徘徊していたことになる。それどころか、スルタン文化の内部においてすら、それに類した小集団が多数点在していたのである。スルタン文化の初期農耕は、そうした状況下における、どちらかというとマイナーな適応型のひとつにすぎなかった。この点は、再度強調しておきたい。

8　まとめ

西アジアの初期農耕は、１）紀元前8000〜7500年頃の、２）「レヴァント回廊」で、３）面積約１ha前後、人口数十人〜最大約300人の小集落を舞台に、４）ナトゥーフ文化伝統の定住的狩猟採集民によって、5）主として女性による低湿地小規模園耕という形態で、6）ヤンガー・ドリアス期以後の集落再編の一形態として始まった、と考えられる。家畜はまだ成立しておらず、したがって、この時期の初期農耕集落は狩猟農耕民の小集落であった。農耕自体も、採集活動の延長線上における、季節的消費レベルの、その意味でまさに「狩猟採集民の農耕」であった。そのことは、集落内の遺構構成（二峰性遺構群の堅持）にも明確に表れていた。

コラム3

西アジアの農耕牧畜起源論(3)—第三世代の仮説

第一世代の仮説には、具体的データが欠けていた。第二世代の仮説ですら、十分な裏づけを伴っていたわけではない。1970年代後半からの発掘ラッシュは、この点で大きな改善をもたらした。しかし皮肉なことに、遺跡調査件数の急増がもたらしたのは、問題の収束ではなく、むしろその多様化であった。これに対応して、さまざまな仮説が提示されるようになった。そのうちの代表的なものを、いくつか紹介しておこう。

ヒグス・ジャルマンらの「ネオ進化論モデル」

栽培作物や家畜動物の成立自体を画期として重視するのではなく、むしろヒトと資源との進化論的関係の一形態として農耕牧畜の起源をとらえ直そうというのが、ネオ進化論モデルである。その意味で、ネオ進化論モデルの提唱は、プル・モデルでもプッシュ・モデルでもない、新しい立場の表明でもあった。ヒッグス（H. S. Higgs）・ジャーマン（M. R. Jarman）らのケンブリッジ学派から始まり、リンドス（D. Rindos）、ハリス（D. R. Harris）、ヒルマン（G. C. Hillman）らへと継承されたこのモデルは、ヒトと動植物との間の生態学的関係に着目して、たとえば収穫の方法と栽培化速度との相関関係のような、多くの新しい知見をもたらした（Higgs 1972、Rindos 1984、Harris and Hillman 1989）。ただし、このモデルは農耕牧畜起源の「なぜ」に答えようとするものではない。むしろ、「なぜ」への回答を当面放棄することによって、立論の自由度を拡大しようとしている点に特徴がある。

ヘイデンらの「社会要因モデル」

対象となる動植物の生態やそれとの関係以上に、人間の側の社会組織のあり方を農耕牧畜起源の要因としてより重視しようというのが、ヘイデン（B. Hayden）らの社会要因モデルである（Hayden 1990、1995）。このモデルの眼目は、1）これまでやや総花的に論じられてきた狩猟採集民の社会を、一般狩猟採集民社会（generalized hunter-gatherers）と複合的狩猟採集民社会（complex hunter-gatherers）とに分類し、2）後者こそが、まさにその社会的要因によって農耕・牧畜を起源させた、とする点にある。これをより具体化・先鋭化したものが、同じくヘイデンによる「祝宴競争仮説（competitive feasting model）」である。この仮説には、人口圧仮説に内在する二つの問題（農耕牧畜の直前段階における人口超過と、周縁地域における農耕牧畜起源）を克服しようとする意図が含まれている。しかし、フィールドでの検証が困難であるため、モデルとしての評価はまだ定まっていない。

ホールの「農耕・牧畜二元論」

西アジア各地で調査が進展するにともない、西アジア内部での農耕牧畜多元説が唱えられるようになった。その代表例が、ホール（F. Hole、ブレイドウッドの僚友の一人）による農耕・牧畜二元論である（Hole 1984、1989）。その内容は、1）従来同一視されてきた農耕の起源と牧畜を分離して考える、2）事実、農耕はレヴァント地方で、牧畜はザグロス地方でそれぞれ独自に起源したと考えられる、3）この両者がシリア北部で合流したとき、西アジア型の混合農業が成立した、というものである。農耕・牧畜起源の「なぜ」

に直接答えるものではないが、ホールのこの見解は、フィールドの現実に初めて理論が追いついたという点で、大きな意義があった。

ムーアの「ヤンガー・ドリアス仮説」

近年の古気候学の成果を導入して、西アジアの農耕牧畜起源論を再構成しようとしたのが、ムーア（A. M. T. Moore）のヤンガー・ドリアス仮説である（Moore 1985、Moore and Hillman 1992）。その内容は、1）終末期旧石器時代のナトゥーフ文化において、定住化や、野生ムギの利用を含む広範囲生業が進行し、人口が増加した、2）しかし、ヤンガー・ドリアス期における一時的な「寒の戻り」のために、特定地域への過剰集中が起こった、3）そのため、こうした地域では資源ストレスが上昇し、その補完手段として農耕・牧畜が起源した、というものである。やはりストレス・モデルの一種であるが、ストレス自体の原因を、ナトゥーフ文化における単純な人口増加にではなく、ヤンガー・ドリアス期における人口の過剰集中に求めた点が、この仮説の眼目である。

問題は、ヤンガー・ドリアス期における人口動態であろう。ヤンガー・ドリアス期はレヴァント編年でいうナトゥーフ後・晩期文化に相当するが、この時期にはむしろ遺跡分布の拡散傾向が認められる（第2章参照）。一方、アイン＝マラッハなどの大型集落はむしろ廃棄・縮小の傾向を示している。したがって、ヤンガー・ドリアス期が人口の過剰集中を引き起こしたとは考えにくい。そもそも、西アジアの初期農耕は先土器新石器文化Aで始まったと考えられるので、ヤンガー・ドリアス期における気候悪化よりも、むしろそこからの気候・植生回復こそが農耕の起源を導いたように思われる。

ヘンリーの「ポーラー・フロント南偏モデル」

最終氷期から後氷期にかけてのポーラー・フロント（寒帯前線）の動向を、農耕牧畜起源論のなかに位置づけ、他の要因とともに再構成したのが、ヘンリー（D. Henry）による「ポーラー・フロント南偏モデル」である（詳細は第1章参照）。このモデルの意義は、ブレイドウッドの核地帯仮説以来、半ば固定観念となっていた野生ムギ・ヒツジの山麓・丘陵分布説に対して、初めて本格的な疑問を呈した点にある。このモデルは、後述するバール＝ヨーゼフらの低湿地農耕起源論にも一つの根拠を与えている。

バール＝ヨーゼフの「レヴァント回廊モデル」

問題の設定や分析のあり方が多様化すると、その解釈も総合化せざるを得ない。生物進化論の分野で見られたのと同様の総合説化が、西アジアの農耕牧畜起源論でも目立つようになってきた。その代表例が、イスラエル考古学界の重鎮、バール＝ヨーゼフ（O. Bar-Yosef）に代表される「レヴァント回廊モデル」である（詳細は第3章参照）。いわゆる総合説であるから、決定的な弱点もない代わりに、これといった新鮮味もない。膨大なデータを相手に苦闘する西アジア考古学の今日を象徴するモデルでもある。

コヴァンらの認知論仮説

上述した仮説群とはやや異なる位置に、コヴァン（J. Cauvin）らの認知論仮説がある（Cauvin 1972、1994）。これは、テクニカル

・オーダー内の事象としての農耕牧畜の起源を、むしろモラル・オーダー内の変質のなかに探ろうとする、意欲的な仮説である。その背景となっているのが、「前農耕段階の集団の社会と初期農耕社会では、モラル・オーダーの方が（テクニカル・オーダーよりも——筆者註）優位であった」（スミス 1986：145）という、レッドフィールド（R. Redfield）、クラックホーン（C. Kluckhohn）、レヴィ＝ストロース（C. Levi-Strauss）以来の文化人類学的な見通しである。したがって、この仮説にとって重要なのは、当時の社会がどうであったかということではなく、むしろ当時の人びとにとって社会はどう見えていたのか、である。ナトゥーフ文化にみられる芸術的表象の変質の意味をこのレベルで探ろうとする一連の試みは、テクニカル・オーダー内の事象の解釈に没頭しがちな考古学に大きな刺激を与えている。

チャイルドによる問題自体の発見から数えて約50年。この間にさまざまな仮説が提示されてきた。それらを比較検討した著書・論文も多い。今では、研究史の研究史が書けるほどである。しかし、農耕や牧畜がなぜ始まったのか、その理由を十分納得させるだけの仮説はまだ提示されていない。しかし、因果関係の説明だけが農耕牧畜起源論ではあるまい。すくなくとも、「いつ」「どこで」「だれが」「何を」「どのようにして」は、すこしずつわかりはじめている。西アジアの農耕牧畜起源論はこうした作業を継続する一方で、もう一度「なぜ」の説明に復帰する機会をうかがっている。それが現状であろう。

第4章　農耕牧畜民の農耕
—先土器新石器文化B—

低湿地の小規模園耕から始まった西アジアのムギ作農耕は、丘陵部の粗放天水農耕へとシフトしていった。先土器新石器文化Aから同Bへの移行が、これに相当する。この間に、重要な変革が相次いだ。たとえば、人口500人を越えるような大規模集落の出現がそうである。また、後の章で述べるように、こうした集落の内部ではヤギやヒツジの家畜化も進行していた。西アジア型の農業社会が形成されていく過程を、その先進地域であるレヴァント北部を中心にたどってみよう。

1　遺跡研究：テル＝アブ＝フレイラとテル＝ムレイビット

この2つの遺跡はユーフラテス河中流の東西両岸に立地し、互いに約30km離れている（Aurenche 1980、Cauvin 1977、1980、Moore 1975、Moore *et al.* 2000）。両遺跡の層位的な変遷を基に、ナトゥーフ後期文化から土器新石器文化初頭までの推移をたどってみよう（図36）。

〔ナトゥーフ後期・晩期文化〕アブ＝フレイラ1期、ムレイビットIA期がこれに相当する。この時期は、急角度調整による半月形細石器や石錐などの細石器的な石器組成が特徴である。そのほか、やや大型の石刃を利用した鎌刃や、大型剥片を利用したピックや手斧などの打製石器類も、わずかに出土している。遺構面では、開放的かつ

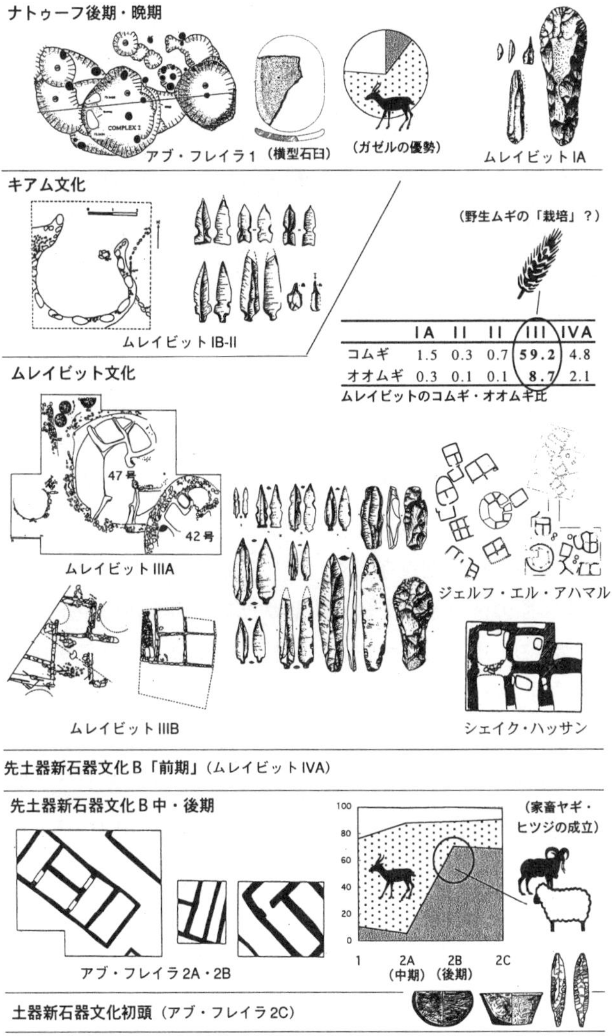

図36　テル＝ムレイビットとテル＝アブ＝フレイラ（Cauvin 1977, Moore *et al.* 2000などを基に作成）

活動痕跡の濃厚な大型遺構と、それに付帯する閉鎖的かつ活動痕跡の希薄な複数の小型遺構との組み合わせ、つまり、典型的な二峰性遺構群が認められる。出土炭化種子のなかに占める、穀物類の比率はまだ低く、各種マメ類や堅果類（ピスタチオなど）、液果類（ブドウ、イチジクなど）、油脂・繊維植物（亜麻）などの多様な植物が、幅広く利用されたようである。一方、狩猟動物は、基本的にガゼルまたはノロバによって占められている。後に家畜化されるヒツジ・ヤギ・イノシシ・ウシは、この段階ではまだわずかしか利用されていない。

〔キアム文化〕ムレイビットＩＢ期〜Ⅱ期がこれに相当する。この文化の標準遺物であるキアム型尖頭器のほか、ナトゥーフ文化伝統の半月形細石器や石錐などが出土している。また、抉入・有柄型の小型尖頭器（ヘルワン型尖頭器）や有茎・有翼型の大型尖頭器（ビブロス型尖頭器の原型）なども、特にⅡ期では多く出土しはじめている。ＩＢ期の遺構としては、円形プラン竪穴式住居が１件だけ確認されている。壁面に木柵を巡らせ、その基礎部分だけを粘土で補強している。壁面上部および屋根は、樹木の枝や葦などの軟質の建材で葺かれていたと考えられている。一方、Ⅱ層では多数の遺構が確認されたが、その大半は直径約４m以下の竪穴式または地上式の円形遺構であった。開放的な大型遺構とより小型の遺構とが連結しているようであり、二峰性遺構群の継続がうかがわれる。なお、屋外では礫や木炭の詰まった燃焼ピット群が多数確認されている。

〔ムレイビット文化〕ムレイビットⅢA期・ⅢB期が、この文化の前半・後半をそれぞれ代表する。ⅢA期では、ナヴィフォーム型石核とそこから剥離された大型石刃が中心を占めはじめる。尖頭器ではキアム型が減少し、代わってヘルワン型、プロト＝ビブロス型が主流となっている。一方、大型打製手斧などのように、ナトゥーフ晩期からの継続要素も認められる。遺構では、3つのタイプが併存している。第一は、直径約6mの大型・円形・多区画遺構である(42・47号遺構)。木芯または石材を伴う仕切り壁(高さ約0.7m)によって室内が区画されているのが、この種の遺構の特徴である。なお、入り口の右側の二区画には石臼や磨り石が多数置かれていたので、穀物貯蔵用のスペースではないかと考えられている(図46)。さて、こうした大型遺構と併存していたのが、第二の遺構形式、つまり小型・円形・単室遺構である。両者の併存は、二峰性遺構群の継続を暗示している。第三の遺構形式は、矩形・複室遺構であるが、どうやらこれにも小型円形単室遺構群が一部併存していたようである。この間の推移は、同じくユーフラテス中流域のジェルフ＝エル＝アハマルやシュイク＝ハッサンなどの資料を介して、より連続的に追尾することができる。ところで、ムレイビット文化では穀物類の比重が急増している(van Zeist and Bakker-Heeres 1984)。この段階で野生コムギ・オオムギの利用が拡大したことは間違いない。これが、ムレイビット文化の「野生種栽培」である(第3章参照)。一方、家畜ヤギ・ヒツジはまだ成立していない。

〔先土器新石器文化B「前期」〕ムレイビットⅣA期が、これに相当する。有柄・有翼のビブロス型尖頭器や鋸歯状の刃部をもつ鎌刃などが出現している。打製大型手斧の消滅とそれに代わる磨製石斧の出現も、この時期の特徴のひとつである。なお、この時期の遺構は残念ながら確認されていない。

〔先土器新石器文化B中期〕ムレイビットⅣB期およびアブ＝フレイラ2A期が、これに相当する。石器はムレイビットⅣA期とほぼ同じ。ただし、尖頭器の一部に押圧剥離による二次調整が施されるようになっている。遺構面では、ピゼ壁の矩形複室遺構が認められる。この地域で栽培コムギ・オオムギが成立したのが、この時期である。

〔先土器新石器文化Ｂ後期〕アブ＝フレイラ２Ｂ期が、これに相当する。石器面での簡略化が進んでいる（詳細は後述）。遺構面では、中期と同様に大型の矩形複室遺構が確認されている。ただしこの時期になると、小型の円形単室遺構はもはや併存しておらず、おそらくは前者の一室として併合されたものと思われる。ナトゥーフ文化伝統の二峰性遺構群の原理が、この段階でようやく解体されたわけである。この時期のもうひとつの特徴が、家畜ヤギ・ヒツジの成立（または導入）である。グラフに見られるように、２Ｂ期ではそれまでのガゼル寡占体制が崩れ、ヤギ・ヒツジの急増が認められる。この段階で、栽培コムギ・オオムギと家畜ヤギ・ヒツジとが一体になった混合農業が成立したのである。

〔土器新石器文化の初頭〕アブ＝フレイラ２Ｃ期がこれに相当する。レヴァント北部に固有の、プレ＝ハラフ系の暗色磨研土器（DFBW＝Dark Faced Burnished Ware）が出土している。石器および遺構は２Ｂ期とほぼ同様である。

２　先土器新石器文化Ｂの編年

先土器新石器文化Ｂは、先述した２つの遺跡の層位などを基に、前期（紀元前7600～7200年頃）、中期（紀元前7200～6600年頃）、後期（紀元前6600～6000年頃）、晩期（紀元前6000～5500年頃）の、４つに時期区分されている。このうち晩期は、土器の導入が遅れた内陸部ステップ地帯の遺跡群についてのみ適用される。同時期の地中海性気候帯の遺跡群は、土器新石器文化の初頭ということになる。なお、レヴァント地方の南部では全域的に土器の出現が遅れたため、先土器新石器文化Ｂ後期後の約500年間を先土器新石器文化Ｃとよ

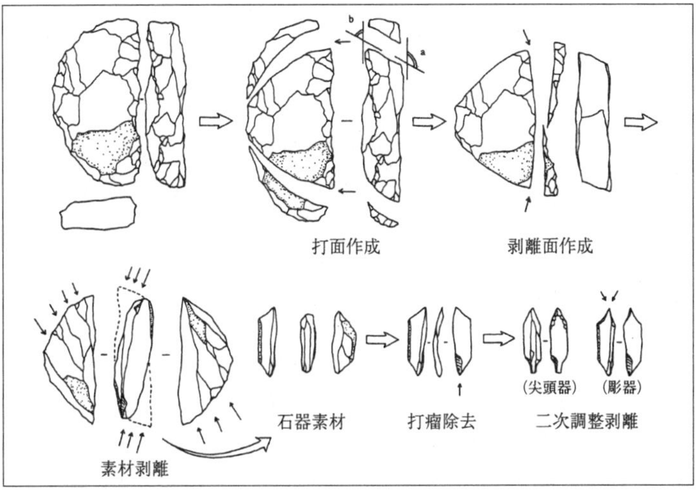

図37　ナヴィフォーム型石核
(西秋 1995より)

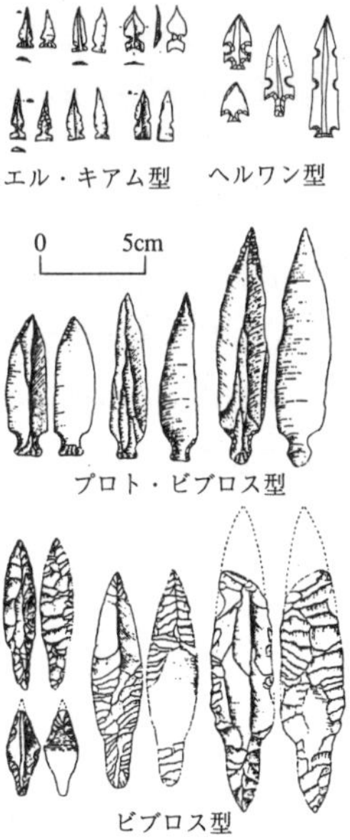

図38　各種の尖頭器
(Cauvin 1977などより)

ぶことが多い。

（1）　先土器新石器文化Bの定義

先土器新石器文化Aから同Bへの変遷は、1）円形・楕円形プランの単室遺構から矩形複室遺構へのシフト、2）単設打面石核からナヴィフォーム型石核へのシフト（図37)、3）細石器伝統にもとづくキアム型尖頭器からナヴィフォーム型石核によるビブロス型尖頭器へのシフト(図38)、の3つによって定義されてきた。この定義は、レヴァントの南部(具体的にはイェリコの発掘調査)で最初に着想されたものである。しかし、先土器新石器文化Bの初現地ともいうべきレヴァント北部での調査が進むにつれて、3つの定義間に微妙な齟齬が生じてきている。

(2)「前期」問題

最大の齟齬は、先土器新石器文化Bの始まりをどこに置くかの議論に表れている。当初は、ムレイビットⅣA期を前期とし、ここからが先土器新石器文化Bとされてきた。しかし、その後の検討によって、先述した3つの定義のうちの最初の2つがムレイビットⅢA期(つまり、ムレイビット文化の前半)の段階ですでに満たされていることがわかってきた(Gopher 1994、1999、足立 2000)。近年、ムレイビットⅢ期を先土器新石器文化Bの「前期」とする編年が提唱されているのも、そのためである。

しかし、定義1)がこの時期に本当に満たされていたかどうかは微妙である。というのも、遺構の矩形化は大型遺構の側でのみ進行しており、(二峰性遺構群の一方の要素である)小型遺構は依然として円形のまま併存しているからである。だとすれば、3つの定義をすべて満たすという意味での先土器新石器文化B前期はないということになろう。そこでどの定義を選ぶかだが、資料の普遍性から考えてやはり石器面での定義(とくにナヴィフォーム型石核の成立)を優勢すべきであろう。その場合、やはりムレイビットⅢA期からが先土器新石器Bということになる。なお、本書では、ⅢA期(およびⅢB期)を単にムレイビット文化としており、時代的には先土器新石器文化A後半の文化として扱い、内容的には先土器新石器文化Bの粗型として扱っている。

3　集落の巨大化・固定化

先土器新石器文化Aで始まったムギ作農耕は、先土器新石器文化Bの段階になって大きく変質・発展した。その間の経過をもっとも端的に表しているのが、集落の巨大化・固定化である（図39）。

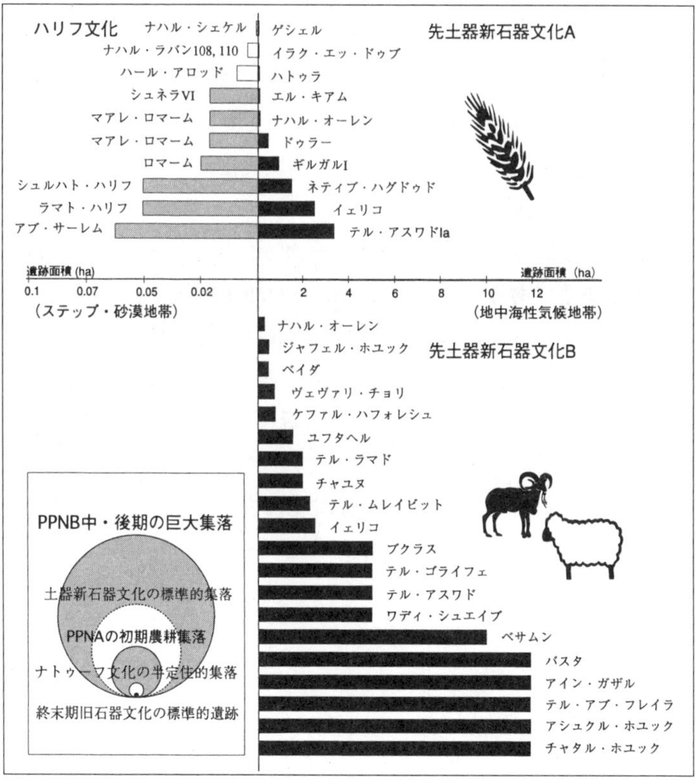

図39　先土器新石器文化の集落面積

（１） 集落の巨大化

終末期旧石器文化遺跡の多くは、200m^2（＝0.02ha）前後の規模であった（図13）。したがって、当時の社会の基本単位は、１～数家族からなる小規模バンド組織にあったと考えられる。しかしその一方では、こうした小規模バンド組織が季節的に集結するケースも認められた。それが、希に見られる約1000～2000m^2（0.1～0.2ha）の大型遺跡の実態であり、ナトゥーフ文化の定住的集落は、こうした季節的集結組織の延長線上で成立したものと思われる。その意味で、集団の規模が定住化の時点でただちに拡大したわけではない。本当の飛躍は、先土器新石器文化Ａの段階で認められた。この時期の農耕集落のなかには、１～２ha前後にまで拡大したものが現れている（図26、27）。これは、ナトゥーフ文化における最大規模の集落の約10倍の規模である。

しかし、飛躍はもう一回あった。それが、先土器新石器文化Ｂ中・後期の集落である。この時期には、たとえばアイン＝ガザルやテル＝アブ＝フレイラなどのように、10ha以上の面積を誇る巨大集落が出現している。これは、先土器新石器文化Ａの最大クラスの集落の約５～10倍の規模である。先土器新石器文化Ａでもほぼ同倍の拡大があったが、これは農耕集落自体の成立にともなうものであった。先土器新石器文化Ｂ中・後期における集落拡大は、むしろ農耕社会の成立にともなう現象と考えられる。社会経済史的にいえば、狩猟農耕社会から農耕牧畜社会へのシフトである。西アジア型の農業社会は、この段階ではじめて成立したといえるであろう。

（２） 巨大集落の人口

では、そうした巨大集落の人口はどのくらいあったのだろうか。優に1000人を越えるとの推定もあるが、これはやや疑問であろう。

農村の人口密度に関するデータから考えて、10数 ha×60－70人／ha＝700〜800人程度が妥当な値と思われる（藤井 1999c）。しかも、この数値は最大値であって、実際にはさらに下方修正が必要と思われる。というのも、遺跡全体を同時期——同一文化期ではなく、まさに同時期——の家屋が覆っていたという保証は、実はどこにもないからである。今日でもよくみられる光景であるが、テルの一部に集落が展開し、それがテル内を移動することによってテル自体の面積を徐々に拡大していったということも、十分考えられる。その場合、集落の推定面積自体を下方修正する必要があろう。当然、集落人口も当初の推定よりは減少する。筆者としては、最大約500人程度の集落人口を予想している。

しかし、ナトゥーフ文化の定住的集落のみならず、先土器新石器文化Ａの農耕集落（最大約200〜300人）をも大幅に上回る巨大な集落が出現したことは確かである。その意義は大きいといわねばならない。これによって、集落内部のあり方はむろんのこと、集落間の関係にも大きな変化が生じたと考えられる。

（３）　集落の固定化

先土器新石器文化Ｂ中・後期の遺跡の多くは、テル（テペ、ホユック、遺丘）を形成している。その後の西アジア史も、こうしたテルを舞台に展開することになる（図40）。その意味でも、先土器新石器文化Ｂの中・後期は、西アジア型農業社会の成立期といえるであろう。しかし、テルの形成で重要なのは、集落の大型化ではない。むしろ、集落の固定化こそが重要な成因といえよう。どれほど大型の集落であっても、それが固定的に営まれないかぎり、テルの形成にはいたらないからである。

ところで、ナトゥーフ文化やスルタン文化でも定住的な集落が営

a．アシュクル＝ホユック（トルコ）

b．テペ＝シアルク（イラン）

c．テル＝ハラフ（シリア）

d．イェリコ（別名テル＝エッ＝スルタン、パレスチナ）

図40　さまざまなテル・テペ・ホユック（筆者撮影）

まれていた。しかし、これらの文化では本来のテルは形成されていない。唯一、テルの名にふさわしいのはスルタン文化のイェリコであるが、これを除けば、テルらしいテルは見あたらない。したがって、ナトゥーフ文化における計画的なムギ利用も、スルタン文化における低湿地園耕も、依然として固定的な集落の形成にはいたらなかったということになろう。この時期の集落は、短期的には定住的であっても、長期的にはやはり遊動的であったと考えられる。

先土器新石器文化Ｂ中・後期におけるテルの形成は、この点で大きな意義がある。その背後には、集落の固定化があったに違いない。むろん、石材や粘土レンガの使用が普及したことによって、集落内土壌の形成が速くなったという事情もあるだろうが、それだけではあるまい。テル形成以前の農耕と、テル形成以後の農耕とでは、その質がまったく異なっていたと考えられる。

（4）　集落の形成原理

先土器新石器文化Bでは巨大・固定集落が出現した。しかしその一方では、中小規模の集落も多数併存していた。では、これらの集落は実際にどのような経緯を経て形成されたのであろうか。

よくいわれるのが、定住および農耕の開始による人口増加である。ひとつのバンド組織が定住化・農耕化することによって人口が増加し、徐々に集落が形成されていったという説明である。しかし、この説明はあまり現実的ではない。というのも、各遺跡の最下層の様相に見るかぎり、多くの集落はバンド組織よりも大きな集団から始まっているように思われるからである。

そこで、上記の説明に付記されるのが、分村または移村という考え方である。いったん集落が形成されると、そこから集団の一部が分離することがある。あるいは、なんらかの事情で集団全体が移動することもある。だからこそ、集落の多くが当初から一定の規模を示すというわけである。むろん、こうした分村や移村は実際にあったに違いないし、だからこそ農耕や牧畜が拡散したのであろうが、先土器新石器文化Bの集落形成をそのことだけで説明できるかどうかは疑問であろう。というのも、分村・移村後の中小集落の周辺に、（分村や移村の基となった）大型集落がつねに併存しているとはかぎらないからである。

そこで注目されるのが、集落の形成単位である。集落がつねにひとつまたは少数のバンド組織から始まったとはかぎるまい。だからといって、不特定の集団または個人が集結したとも思えない。したがって、もっとも可能性が高いのは、バンド組織よりも上位の組織的輪郭、たとえばバール＝ヨーゼフのいうマクロバンド（macroband、250人〜400人程度)、あるいはヴィースナーのいうバンド＝クラスター（band cluster、4〜10バンド、100〜250人）を単位とする集住であろう(Bar-Yosef and Meadow 1995、Wiessner 1983、Henry 1989)。逆にいうと、このレベルでの集住を可能にしたのが、ひとつにはムギ作農耕の発展であり、またひとつには家畜の成立であったとも考えられる。バンド組織からの人口増加だけで集落の形成を考えるのは、とりわけ先土器新石器文化B中・後期の巨大・固定集落の場合、やや無理があるように思われる。

4　丘陵部粗放天水農耕へのシフト

巨大・固定集落の出現には、経済基盤の変質がともなっていたに違いない。そのひとつが、家畜の成立である。しかしその一方では、農耕自体の変質もあったと考えられる。低湿地園耕から丘陵部粗放天水農耕へのシフトをたどってみよう。

（1）　集落の高地シフト

先土器新石器文化Bのレヴァント地方では、集落の高地シフトが認められる（図41)。以下、各地域の様相を検討してみよう。

〔ヨルダン渓谷〕先土器新石器文化Aのスルタン文化では、低湿地に定住的農耕集落、高地部に短期キャンプという分布傾向が認められた（図27)。ところが、次の先土器新石器文化Bになると、こうした低湿地農耕集落の多くが廃棄されている。たとえば、ネティブ＝ハグドゥド、ギルガルⅠ、ゲシェル、ハトゥラなどの遺跡がそうである。先土器新石器文化Bの定住農耕集落の多くは、渓谷東西の丘陵・山岳台地に移動している。

ヨルダン南西部のベイダ（標高約1000m）は、その好例である。

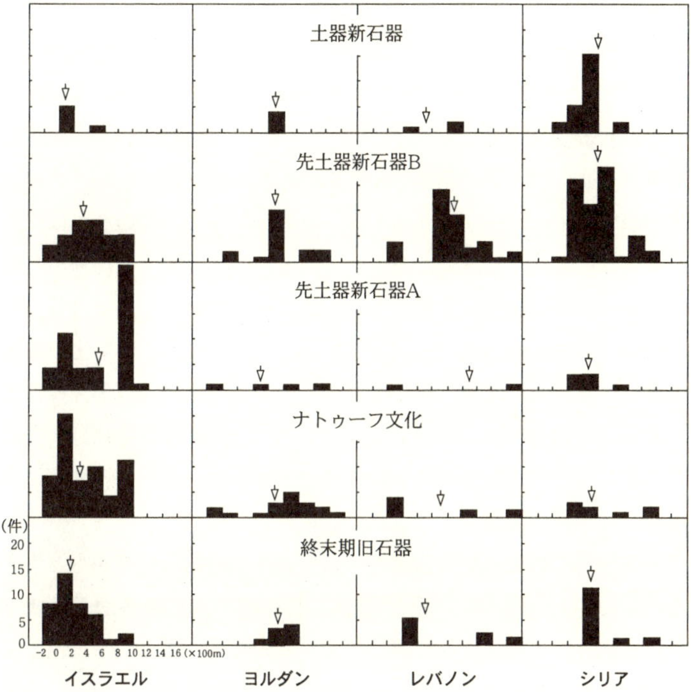

図41　西アジア各地における遺跡標高の変遷（藤井 1996より。データは Hours *et al.* 1994）

ベイダの立地する山岳台地上には、アッ＝ダマンⅠ ad-Daman Ⅰ やバジャ Baja など、先土器新石器文化Bの農耕集落が多数分布している。トランスヨルダン側の斜面にも、バスタ Basta やアイン＝エル＝ジャンマーム Ain el-Jammam などの農耕集落が認められる。先土器新石器文化Bにおける集落の高地シフトは明らかであろう。ワディ＝エル＝ハサの流域でも、同じことが観察されている。台地上の比較的開けた部分への立地が好まれているのも、これらの集落に共通した特徴である。これらの事実は、低湿地小規模園耕から丘陵部粗放天水農耕へのシフトを示している。

〔ダマスカス盆地〕シリア南部のダマスカス盆地も、同様である（図30）。アスワド文化のテル＝アスワドは海抜約600mであるが、先土器新石器文化B中・後期のテル・ゴライフェは海抜約616m、同後期のテル・ラマドは海抜約830mである。しかも、テル＝アスワドが旧アテイベの湖岸に立地していたのに対して、他の2つはこれから徐々に離れ、丘陵側に後退している。この点で、低湿地小規模園耕から丘陵部粗放天水農耕へのシフトを認めることができる。

〔ユーフラテス中流域〕先述したように、ムレイビット文化の遺跡はユーフラテス中流域の河岸段丘やその周辺の丘陵末端部分に位置していた（口絵ジェルフ＝エル＝アハマル遺跡、図31参照）。先土器新石器文化Bの集落立地も、これと大差ない。したがって、この地域では集落の高地シフト自体は認められない。

しかし、この文化には丘陵部の粗放天水農耕的な性格がもともと潜在していた（第3章参照）。当然、低湿地小規模園耕から丘陵部粗放天水農耕へのシフトに関しても、この地域が先導的な役割を果たしたと考えられる。このことは、石器文化にも表れている。先土器新石器文化Bを特徴づけるナヴィフォーム型石核の技術は、この地域で最初に出現し、やや後にレヴァント南部あるいはイラク西部方面へと拡散している。重要なのは、こうした石器組成が地中海性気候帯とステップ気候帯との中間領域を中心に拡散している、という点である。こうした土地選択のあり方にも、丘陵部粗放天水農耕としての展開が間接的に表れている。

（2） 集落の巨大化・固定化

低湿地小規模園耕から丘陵部粗放天水農耕へのシフトは、集落立地の移動のみならず、集落自体の大型化・固定化という点からも推測できる。というのも、農耕集落の大型化・固定化とは、つまり耕作地自体の大型化・固定化に他ならないからである。

丘陵部粗放天水農耕へのシフトが耕作地の大型化を意味することは、明らかであろう。限られた低湿地よりもその後背地（丘陵部）の方が、より大規模な耕作地を提供しうる。したがって問題は、丘陵部の粗放天水農耕が耕作地の固定化を促すかどうか、である。この点で重要なのが、耕作地における連作障害の有無である。低湿地における集約的な農耕では、連作障害が生じやすい（むろん、ナイル河流域やユーフラテス河流域のように、毎年新たな土壌が供給される場合は別であるが)。これに対して、丘陵部における粗放的な天水農耕では、まさに粗放的であるがゆえに、連作障害が起こりにくい。だとすれば、丘陵部粗放天水農耕へのシフトこそが耕作地の固定化を促したと考えることも可能であろう。

先土器新石器文化Ｂ中・後期における集落の大型化・固定化、そしてその背景としての耕作地自体の大型化・固定化――こうした現象の根底にあったのが、低湿地小規模園耕から丘陵部粗放天水農耕へのシフトであったと思われる。

（3）　耕起具の減少

もうすこし具体的な例を挙げてみよう。先土器新石器文化Ｂの農耕集落では、耕起具類(打製石斧・手斧・ピック・石鍬などの一部)が減少するという傾向が認められる。たとえば、ヨルダン渓谷のイェリコがそうである（表４)。スルタン文化の層では耕起具を含む打製大型石器が多く用いられていたが、先土器新石器文化Ｂの層になると減少している。しかしその一方で、鎌刃の比率は急増している。この２つの対照的な事実は、低湿地小規模園耕から丘陵部粗放天水農耕へのシフトを反映していると考えられる。

同じことは、ダマスカス盆地でも認められる。テル＝アスワドの下層（Ⅱ層）では、わずかながらも打製大型石器が出土している（アスワド文化のⅠa層からの出土はないが、これは全体のサンプル数が小さいためでもあろう）。これに対して、先土器新石器文化Bのテル＝ゴライフェでは、全体のサンプル数が多いにもかかわらず、こうした打製大型石器類はまったく出土していない（Contensen 1995）。冒頭でも述べたように、ユーフラテス中流域のテル＝ムレイビットも同様である。キアム文化の段階で多用されていた特異な打製大型石器類は、先土器新石器文化BのⅣA・ⅣB期になると姿を消している（図36）。

耕起具のこうした減少傾向は、先土器新石器文化Bの西アジアに広く認められる現象であり、低湿地園耕から丘陵部粗放天水農耕へのシフトを暗示している。むろん、丘陵部の粗放天水農耕で耕作がまったく行われなかったわけではあるまい。しかし、低湿地園耕にくらべれば、その作業頻度はやはり低かったと思われる。そのことが、石製耕起具のこうした減少傾向となって表れているのであろう。

（4） 併存のシステム

低湿地の小規模園耕から丘陵部の大規模粗放天水農耕へのシフト――その意義について強調してきたが、この両者をたがいに排他的な農法ととらえるのは危険であろう。というのも、両者は併存し得るし、事実、そうした民族例に事欠かないからである。サウジアラビア南西部アシール地方の農業形態も、そうした民族例のひとつである（図42）。そこでは、さまざまな形態の農耕が混在している（赤木 1990）。滞水農耕（つまり低湿地園耕）と天水農耕のどちらかが単独で分布しているのは、海岸平野と山頂平坦面・高原台地だけで

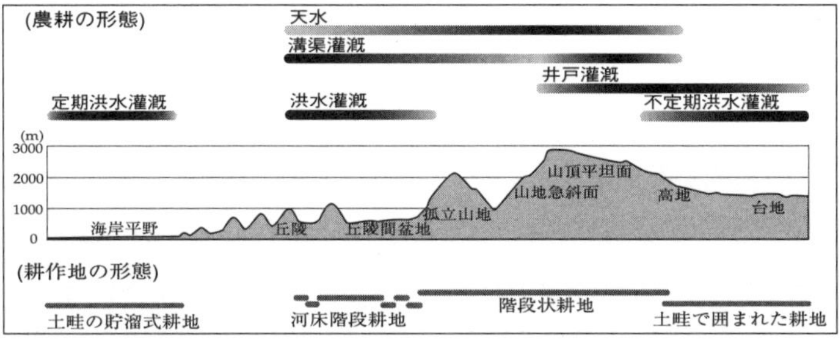

図42　さまざまな農耕形態（赤木 1990より作成、原図はAbdulfattah 1981）

あり、他の部分ではなんらかの形で両者が併存している。

したがって、先土器新石器文化Ｂの段階で丘陵部の粗放天水農耕だけが行われたわけではない。事実、この時期のヨルダン渓谷では、イェリコやベサムンなどの低湿地型の農耕集落が依然として営まれていた。イェリコは通年涸れない泉（アイン＝エッ＝スルタン、別名エリーゼの泉）をもち、ベサムンは旧フーレー湖の湖岸に位置している。こうした集落は、低湿地への立地を依然として維持していたのである（ただし、耕作地自体は集落の前から後ろへと移動した可能性があるが）。一方、高地部の集落のなかにも、たとえばベイダのように、低湿地園耕を継承する集落もあった。この遺跡には後背地としての丘陵はなく、ワディの河床面・斜面が耕作地であったと思われる（第５章参照）。これは、まさに「高地部における低湿地園耕」であろう。

したがって、丘陵部の粗放天水農耕が西アジア全域を一律に覆い尽くしたわけではない。第１章でも述べたように、西アジアの地形・自然環境は、全域がモノカルチャー化するにはあまりにも多様であった。そこにはさまざまな農耕形態が併存していたと考えられる。

5　集落の内と外

先土器新石器文化Bの集落の内外では、居住集団の大型化・固定化や丘陵部粗放天水農耕へのシフトとも関連して、さまざまな変化が進行していた。そのうちの主なものをいくつか紹介しておこう。

（1）　円形住居から矩形住居へ

遺構の矩形化はもっとも目に付きやすい変化のひとつであり、先土器新石器文化Bの定義のひとつにもなっている。ここで、終末期旧石器文化の円形単室遺構から先土器新石器文化Bの矩形複室遺構にいたるまでの経緯を、簡単にまとめておこう（図43）。

ナトゥーフ文化・キアム文化までは、（半）円形または楕円形プランの単室遺構が中心であった。しかも、１件の大型遺構（作業スペース）に複数の小型遺構（個々人の分散型就寝スペース）が連結する二峰性遺構群が、住居の基本単位であった。この体制にわずかな変化が生じたのが、先土器新石器文化Aの後半である。スルタン文化やムレイビット文化では、大型遺構の側の複室化が進行しはじめた。ムギ作農耕の成立と定住の強化によって、貯蔵・作業スペースなどが大型化・固定化したことがその原因であろう。ただし、小型円形遺構は依然として併存しており、二峰性遺構群の原理自体はまだ保たれていた。なお、大型遺構の複室化には、レヴァント地方の南北で大きな相違が認められた。スルタン文化では妻入型の（したがって、縦方向に展開するやや単純な）複室化が進行したのに対して、ムレイビット文化では平入型の（したがって、横方向に展開するやや複雑な）複室化が認められた。

その延長線上に成立したのが、先土器新石器文化Bの矩形遺構で

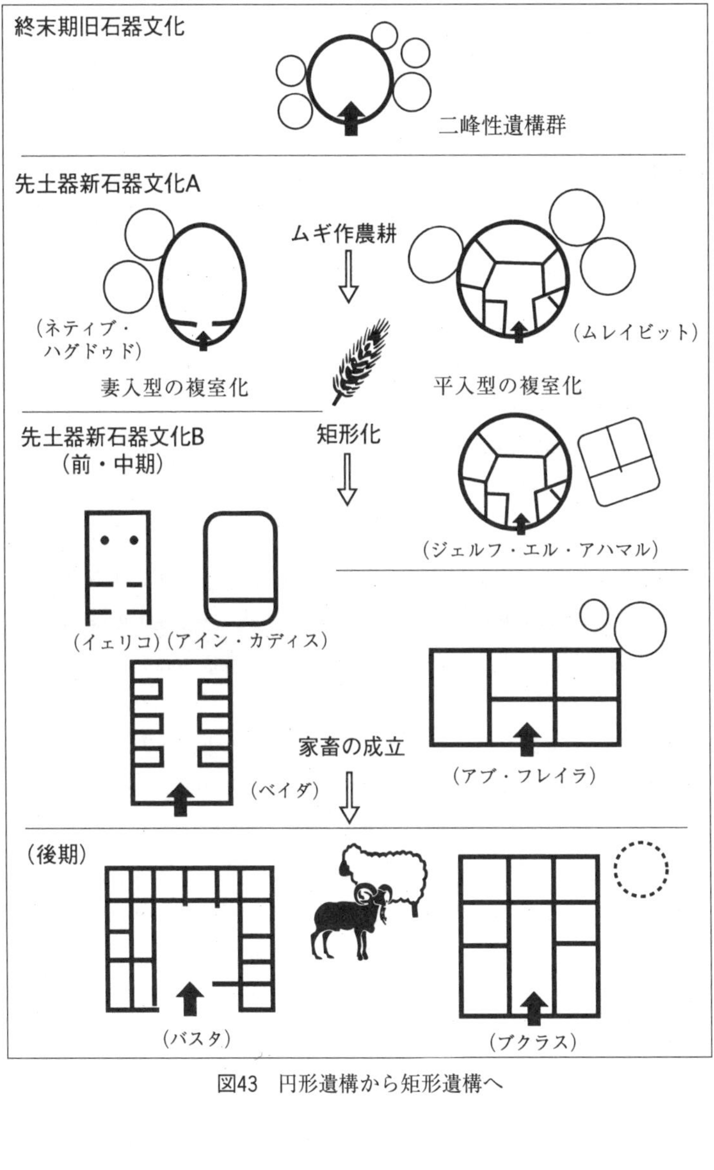

図43　円形遺構から矩形遺構へ

ある。ベイダなどの遺跡で確認されている桟橋型の複室遺構（pier house）は、明らかに、スルタン文化における楕円形・妻入型・二室遺構の矩形化であろう。一方、ムレイビットⅢB層やシェイク＝ハサンなどにみられる横長の矩形複室遺構は、ムレイビットⅢA層の円形・平入型・多区画遺構の矩形化と考えられる（ただし、ジェルフ＝エル＝アハマルの最近の資料によると、これとは別の経緯による矩形化も考えられる）。

以上のことからもわかるように、複室化の要求がまず先行し、それにやや遅れてプランの矩形化が進行したと考えられる。このうち複室化の原因については、先述したとおりである。では、矩形化は何が原因であったのかというと、ひとつには複室化の結果でもあろう。室内を区画するようになると、円形プランでは無理が生ずる（ムレイビットⅢ層の円形多区画遺構はその好例である）。こうした弊害を除去するために、より区画しやすい矩形プランが生まれたものと考えられる。しかしこれよりも重要なのが、構造面での要請である。再度、ムレイビットⅢ層の円形多区画遺構に着目してみよう。この遺構では室内中央付近に一対の柱が立てられており、おそらくこの段階で平屋根がつくられるようになったと考えられている。これによって、屋根の荷重を支えるための内壁が室内にも必要になり、多区画化の流れとも呼応して、遺構全体の矩形化が進行したのではないだろうか。プランの矩形化と並行して、建材の恒久化、壁面の厚さの増加、礎石の一般化などの現象が認められるが、これらはいずれも本格的な平屋根の構築に関連した現象と考えられる。

（2） 農耕関連用具・設備の変化

低湿地の小規模園耕から丘陵部の粗放天水農耕に力点が移ると、農耕に用いられる道具や設備にもさまざまな変化が現れた。以下、作業の順に検討してみよう（図44)。

①播種：採集活動が収穫から消費（あるいは短期的貯蔵）までの単線的な植物利用であるのに対して、農耕とは、播種から貯蔵までのサイクルを循環する再生産的な植物利用である。したがって、ムギ作農耕の進展とともに播種作業に用いられた道具が検出されるはずであるが、そうした報告はまだない。後の時代になると、たとえばロート状の条播器が鋤とともに用いられたことがわかっているが（前川 1998)、初期農耕文化における播種用具の実態は不明である。おそらく籠や皮袋などの軟質容器から種籾を散布していたものと思われる。そうした容器自体はいくつか検出されているが、播種作業に用いられたかどうかは判別不能である。

②耕起：先述したように、先土器新石器文化Ｂの農耕集落では耕起具の比率が低下していた。このことは、低湿地園耕から丘陵部粗放天水農耕へのシフトを暗示している。なお、耕起具は土器新石器文化になってふたたび増加している。沖積地への進出（つまり、低湿地農耕への回帰）や牽引用家畜の成立などが、耕起具復活の一因であろう。

③収穫：先土器新石器文化Ｂの集落では、鎌刃が石器組成の中心を占めるようになる。その原因としては、１）ムギ作農耕の拡大にともない、収穫の作業量自体が増加したこと、２）収穫時の振動でも小穂の脱落しない栽培ムギが成立・普及したために、鎌による収穫が行いやすくなったこと、３）単体装着から複数装着に移行したことによって、１本の鎌に必要な鎌刃の数が増加したこと、４）細石器の要素が完全に後退したために、鎌刃を含む他の石器の比率が相対的に上昇したこと、などが考えられる。１）と２）が直接的な要因、３）と４）は間接的な要因である。

ところで、鎌刃の装着に際してもっとも重要なのは、鎌刃間の接

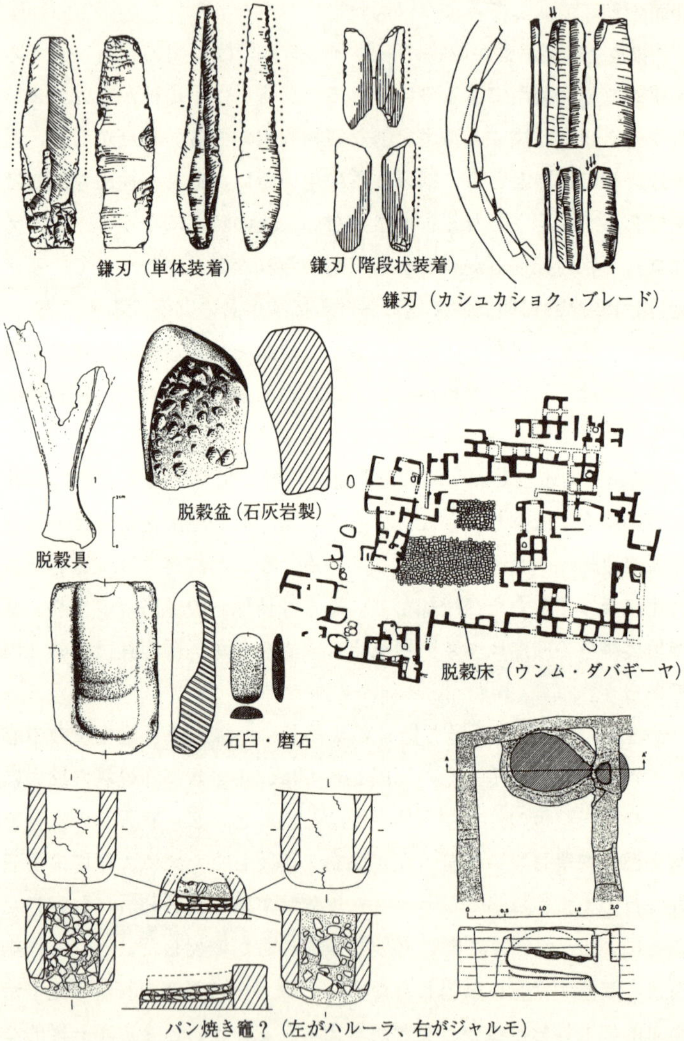

図44　先土器新石器文化の農耕関連遺物・遺構（Lechevallier 1978，Nishiaki 2000などより）

合面の処理であったと思われる。というのも、接合部分に不連続な箇所があると、ムギの穂が引っかかったり、鎌刃が抜け落ちたりするからである。先土器新石器文化Bのレヴァント北部では、これを防ぐためのさまざまな工夫がされている。たとえば階段状の装着である。また、石刃の接合箇所に擬似的な彫刀面打撃(corner thinning)を加えることによって、石刃末端部分を重複接合するという工夫も試みられた（Nishiaki 1990)。後の時代になると、装着材を厚く補填して、不連続面自体を覆い隠すという方法も行われている（藤井1983)。また、ナトゥーフ文化の事例ではあるが、鎌刃の接合面をずらしながら2列分装着するという変わった方法もあった（図17)。

ここで、鎌刃および鎌の型式的な変化を接合面問題の視点から簡単に振り返ってみよう。ナトゥーフ文化では、複数装着による刃渡りの短い直線鎌が用いられていたが、これは散発的な穂刈りの実施を暗示していた（図17)。先土器新石器文化Aの初期農耕ではこれに加えて、大型の単体装着鎌刃も用いられた。これはおそらく、複数装着鎌刃に固有の接合面問題を解消するための工夫でもあった。しかし、その点を除けば、刃渡りの短いナトゥーフ的な直線鎌の形態がそのまま維持されていたことになる。その意味では、先土器新石器文化Aの初期農耕もやはり単発的な穂刈りが中心であったと考えられる（つまり、狩猟採集民の農耕)。問題は、先土器新石器文化Bの鎌刃である。先土器新石器文化Aで単体装着という工夫がなされたにもかかわらず、先土器新石器文化Bの鎌刃はなぜ複数装着に回帰したのであろうか。その理由はおそらく、刃渡りの大きい、しかも曲線的な鎌が用いられたことにあると思われる。大型曲線鎌の刃を単独の鎌刃でまかなうことはむずかしい。そこで複数装着が必要になるが、その難点を先述のさまざまな工夫によって補ったのであろう。

小型直線鎌から大型曲線鎌へのシフト――この点にも、丘陵部粗放天水農耕の進展にともなう収穫量の増加をうかがうことができる。ここで注意すべきは、先土器新石器文化Bのレヴァント南部では依然として単体装着鎌刃が併用されている、という点である。これらの大型石刃自体は先土器新石器文化Bに固有のナヴィフォーム型石核から剥離されたものであるが、その後の処理が異なっていたわけである。レヴァント北部ではこの大型石刃を細かく分断して複数装着鎌刃に仕上げていたのに対して、レヴァント南部ではしばしば大型石刃のままで単体装着したことになろう。この点でも、レヴァントの南部の農耕が依然として小規模園耕的な性格を帯びていたことがわかる。

なお、先土器新石器文化Bまでの収穫方法が高刈りであったか、根元刈りであったかは、よくわかっていない。しかし、王朝期のエジプト壁画などに見るかぎり、かなりの高刈りが実施されていたものと想像される。

④脱穀・籾摺：先土器新石器文化Bの巨大集落の場合、脱穀作業は集落内ではなく、耕作地の周辺で行われていた可能性が高い。というのも、耕作地が拡大するにつれて、収穫物の運搬が大きな負担になったと考えられるからである（ちなみに、先土器新石器文化Bの段階では荷役用の家畜はまだ成立していなかった)。加えて、1）ムレイビット出土の炭化コムギの大半が（小穂の状態ではなく）頴果の状態で検出されている(van Zeist and Bakker-Heeres 1984)、2）先土器新石器文化Bでは、終末期旧石器文化伝統の縦型石臼・石杵のセットから、横型石臼・磨石のセットへのシフトが認められる、などの現象も指摘できよう。これらの事実は、脱穀作業が集落の外部で行われていたことを暗示している。

しかし、耕作地周辺での脱穀作業で実際にどのような道具が用い

a．橇による脱穀

b．橇の裏側（フリントが多数装着されている）

c．風選

図45　橇による脱穀と風選（トルコ、大村幸弘氏撮影）

られていたのかは、よくわかっていない。穀物を引き剥がすための小さな凹みを設けた肩胛骨や、橇刃（threshing sledge blades）を底に埋め込んだ橇（図45）（藤井 1986）、そしてその橇を走らせるための脱穀床（threshing floor）などが考えられるが、実際の検出例はまだ少ない。なお、先土器新石器文化Bの後期になると家畜ヤギ・ヒツジが成立していたので、これらの有蹄類家畜が（蹄で踏み回る方式の）脱穀作業に用いられた可能性はあろう。

ただし、高刈りによる収穫が行われていたとすると、話は別である。脱穀してもしなくても、運搬量に大きな差は生じないからである。したがって、脱穀作業が集落の外部でのみ行われていたとは断言できない。たとえば土器新石器文化初頭のウンム・ダバギーヤでは、集落中央部にレンガ敷きの中庭が確認されているが、これはヤギやヒツジにムギを踏ませるための脱穀床であった可能性が高い。

このほかには、炒りムギ法（parching）による燃焼式の脱穀（アリ＝コシュ）や、脱穀盆による摩擦式の脱穀（ネムリク9）なども予想される。これらの資料は、集落内での脱穀作業を暗示している。

なお、先土器新石器文化Bまでの栽培ムギの多くは皮性ムギであったので、籾摺は依然として重要な作業であった。各種の石臼類がこれに用いられていたが、家畜に踏ませる脱穀や炒りムギ法による脱穀などでは、脱穀と籾摺が、ほぼ同時に行われていたと考えられる。

⑤選別：籾摺が終わると、頴果とこれ以外の不要な部分とを選別しなければならない。この作業にもさまざまな方式があるが、初期農耕ではもっとも簡便な方法（風選）が行われたと想像される（図45）。この場合、籾を空中に投げ上げるための農具などが必要であろうが、こうした道具はまだ実際には検出されていない。なお、この選別作業についても、耕作地で行われた場合と集落内で行われた場合の2つがあったと考えられる。

⑥運搬：収穫（あるいは脱穀・籾摺・風選）が終わると、収穫物を集落まで運搬しなければならない。しかし、この運搬作業にどのような道具が用いられていたのかは不明である。当時の家畜はヤギ・ヒツジが中心であったが、これが運搬に用いられたとは思えない。先土器新石器文化Bの末にはウシも家畜化されているが、当初はやはり肉の消費が目的であったといわれているので、運搬に用いられたとは考えにくい。なお、船が物資の輸送に用いられはじめたのはウバイド期からであり（小泉 2000）、車輪が発明されたのも初期王朝期のことである（千代延 1988／89）。先土器新石器文化Bの段階では、おそらく人力で収穫物を運搬していたのであろう。

⑦製粉：先土器新石器文化Bになると、片側または両端が開口した横型石臼とそれに対応する扁平な磨石のセットが普及した。その

原型は、ムレイビット文化のシェイク＝ハッサンやテル＝ムレイビットⅢB期ですでに出現している。したがって、丘陵部粗放天水農耕がレヴァント北部から拡散する過程で、ナヴィフォーム型石核による石刃剥離技術などとともに、こうした新たな製粉具も各地に伝えられたと考えられる。なお、片側開口式の横臼と磨石のセットは、製粉作業に特化した用具の出現として大きな意義がある。先土器新石器文化Bの農耕では、従来やや曖昧であった脱穀・籾摺作業と製粉作業とが、それぞれ別の工程として独立していたことになろう。

⑧**調理**：先土器新石器文化Bになると、従来の炉に加えて、竈がはじめて現れている。イラクのジャルモやアナトリアのハジュラルHacılar、シリアのハルーラなどに、その事例がみられる。あらかじめ熱した壁面にパン生地を張り付けて余熱で焼き上げるタイプの、小型のパン焼き竈である。むろん、パン以外の用途にも用いられた可能性はあるが、土器のない時代の窯のおもな用途はやはりパン焼きであったと思われる。

⑨**食器類**：パンの場合、食器はとくに必要ない。西アジアのムギ作農耕が「先土器」新石器文化の段階で成立し、しかも約2000年もの間、土器をもたない農耕文化として継続し得たのも、ひとつにはそのためであろう。現在のところ、初期農耕の食器類についてはまったく資料がない。

⑩**貯蔵**：先土器新石器文化Bの貯蔵施設は、矩形複室遺構の一室として独立したようである（図46）。先土器新石器文化Aまでの小区画的な（したがって季節消費レベルの容量しかもたない）貯蔵施設とくらべれば、規模の拡大は明らかであろう。この段階で、はじめてムギの利用が通年化・主食化したと考えられる。ただし、この時代になっても貯蔵庫は依然として各家屋に付属しており、集落全体の貯蔵庫は築かれていない。次の土器新石器文化では穀倉自体が

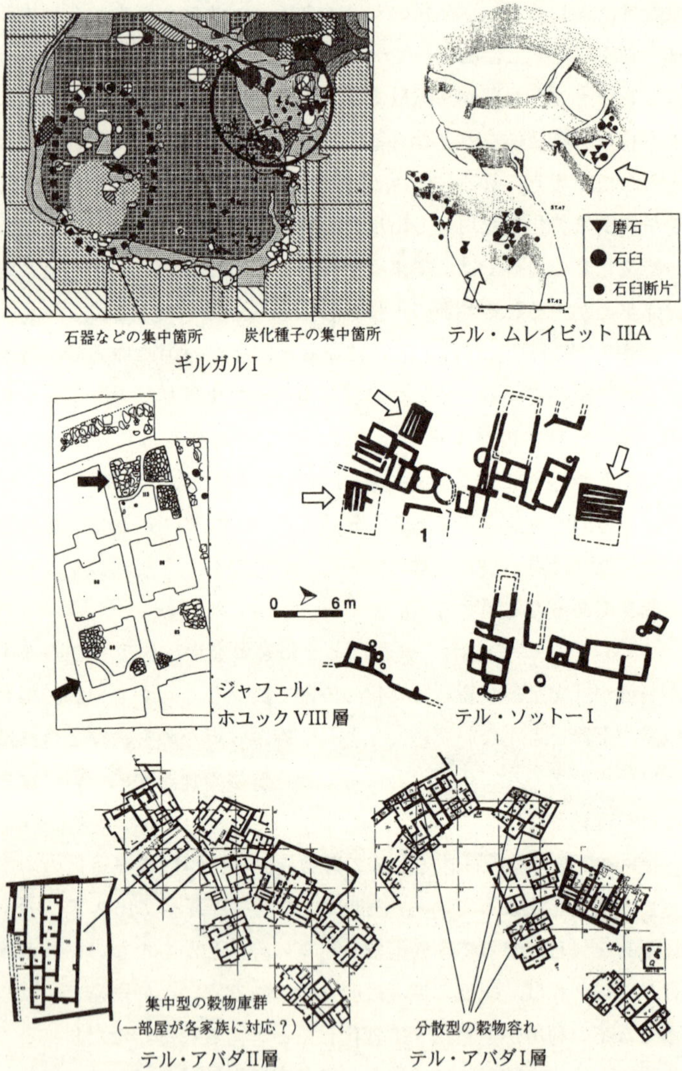

図46　貯蔵遺構の変遷（Cauvin 1977，Yoffee and Clark 1993，須藤 1998 などより）

住居から独立するという変化が認められるものの、やはり一住居につき一穀倉の原理が保たれているようである。この体制は、すくなくともウバイド期までつづいている（須藤 1998)。

⑪耕作地：農耕にとって最大かつ最重要の施設が、他ならぬ耕作地である。しかし残念ながら、西アジアでは耕作地自体の発掘例がない。したがって、その実態はまったく不明である。シュメール文明の時代になると、鋤耕作に適した、しかも灌漑のしやすい、細長い地割りが一般化したようであるが、これは平坦地の灌漑農耕の場合である。先土器新石器文化Bの丘陵部粗放天水農耕では、おそらく自然の起伏に添った不定形の耕作地が多かったものと想像される。問題は耕作地の地割りの単位であるが、貯蔵施設が家族単位であったように、耕作地も家族単位で区画されていた可能性が高い。現在も行われているように、野生・家畜動物の侵入を防ぐための石垣を設け、それによって各耕作地の区分を表示していたのであろう。耕作地の地割りは非常に重要な問題であるが、現段階では検討の材料を欠いている。

6　その他の問題

（1）　寒帯前線の北退

低湿地小規模園耕から丘陵部粗放天水農耕へのシフトにともない、西アジアにおける新石器化の先導役がレヴァントの南部から北部へと移転した。本章の記述がレヴァント北部に集中してきたのも、そのためである。

では、なぜそのようなことが起こったのであろうか。その遠因のひとつが、寒帯前線の北退である（Cauvin 1994、藤井 1995a,b)。第1章でも述べたように、西アジアにおける冬雨の原因は、ヨーロッパ方面から南下してくる寒帯前線にあった。終末期旧石器文化では、この寒帯前線の南下位置が現在よりもさらに南に偏していたために、レヴァント北部では乾燥化が進み、人類の居住自体がやや希薄になっていたわけである（図6）。しかし、ビュルム＝マクシマム以後の温暖化にともない、寒帯前線の南下位置は徐々に北側へと退いていったと考えられている。この北退がレヴァント北部にまで達したのが、ムレイビット文化の前後頃である。ムレイビットⅢ期における野生ムギの利用増加の背景には、こうした湿潤化にともなう野生ムギ群落自体の拡大があったものと思われる（第6章参照）。一方、レヴァントの南部はこれとは逆の傾向をたどった。寒帯前線の北退は、この地域にとっては乾燥化の始まりでもあった。先土器新石器文化Bのレヴァント南部でとくに顕著に進行した集落の高地シフトには、こうした乾燥化への対応という側面もあったと考えられる。

先土器新石器文化は、西アジアの歴史のなかでももっとも降雨に恵まれた時代のひとつといわれている。しかし、南北に長いレヴァント地方の場合、寒帯前線の南下位置によっては南北の降雨量に大きな較差が生じる。のみならず、南北の関係自体が逆転することもある。先土器新石器文化Aから同Bにかけての主役の交替には、こうした要因もあったと考えられる。

（2） 集落内の固定祭祀

先土器新石器文化Bの集落のなかには、祭祀遺構をともなうものがしばしば認められる。ジャフェル＝ホユックやギョベクリ＝テペの特殊遺構は、その好例である（図47）。こうした固定的祭祀遺構の出現が、先土器新石器文化Bの特徴のひとつでもある。

祭祀遺構が建造されるようになった理由としてまず考えられるの

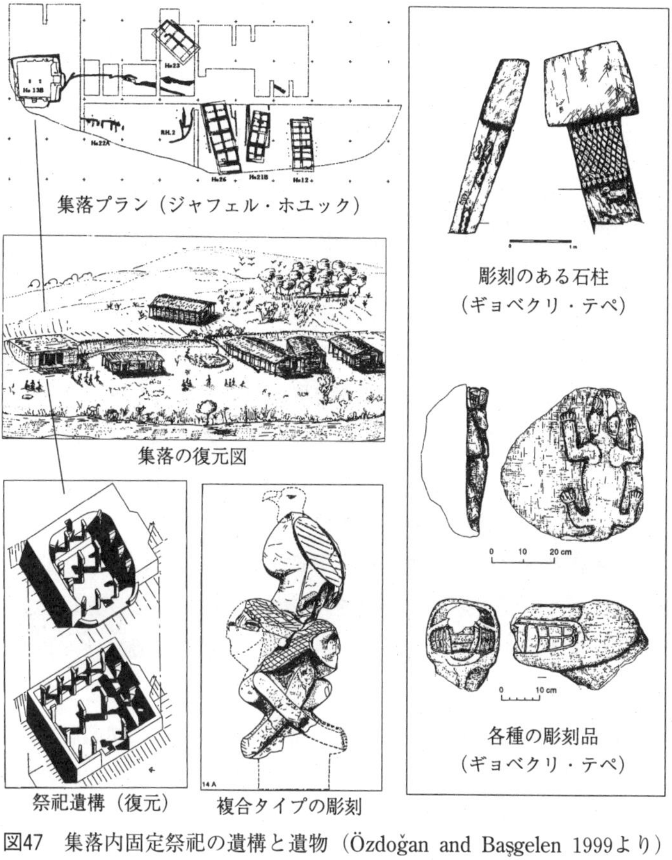

図47　集落内固定祭祀の遺構と遺物（Özdoğan and Başgelen 1999より）

が、集落の大型化・固定化にともなう秩序維持システムの強化である。しかし、それだけではあるまい。この点で注目されるのが、終末期旧石器文化の段階で認められたベース・キャンプ外における結集祭祀である。これはおそらくバンド間の結集祭祀であろう。こうした上位の組織を基本単位に形成されたのが先土器新石器文化Bの農耕集落であるとすれば、そこにかつての結集祭祀がもち込まれたとしてもなんら不思議はあるまい。

ただし、これは主としてレヴァント北部の場合である。レヴァントの南部では、集落外での結集祭祀が依然として併存していたようである。たとえば、先土器新石器文化B中期のナハル＝ヘマル洞窟では、石製の仮面や、装飾頭蓋骨、多量の石刃・尖頭器類、骨製品、織物、編物などが洞窟の奥深くから多数出土している。この洞窟は乾燥域の真っただ中にあり、同時期の集落はその周囲では確認されていない。これは明らかに集落外の結集祭祀であろう。レヴァント南部でそうした結集祭祀が継続しているのは、巨大集落の形成が北部にくらべてやや劣っていたことの裏返しでもあろう。祭祀のあり方にも初期農耕社会の南北差が表れており、興味深い。

（3） 女性の農耕から男性の農耕へ

先土器新石器文化Aの農耕が、狩猟採集民による、採集活動の延長としての（したがって、女性を中心にした）、季節消費レベルの農耕であったとするならば、先土器新石器文化Bの農耕は、まさしく農耕牧畜民による（したがって、青壮年男子が主体となった）通年消費レベルの本格的な農耕であったと考えられる。初期農耕のジェンダー論であるが、じつはこれこそが先土器新石器文化Bの集落内で進行していた最大の変化であったと考えられる。

しかし、この問題については農耕の面だけで論ずることはできない。というのも、この問題には、青壮年男子の基幹的な生業である狩猟の後退（言い換えれば家畜の成立）が深く関わっているからである。初期農耕のジェンダー論については、家畜の成立と絡めて後述する（第5章参照）。

7　まとめ

先土器新石器文化Bでは、低湿地の小規模園耕から丘陵部の粗放天水農耕へのシフトが進行した。集落立地の変遷は、そのことを強く示唆していた。一方、こうした農耕形態の変化と並行して、集落自体の大型化・固定化や遺構の複室化・矩形化などの現象も、徐々に進行していた。こうした動きと連動していたのが、次章で述べるヤギ・ヒツジの家畜化である。

西アジアの農耕牧畜起源論(4)―わが国の関連研究

前章までのコラムでは、欧米の研究者が唱えた仮説やモデルについて紹介してきた。ここでは、わが国の研究者による仮説や意見を、関連諸分野から広く紹介してみよう。

人類学・民族学

まず最初に思い浮かぶのが、今西錦司・梅棹忠夫による「群ごとのヒト付け仮説」である(今西 1964、梅棹 1965)。この仮説の眼目は、1)遊動的狩猟採集民が特定の群に追随し、2)その過程で醸成された親和関係を基に、3)個体単位ではなく、まさに群れ単位の家畜化が進行した、というものである。群れへの着目という点で、時代を先取りした仮説であった(当時の家畜起源論の多くは、群れの形成という問題自体を発見していなかったように思われる)。ただし、この仮説は主としてモンゴル高原の遊牧文化に関して提示されたものであり、西アジアの家畜起源論にそのまま適用できるかどうかは検討を要する(第5章参照)。

今西・梅棹以後も、重要な見解が提示されている。そのひとつが、西田正規による『定住革命―遊動と定住の人類史』である(西田 1986)。この著書では、定住の開始が農耕牧畜の起源よりも重要かつより早い段階に位置づけられており、近年の考古学的知見とも符合している。また、松井健の『セミ・ドメスティケイション―農耕と遊牧の起源再考』も、フィールドでの成果にもとづくオリジナルな研究として評価が高い(松井 1989)。追込み猟を家畜化の起点として重視するという基本姿勢は、筆者にも継承されている。一方、谷泰の一連の論文・著作では、人の居留地への野生動物の係留と、これにともなう母子関係への介入という斬新な視点が導入され、この点から家畜化・遊牧化のプロセスが探究されている（第7章参照)。なお、1980年代までのわが国における牧畜文化研究を総括した著書として、福井勝義・谷泰編著『牧畜文化の原像』がある（福井・谷 1987)。必読の文献である。この他、大野盛雄のイラン農村研究、松原正毅・福井義勝・片倉もとこの遊牧民研究、田中二郎の狩猟採集民研究、堀内勝のラクダ研究なども特筆すべき業績であり、農耕牧畜起源の研究に重要な示唆を与えている。

植物学・動物学・農学・地理学

植物学関連分野での農耕起源論は、木原均に始まる。それを具体的に発展させたのが、中尾佐助の一連の著作である（中尾 1966、1972)。植物学の知見をベースに、広汎な民族学的知識を織り交ぜながら語られるその農耕起源論は、何度読み返しても飽きることがない。なかでも比較的初期の著作である『栽培植物と農耕の起源』は示唆に富んでいる。また、調理の体系という新たな視点からの文化論も発展性を秘めている。西アジア農耕起源論との関係では、天水農耕起源説が全盛であった時期に、早くも湧水・溜水農耕の重要性を示唆していたことが注目される。同じく栽培植物学をベースとする農耕起源論として、田中正武・阪本寧男らの研究も重要である（田中 1975、阪本 1985)。とりわけ、阪本による雑穀文化への着目は、西アジアの初期農耕を見直す上でも重要な視点を提供している。

農学・動物学の諸分野では、飯沼二郎・家永泰光・野澤謙・西田隆雄・加茂儀一らの卓越した業績がある。西アジア考古学の現在の知見とはかならずしも符合しなくなった部分もあるが、世界各地の農耕牧畜文化に広く言及した各氏の研究は、現在もその価値を失っていない。一方、地理学・生態学の分野では、小堀巌や中島健一の研究が重要である。また、西アジア農業の実態を克明に記録・分析した織田武雄・末尾至行・應地利明らの現地調査も、優れた業績のひとつである。近年では、安田喜憲による古気候・古環境学からのアプローチが注目を浴びている（梅原・安田 1995）。

考古学・先史学（この分野の文献については、本文の各章で示す）

わが国における考古学的な農耕牧畜起源論は、江上波夫に始まる。問題自体の発見とそれへの具体的着手という意味で、江上はわが国におけるチャイルドであり、またブレイドウッドでもあった。その江上の業績を継承・発展させたのが、増田精一・曽野利彦・松谷敏雄らである。遺構・遺物の精緻な分析にもとづく各氏の論考は、現在においても参照されるべきものである。農耕起源との関係でいえば、西アジアの農耕がいわゆる天水農耕からではなく、「基本的には扇状地末端の湧き水、河川氾濫の溜水を利用しての農法」から始まったという増田の見解（増田 1986：28）は、再評価されるべきであろう。

一方、わが国の研究者による真にオリジナルな仮説として、渡辺仁の「退役狩猟者仮説」を忘れることはできない。この仮説は、狩猟の現場を退役した老年男性が、採集活動の管理・運営に当たることによって農耕が開始された、というものである（第5章参照）。また、女性中心の初期農耕と、青壮年男子が実務に参加しはじめた段階の農耕とを峻別している点も、重要である。本書もこのモデルに多くを依拠した。これ以外には、環地中海世界の細石器文化研究をベースに、初期農耕にいたるまでの文化的変遷を、とくに遺跡立地と穀物加工用具の視点から追尾した藤本強の一連の研究が重要である。また、赤澤威による人類史的視点からの発言も見逃すことはできない。このほか、西アジア初期農耕文化の諸問題を総括した安斎正人の初期の論文や、農耕の拡散過程に関する堀晄の独自の見解、押圧剥離技術とその伝播に関する大沼克彦の実証的研究、南メソポタミアにおける集落・都市の発生に関する松本健の研究、湾岸地方の新石器化に関する後藤健の研究なども、多くの示唆を与えている。

著者らは、その次の世代に属する。筆者自身は、1）農耕の陰に隠れがちな牧畜の問題を、常に同等に扱うこと、2）地中海性気候帯の遺跡だけではなく、ステップ・沙漠地帯の遺跡をも立論に組み込むこと、をささやかな信条としている（むろん、それはまだ成功しているとはいえないが)。筆者と同世代で、西アジアの農耕牧畜起源論に永くかかわってきたのが、常木晃である。近年では「モノカルチャー化」の視点が注目される。「農耕とは多様な植物利用をやめていくつかの限定された植物に依存するモノカルチャー化した生活の始まりであり、限定された植物の生産性を高める行為」というのが、その骨子である。「それが成功したとき、生産の偏りを生み出し、生産や流通の専業化や交易の発達を促し、都市社会の形成へと突っ走っていくことになる」というパラダイムも、示唆的である（常木 1999：18)。このほかでは、先土器新石器文化Ｂの標準遺物であるナヴィフォーム型石核の成立・拡散過程を追尾する西秋良宏の石器研究が、グローバルな成果を生みつつある。チャユヌ遺跡の動物骨分析を進めている本郷一美の研究も、注視を浴びている。

また、井博幸による土器製作技術の実証的研究、禿仁志・小泉龍人の葬制研究、三宅裕の土器および乳加工技術の起源研究、和田久彦・足立拓朗らによる尖頭器の型式学的・機能論的研究も、重要である。なお、対象とする年代はやや異なるが、粘土板文書の記述を基に、シュメール農業の具体的解明を進めている前川和也の研究も、西アジアの農耕牧畜起源論に良質の刺激を与えつづけている。

第5章　家畜化の進行

—先土器新石器文化B中・後期—

丘陵部粗放天水農耕へのシフトと並行して、先土器新石器文化Bの後半にはもうひとつの大きな変化が進行していた。ヤギとヒツジの家畜化である。その直後には、ウシやブタの家畜化も続いた。この段階ではじめて、西アジア型の混合農業が成立したことになろう。本章では、ヤギ・ヒツジの家畜化を中心に、牧畜の成立過程をたどってみよう。

1　遺跡研究：ベイダ

ベイダ Beidha は、ヨルダン南西部の山岳台地（海抜約1040m）に位置する先土器新石器文化B前・中期の農耕集落である（Kirkbride 1966、1968）。ベイダは、ヤギの家畜化が独自に進行した遺跡のひとつと考えられている。

ベイダの自然環境は、2つの領域によって構成されている。ひとつは、沖積土の厚く堆積したワディとその斜面。もうひとつは、ワディの縁辺から立ち上がる急峻な砂岩質の岩山である。いうまでもなく、前者がコムギ・オオムギの領域、後者がヤギの領域である。一方、集落は両者の中間の微高地に立地している。ワディ斜面を利用した小規模なムギ作農耕と、周辺の岩場における野生ヤギの狩猟（および集落内での家畜化の試み）——これが、ベイダという集落の日常であったと考えられる。

ベイダにおけるヤギの家畜化過程は、1）消費パターン面での家畜化、2）行動面での家畜化、3）形態面での家畜化、以上3つの側面から追跡することができる。むろん、この3つが同時に進行したとはかぎらない。他の遺跡でもそうであるが、ベイダでも1）→2）→3）の順に進行が遅れたようである。したがって、3つの側面のうちのどれを重視するかによって、家畜の成立年代のみならず、家畜の定義自体にも微妙な変化が生ずる。通常は3）が重視されているが、人にとっての家畜化はむしろ2）であろう。家畜化初期の段階で重要なのは、「逃げない獲物（したがって、当面生かしておける獲物）」の成立だからである。形態の変化は、その後の結果にすぎない。しかし、1）で述べたような家畜的消費が安定的に成立しているならば、それは実質的には家畜の成立に等しい。以下、ベイダにおけるヤギの家畜化過程を追跡してみよう（図48）。

〔ナトゥーフ前期文化層〕この遺跡の最下層。夏季の狩猟キャンプであったと考えられている。動物骨ではヤギ（むろん、野生個体。ただし類縁のアイベックス *Capra ibex* も含む）が圧倒的に多く、ガゼルがこれに続いている。

〔間層〕ナトゥーフ後期文化から先土器新石器文化B前期初頭までの、約1500年間の無遺物層（最大約3m厚）。この間、ベイダでは居住が行われていなかったと考えられる。

〔Ⅷ～Ⅵ層〕先土器新石器文化Bの前期に相当すると思われるが、これらの層の発掘はごく小規模であるため、詳細は不明。

〔Ⅴ～Ⅳ層〕ヤギの狩猟に関して、当歳個体を回避し、1.5～2歳前後の個体に集中する消費パターンが予測される。これは、成長曲線が鈍化しはじめる段階の個体を選択的に消費するパターン、つまり肉消費を主目的とする場合の家畜的な消費パターンである。しかし、集落内の「囲い」はまだ確認されていない。また、形態面での

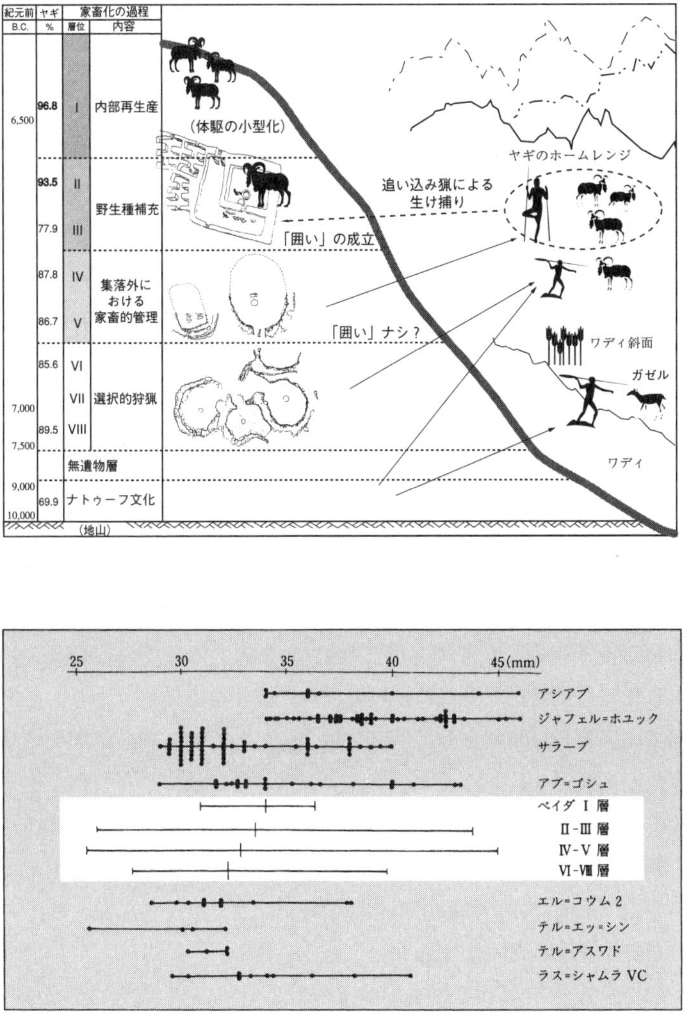

図48　ベイダにおけるヤギの家畜化過程（藤井 1998, Kirkbride 1966, Helmer 1989より）

図49　ベイダの谷を行く遊牧民のヤギ（ヨルダン、筆者撮影）

家畜化も認められない。したがって、この間のヤギ利用は、「集落外における野生ヤギの管理的狩猟」（Hecker 1982のいう“cultural control”）の段階といえるであろう。ようするに、生業形態としてはあくまでも狩猟、しかしその消費内容はすでに家畜的というのがこの層の様相である。

〔Ⅲ～Ⅱ層〕「囲い」らしき大型の石垣遺構が成立している。このことは、ベイダにおける野生ヤギの管理が、集落外での間接的制御から集落内の「囲い」における直接的管理へと移行したことを示唆している。「囲い」のなかでの馴化と世代交代は、「逃げない獲物（だからこそ、当面生かしておける獲物）」を成立させたに違いない。これは、行動学的な意味における家畜の成立である。しかし、形態面での家畜化は依然として明確にはなっていない。前肢上腕骨の骨端部断面直径を比較したデータによれば、この層のヤギには、小型化個体（おもに家畜化途上の個体）と大型個体（おもに野生個体）の双方が混在している。おそらく「囲い」内部の再生産体制がまだ不完全であったために野生個体が随時補充され、その結果、サイズのバラツキが大きくなったものと考えられる。

〔Ⅰ層〕後世における撹乱・削平のため不明な点が多いが、Ⅲ～Ⅱ層で見られたサイズのバラツキが縮小し、全体としてやや小型のレンジ内に収束している。家畜化の進展とともに、野生個体の補充が減少したためであろう。ベイダにおけるヤギ飼養は、この段階で

「囲い」内部における再生産体制にシフトしたと考えられる。野生個体の補充が減少すれば、「囲い」内部の遺伝的隔離は相対的に強化される。その結果、形態面での家畜化が顕在化しはじめたのであろう。ただし、体躯の小型化は完全な家畜の域にまでは達していない。また、角芯断面形などの形態的な変化も明確にはなっていない。形態面における家畜化は、依然として進行中であった。

以上が、ベイダにおけるヤギの家畜化過程である（藤井 1998）。しかし、これはベイダだけにみられる現象ではない。ほぼ同時期の他の遺跡、たとえばイラン北西部のギャンジ＝ダレでは、家畜サイズにまで小型化したヤギの骨が多数出土している。また、この遺跡からはヤギの蹄跡のついたレンガも出土しており、馴化したヤギが集落内を自由に徘徊していたことがわかる。一方、タウルス山脈の南麓からザグロス山脈の西麓にかけての地域では、ヤギのみならず、ヒツジの家畜化も進行していたと考えられる。こうしたさまざまな動きが一気に顕在化するのが、先土器新石器文化Ｂの後期である。

２　家畜化の「いつ」「どこで」

家畜化の「いつ」「どこで」は、農耕の「いつ」「どこで」よりも特定しにくい。しかし、その輪郭だけはすこしずつみえはじめている。

（１）　家畜化の過程をどう追尾するか

農耕の「いつ」「どこで」を追尾するには、２つの方法があった。遺物・遺構にもとづく考古学的な方法と、植物遺存体にもとづく植物考古学的な方法である。しかし、家畜化の「いつ」「どこで」に関しては、前者の方法が成り立たない。なぜなら、家畜化の過程には考古学的な遺物・遺構がほとんどともなわないからである。いきおい、動物考古学による出土動物骨の分析に大きな比重がかかることになる。動物考古学は、以下のような方法で家畜化の過程を追尾している（Davis 1987、ラッカム 1997）。

1）形態の変化：たとえばヤギの角芯 horn core 断面形の歪みや捻れ、メスのヒツジの無角化などが確認できたとき、それは家畜である可能性が高い。

2）サイズの縮小：骨格各部分のサイズが有意に小型化しているとき、それは家畜である可能性が高い。

3）相対頻度の急変：特定地域内の出土動物相を比較したとき、その相対頻度に有意な断絶・急変があれば、当該動物が家畜化された（あるいは家畜として導入された）可能性がある。

4）動物地理学的方法：野生個体の生息圏から遠く離れた地域で一定数の当該動物骨が出土した場合、それは家畜として導入された可能性がある。

5）屠殺パターン（kill-off pattern）：家畜に固有の年齢別・性別屠殺パターンが認められたとき、それは家畜である可能性が高い。

6）骨組織の構造：緻密骨質から海面骨質への移行が極端で、骨小柱が細く、かつその網目が粗いとき、それは家畜である可能性が高い。

7）家畜固有の病変：たとえばウシやロバの肩関節に、野生個体では見られないような顕著な摩耗・変形が認められたとき、それは牽引用の家畜であった可能性が高い。

8）出土状況：たとえば人の墓に随葬されているイヌは、家畜であったと考えられる。

動物考古学はこれらの方法を駆使して、家畜化の過程を追尾している。しかし、ここで注意すべきことがある。それは、このうちのどの方法に力点を置くかによって、家畜の成立時期（のみならず家畜自体の定義）に微妙な差が生ずる、ということである。たとえば、形態的にはまだ野生だが利用面ではすでに家畜という中位相問題がそうである。ベイダにおけるヤギの家畜化過程は、その好例であった。実際のところ、家畜化はひとつのプロセスであるから、その途中でよほど有意な断絶でもないかぎり、どこまでが野生でどこからが家畜という線引きはもともとむずかしい。したがって問題はむしろ、そうしたプロセスを進行せしめた人の側の営為が「いつ」「どこで」始まったのか、という点に帰着するであろう。だからこそ考古学的な手法の併用がのぞまれるわけであるが、現状ではそれはほとんど進んでいない（藤井 1996）。

（2）　家畜化年代の見直し

たとえばヒツジは紀元前11000年頃に、ヤギは8000〜7000年頃に、それぞれ家畜化されたといわれていた時期もあった（Perkins 1964）。しかし、現在ではこうした見解の多くは疑問視されている。というのも、資料自体の出土コンテキスト、家畜同定の根拠、遺跡自体の年代比定などの点で、多くの疑義が生じているからである。たとえば、シャニダール洞窟ＢＩ層やサビ＝ケミ＝シャニダール上層出土のヒツジ（紀元前11000年頃）が家畜に同定された根拠は、実質的には、幼年個体頻度の高さだけであった。その後の見直しでは、１）サンプル数が不十分（同定標本は100点以下）、２）したがって、幼年個体頻度の高さ自体が有意とは見なしがたい、３）幼年個体の高頻度現象は、同遺跡の中期旧石器文化層でも認められ、後期旧石器文化層ではさらに顕著になっている、４）家畜の成立にともなうはずのサイズ縮小が明確でない、などの点が指摘されている

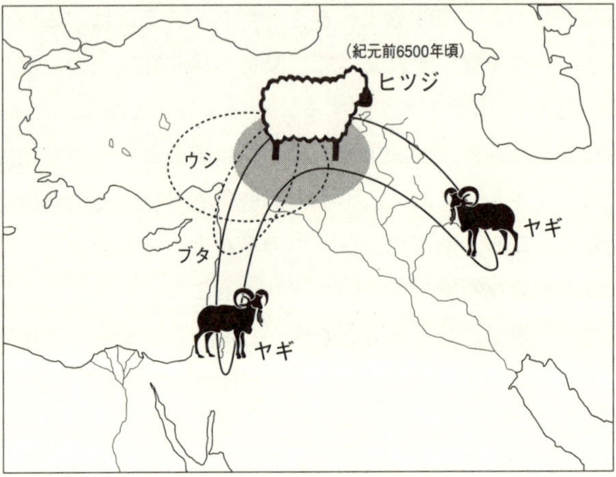

図50　家畜化の先行地域

(Ber-Yosef and Meadow 1995)。その他、ベルト洞窟出土のヤギ・ヒツジ、アシアブ出土のヤギ、パレガウラ洞窟出土のイヌ、アリ・コシュ出土のヒツジなどでも、上述した問題点のいずれかが指摘されている。

これらの遺跡は、いずれもザグロス地方に集中している。しかし、この地域の発掘調査の多くは、1970年代以前に行われたという経緯がある。その後、動物考古学の方法が精密化するにつれて、また調査の重点がシリア・アナトリア方面に移転するにつれて、家畜化の成立年代は大幅に修正されることになった（図50)。

（3）　ヤギの家畜化

サイズの縮小をおもな判断基準とした場合、ヤギの家畜化は紀元前７千年紀の中頃に顕在化しはじめたと考えられる。つまり、先土器新石器文化Ｂの中期～後期である(Meadow 1989、Helmer 1992、Bar-Yosef and Meadow 1995)。ただし、その直前段階にあたる先土器新石器文化B前期の遺跡調査が不足しているので、ヤギ家畜化の最初期の様相はまだよくわかっていない。

ヤギの家畜化が進行した地域については、意見がまとまっていない。というより、ヤギの家畜化は西アジア各地でそれぞれ独立して進行したと考える研究者が多い。事実、初期の家畜ヤギを出土した遺跡は、レヴァント南部（イェリコ、ベイダなど）から、レヴァント北部（テル＝アブ＝フレイラ、テル＝アスワドなど）を経て、タウルス南麓（チャユヌ、ネワリ＝チョリ、ジャフェル＝ホユックなど）、ザグロス方面（ギャンジ＝ダレ、アリ＝コシュなど）にまで、広く分布している。そのうちのどこがもっとも古いかという議論は、あまり意味がない。したがって現段階では、ヤギの家畜化は西アジア各地でほぼ同時に進行し、その年代は先土器新石器文化B中・後期としておくのが、もっとも妥当であろう。

（4） ヒツジの家畜化

野生ヒツジの分布域から考えて、ヒツジの家畜化先行地域は西アジアの北半、とくにタウルス南麓からザグロス西麓にかけての地域にほぼ限定される（図10）。この点では、ヤギよりも焦点を絞りやすい。しかし、具体的にどこでとなると、結論はまだ出ていない。タウルス南麓のチャユヌやネワリ＝チョリでは、先土器新石器文化B前期の段階で小型個体が混在しているようであるが、その比率はまだ低く、家畜化が本当に進行していたかどうかは疑問である。確実な変化が認められるのは、むしろ先土器新石器文化Bの中・後期に入ってからといわれている。たとえばギュルジュ＝テペの小型化ヒツジがそうである。また、シリア北部のテル＝ハルーラでも、これとほぼ同時期に小型個体が比率を増している（以上、本郷一美私信）。一方、ザグロス方面では、アリ＝コシュのブス＝モルデ期（先土器新石器文化B中期）の層から無角ヒツジが出土しているが、標本数が少ないので評価はかならずしも確定していない。このほか、ギャンジ＝ダレやジャルモのヒツジについても、家畜かどうかの意見は分かれている。

以上述べたように、ヒツジの家畜化過程にはまだ不明な点が多い。現段階では、ヒツジの家畜化は、年代的には先土器新石器文化Bの中・後期に、地域的にはタウルス南麓からザグロス西麓にかけての丘陵地帯で、進行しはじめたと考えておくのがもっとも妥当であろう。

（5） ウシ・ブタの家畜化

本書の課題からはややはずれるが、ウシやブタの家畜化についても一言述べておこう。この2つの動物の家畜化は、ヤギやヒツジよりもやや遅れ、先土器新石器文化Bの末あるいは土器新石器文化の初頭に進行したといわれている（Helmer 1992、Bar-Yosef and Meaadow 1995）。初期の家畜個体を出土した遺跡としては、チャユヌ、グリティッレ、ハヤズ＝ホユック、ラス＝シャムラなどがある。したがって、ウシ・ブタの家畜化は、タウルス山脈南麓からシリア海岸部にかけての地域で進行したということになろう。ただし、家畜化の年代については修正の余地がある。たとえばチャユヌでは、ブタの家畜化がヤギ・ヒツジの家畜化とほぼ同時期にまでさかのぼる可能性が出てきている（Hongo 1998）。

以上述べたように、ヤギ・ヒツジ・ウシ・ブタの四大家畜が家畜化された時期・地域については、まだ曖昧な点が多い。しかし、これらの重要家畜はすくなくとも先土器新石器文化Bの後期末までにはほぼ出そろっていた。これだけは確かであろう。ヤギ・ヒツジだけなら、もうすこし早い。先土器新石器文化Bの後期初頭には家畜化が成立していたと考えられる。

なお、ここで述べた家畜化がそれぞれの動物にとって一回限りの家畜化であったとは限らない。たとえば、ウシは北アフリカでも独自に家畜化された可能性が高まっている。また、パキスタンの先土器新石器遺跡であるメヘルガルでは、移住してきたヤギ牧畜民がその移住先でヒツジを自ら家畜化した可能性がある(Meadow 1996)。シリア内陸部のエル・コウム盆地でも、同じことが想定されている(Helmer 1992)。したがって、家畜化の「先行」地域は上記のように要約できるとしても、家畜の「成立」地域自体は複数あったと考えておかねばなるまい。なお、上記の四大家畜がいち早く出そろったのは、シリア北部を中心とする丘陵・平原地帯であった。このことと、第4章で記述した巨大集落の出現とは、決して無関係ではあるまい。

3　家畜化の現場

家畜化の成立時期やその先行地域については、動物骨の分析に頼るほかない。しかし、考古学には別の側面からの貢献が可能であろう。それは、家畜化の文脈を読みとることである。家畜化は、実際にどのような場において、どのような形で進行したのであろうか。

（1）　初動装置としての追込み猟

イヌやブタは、片利共生的にヒトの集落に接近してくる。そのため、この2つの動物の馴化・家畜化は、さまざまな機会に初動し得たと考えられる。事実、イヌとブタの家畜化は世界各地で独自に進行したことがわかっている。この場合、問題はむしろ近づくに足るだけの安定的な集落が形成されていたかどうかであろう。イヌ・ブタの家畜化が新石器時代になってはじめて一般化したのは、そのためである。逆にいうと、たとえ狩猟採集社会であったとしても、安定的な集落さえ営まれていたならば、イヌ・ブタの単発的な馴化・家畜化は進行し得たことになる。たとえばわが国の縄文社会などのように、その可能性を示唆するデータは多い。

しかし、ここで問題にしているのはヤギとヒツジである。このような動物が自らヒトの側に接近してくることは、通常、あり得ない。しかし、狩猟を通して「殺して集め」ているかぎり、家畜化は永遠に初動しない。そこで重要になってくるのが、「殺さないで集める」あるいは「集めてから殺す（ただしすぐに殺すとはかぎらない)」という狩猟のあり方である。囲いや網による追込み猟の重要性を指摘したのもそのためである（第2章参照)。むろん、ヤギやヒツジの場合にも、さまざまな機会に個別的・単発的な馴化が進行したと考えられる。たとえば、群れからはぐれた幼年個体を確保したような場合がそうである。しかしここで問題にしているのは、このような個別的・単発的馴化の過程ではない。集団全体の食糧にかかわる、大規模かつ恒常的な家畜化の過程である。囲いや網による追込み猟を重視するのも、それが家畜化初動のための最大かつもっとも安定的なチャンネルと考えられるからである。

とはいえ、このような追込み猟の成立によって、家畜化がただちに進行しはじめたわけではない。獲物の大半はただちに殺され、食されたに違いないからである。事実、追込み猟の成立時期と家畜化の成立時期との間には、大きなズレがある。しかし、「集めて」から「殺す」までの間に獲物の生存余地がわずかに生じはじめたという点は、やはり重要であろう。家畜化の契機を安定して生みつづけたという点で、囲いや網による追込み猟の成立は注目に値する。

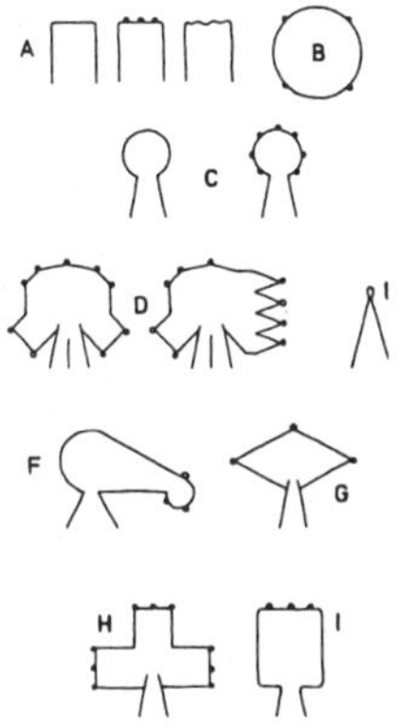

カイトの諸型式

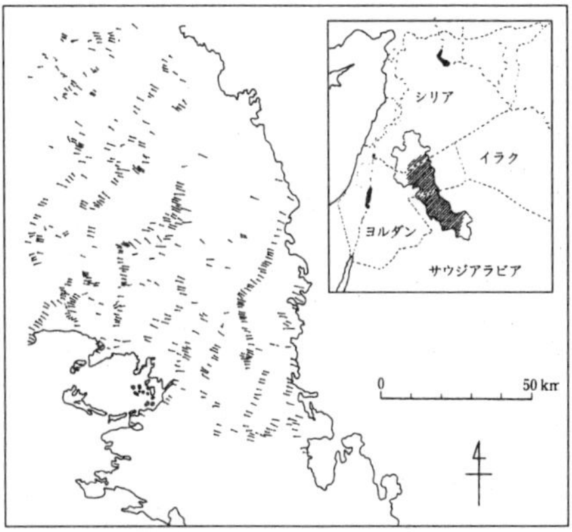

黒沙漠におけるカイトの分布

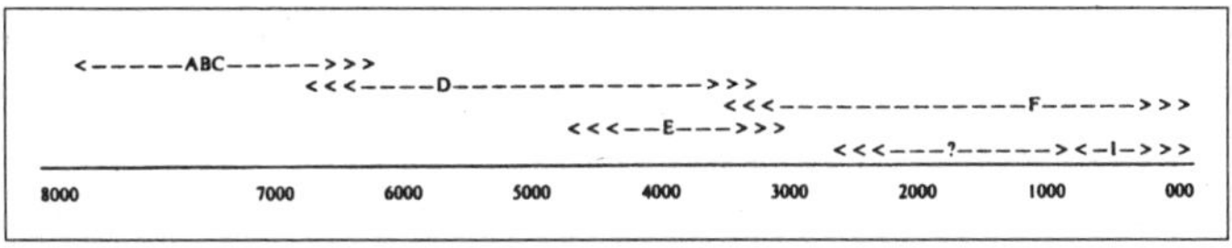

カイトの編年

追込み猟の住居壁画
（ウンム・ダバギーヤ）

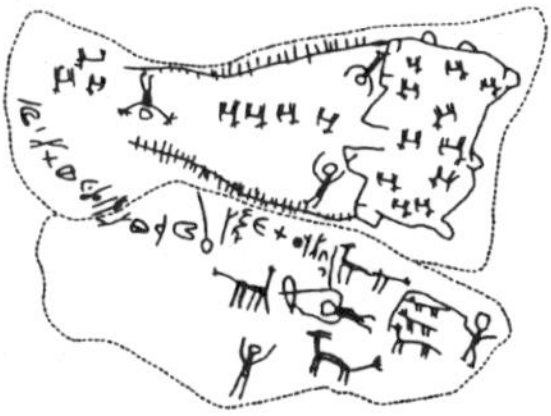

追込み猟の岩刻画
（ハニのケルン）

図51　カイト＝サイト（Helms and Betts 1987などより）

では、ナトゥーフ文化の前後頃に成立したと思われる囲いや網による追込み猟はその後どうなったのかというと、その継続を示唆する資料はいくつか認められる。たとえば、先土器新石器文化B中～後期のヨルダン沙漠では数十連のカイトが築造され、囲いによるガゼル追込み猟が盛んに実施されていた（図51、口絵参照）。一方、地中海性気候帯の内部では、網による追込み猟が実施されていたと思われる。事実、先土器新石器文化B中期の祭祀遺跡であるナハル・ヘマル洞窟からは、網や縄の断片が多数出土している（Bar-Yosef 1985）。時代はやや下るが、イラク北部の土器新石器文化遺跡であるウンム＝ダバギーヤでは、木柵あるいは樹木の枝などによるノロバの追込み猟が住居壁画に描かれている。

ヤギやヒツジの家畜化に相前後して、囲いや網による追込み猟が盛行していたことは重要であろう。問題は、そのデータがレヴァント地方の南部に偏っており、肝心のタウルス南麓やザグロス方面の状況が不明なことである。この点は、調査の進展を待つほかない。

（2） 獲物の事後処理

囲いや網のなかに生きたまま集められた獲物は、多くの場合、ただちに殺されたに違いない。そして、その場で解体され、集落に運ばれたと考えられる。追込み猟の成立時期と家畜の成立時期とがかならずしも一致しない所以である。しかし、それでもなお家畜化が進行したということは、捕獲された獲物の一部が生きたまま集落に移送されることもあった、ということであろう。

ではなぜ、そのようなことが起こったのであろうか。この点で重要になるのが、追込み猟の形態である。囲いまたは網を用いた追込み猟の場合、捕獲後の獲物は逃走を封じられている。したがって、かならずしもただちに殺す必要はない。むろん、最終的には殺して食べるわけであるから、捕獲後ただちに屠殺・解体することはむしろ合理的な処置でもある。しかし、追込み猟は群れを単位とする狩猟であるから、時には獲れすぎることもあったに違いない（北米先史時代のバイソン猟でも、獲物はしばしば浪費されている。ヘンリ 1991）。しかも、追込み猟の獲物はメスと子が中心になるので、しばらく囲いのなかに飼っておく、あるいは捕獲網にくるんだまま一部を集落にもち帰るなどといった処置もあり得たのではないだろうか。子を囮にした親の誘導という牧畜の技法（小長谷 1999）も、獲物のこうした生体移送作業においてその効果を発揮したと考えられる。

（３）　家畜化の維持・定着装置としての集落内の「囲い」

さて、集落まで生きたまま移送された獲物があったとしても、移送後ただちに屠殺・解体されたのでは意味がない。家畜化はこの時点で停止する。問題は、それらをしばらく生かしておくための集落内の「囲い」である。ベイダの事例については先述した。ここでは、他の例を紹介しておこう（図52）。

ヨルダン渓谷の先土器新石器文化Ｂ後期の遺跡、ベサムン第10区のＢ発掘区では、一辺約15mの超大型矩形遺構が確認されている（Lechevallier 1978）。この遺構には屋根がかけられていなかったと考えられる。というのも、遺構の床面に礎石や柱穴などの痕跡がまったく認められないからである。途中の支えなしで、一辺約15mの遺構に屋根をかけることは困難であろう。しかも、石積みの大部分が１列積みであるから、壁面は１m前後の高さしかなかったと考えられる。したがって、この遺構は屋外の石囲いであったと思われる。問題はその機能であるが、炉址が認められず出土遺物も少ない、しかも住居遺構の風下側に設置されていることなどから、家畜の囲いであった可能性が高い。事実、この遺跡では家畜ヒツジと野生ヤギの出土が報告されている。すくなくとも前者は、この囲いのなかで飼われていた可能性があろう。

アブ＝ゴシュのⅡ号遺構にも、囲いの可能性がある（Lechevallier 1978）。第一に、規模が突出しており、屋根がかかっていたとは思

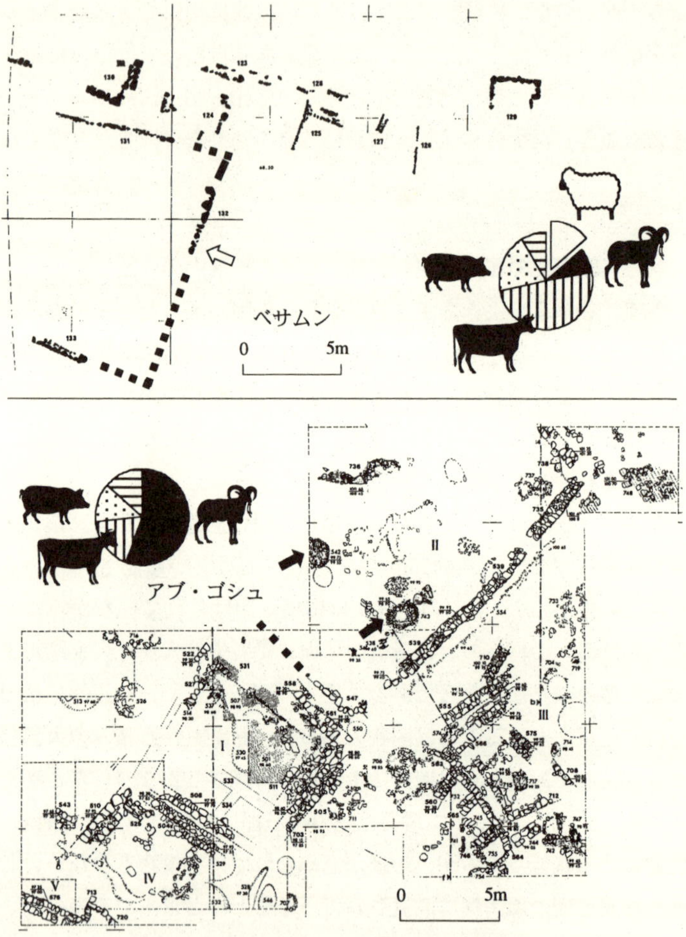

図52　閉鎖型の囲い（Lechevallier 1978より）

えない。2列積みではあるが、壁面も他の遺構にくらべるとやや薄く、直線性が劣っている。使用されている石材も、一般に小型で見劣りする。また、住居遺構の多くが床面の貼り替えを行っているに

図53　囲いのなかの小囲い（アズラック近郊、ヨルダン、筆者撮影）
(左) 大囲いの左端に小囲いが設けられている
(右) 小囲いに入れられた認知不全の親子ペア

もかかわらず、この遺構ではそれが行われていない。さらに重要なのが、遺構内部に設けられた小型の円形囲いである。これは、母子関係の不全な親子ペアを隔離矯正するための施設であろう(図53)。ちなみに、この遺跡では野生ヤギが出土している。したがって、集落内に囲いはあるが、そこで飼われているヤギは形態的にはまだ野生であったということになろう。これはまさに、ベイダⅢ～Ⅱ層の様相（形態的には野生だが、利用面ではすでに家畜）に等しい。

そのほかにも、たとえばシリア西部、ガーブ低地のテル＝エル＝ケルク2 Tell el–kerkh 2では、半地下遺構の1階小部屋部分の床面が黒化しており（常木晃私信)、家畜が夜間囲われていた可能性がある。また、時代はやや下るが、ネゲブ地方の後期新石器文化遺跡であるクビシュ＝ハリフでは、糞層（dung layer）の検出によって家畜の囲いが同定されている（Rosen 1984）（図74)。

このように、集落内の「囲い」らしき石積み遺構は、少数ではあるが確認されている。問題は、そうした遺構の多くが（石積み建築が一般的な）レヴァント南部に集中しているという点である。しかし、レヴァント南部で検討可能なのはヤギの家畜化だけである。ヒツジに関しては、レヴァント北部からザグロス方面にかけての囲いが重要になるが、これらの地域では囲いの確実な事例はまだ見つかっていない。粘土や木材などの軟質の建材が用いられた地域では、囲いの検出が困難だからである。ちなみに、ムレイビットⅡ層における木柵住居の存在（第４章参照）は、この地域における囲いのあり方を暗示しているように思われる。

なお、家畜の囲いは、ベイダやその他の遺跡でも見られたように、集落内に１件が原則であったと考えられる。集落単位で実施された追込み猟の獲物が集落単位で管理されたのは、ある意味で当然であろう。この点、穀物の管理・所有形態とは対照的である。

（４） 囲いのなかでの世代交代

初動装置から維持・定着装置までのすべてが完備していたとしても、それだけで家畜化が進行するわけではない。なぜなら、集落内の囲いに投入された個体が短期的に消費されているかぎり、家畜化はその時点で中断してしまうからである。家畜化が本当に進行するためには、囲いのなかでの世代交代がくり返されねばならない。しかし、囲いのなかでの長期飼育には、群れの輪郭形成と維持という新たな難問が待ちかまえていたと思われる。

この問題はどのようにして解消されたのであろうか。この点でふたたび重要となるのが、初動装置のあり方である。先述したように、家畜化の最大のチャンネルである追込み猟は、群れを対象にした狩猟法であった。したがって、集落内の「囲い」に移送された個体は、もともとひとつの群れに属していたことになろう。個別選択的な狩猟によって捕獲された個体群とは、この点で決定的に異なる。むろん、追込み猟は何度も行われたに違いないので、囲いのなかの個体がすべて同じ群れからということはあり得ない。しかし、囲いのなかの個体群が群れとしての輪郭を最初から部分的にもっていたことは確かであろう。さらに重要なのは、これらの個体群がメスとその子からなっていた、したがって群れの輪郭維持を阻害する成オスはもともと含まれていなかった、という点である。このこともまた、群れの輪郭形成と維持に貢献したに違いない。

したがって、家畜化の初動装置としての追込み猟は、野生の群れに備わった上記のメカニズムを、集落内の囲いにそのままもち込むための媒介として機能したことになろう。この点に、追込み猟のもつもうひとつの意義がある。とはいえ、このことによってただちに飼育期間が延長したわけではない。多くの個体はやはり短期的に消費されたと考えられる。唯一、チャンスが生ずるとすれば、妊娠中のメスであろう。春先に実施された追込み猟の獲物には、妊娠メスが多く含まれていたはずである。これを、子が産まれるまで（または生まれてからも）しばらく飼っておくことは、あり得たに違いない。やがて生まれてくる子ヤギまたは子ヒツジは、生後ただちに人的環境のインプリンティング（刷り込み）を受けることになる。この間、わずかに１シーズン、早ければ数日である。妊娠メスとその子にかぎれば、馴化までのスピードはきわめて速いといえよう。こうしたことのくり返しが、囲いのなかでの長期飼育につながっていったのではないだろうか。ベイダⅢ～Ⅱ層からⅠ層への移行は、まさにこの間の事情を示しているように思われる。

最後に、餌の問題にも触れておかねばならない。馴化が完成するまで放牧は不可能であるから、その間の餌の供給がたいへんであったといわれることがある。しかし、そうとはかぎらない。囲いのなかで産まれた子は、もはや逃げないという意味で行動学的にはすでに家畜であり、放牧も可能である。しかも、それほど遠くまでいく必要はない。この時代の集落の周囲には、広大なムギ畑があった。その子が離乳しはじめる頃、ムギ畑もちょうど収穫を終えている。高刈りの状態で残されたムギは、放牧中の小ヤギ・子ヒツジにとって格好の牧草となったに違いない。餌の供給問題は、家畜化を阻害するほどの難題であったとは思えない。

4　家畜化の意味

ヤギやヒツジの家畜化には、動物性食料の安定的供給という経済的な意味があった。しかし、それだけではあるまい。ここでは、家畜化がもたらした社会的影響について検討してみよう。

（1）家族および家族住居の成立

先述したように、ユーフラテス中流域に家畜ヤギ・ヒツジが導入されたのは、アブ＝フレイラの２A期から２B期にかけての時期であった（図36、42）。この間、集落の遺構型式は（大型矩形複室遺構とそれに付帯する複数の小型円形単室遺構とによって構成された）二峰性遺構群から、（後者を屋内の一室として吸収合体した）単独の大型矩形複室遺構へと変化していた。この変化を家族の就寝形態面からいうと、分散的な就寝から集中的な就寝への変化、つまり個人住居から家族住居へのシフトということになろう。レヴァント北部における家族住居は、ムギ作農耕の始まり（ムレイビットⅢ期）と同時にではなく、それよりも約1000年遅れて、牧畜の始まり（アブ＝フレイラ２B期）と同時に成立したことになる。

家族住居の成立は、単に就寝形態だけの問題ではない。それは、より本質的には、経済の基本単位としての家族自体の成立をも意味している。なぜなら、家族住居の成立とは、（バンド組織的な輪郭を併せもっていた）青壮年男子の、家族組織への完全吸収に他ならないからである。青壮年男子が家族に完全吸収された段階で、はじめて経済の基本単位としての家族が自立したことになろう。

家族および家族住居の成立を促した最初の契機が農耕の始まりであったことは、疑いない。しかし、それが最終的に完成するには、(バンド組織的輪郭の下で行われていた基幹的生業としての）狩猟活動の後退を待たねばならなかった。家畜化の成立は、この点で大きな社会的意義があったと考えられる。牧畜が始まったとき、狩猟採集社会の残映としての二峰性遺構群が完全に解体し、経済の基本単位としての家族が成立した。と同時に、その構成員の共同就寝スペース（兼、貯蔵・作業スペース）としての大型矩形複室遺構が成立し、そうした家族住居が集落を構成しはじめた。先土器新石器文化B後期の社会は、こうした深い変質を遂げつつあったのである。

（2）　石器文化との対応

これと相前後して、石器文化の面でも大きな変化が進行していた(西秋 1995、Nishiaki 1993、2000)。具体的には、１）原材の質の低下(遠隔地においてのみ入手可能な良質かつ大型の石核原石から、集落周辺で採集できる粗質かつ小型の石核原石へのシフト)、２）石器素材剥離技術の低下（ナヴィフォーム型石核にもとづく大型かつ均質な石刃素材から、剥片石核による不定形剥片素材へのシフト)、３）石器の形状・型式の退化（定型的な道具類から、不定形かつ間に合わせ的な道具類へのシフト)、である。

西秋良宏は、石器技術面でのこうした現象を石器製作のジェンダー論や渡辺仁の「退役狩猟者層モデル」（渡辺 1987a、b）などとも関連づけ、その原因を青壮年男子の専業農民化に求めている。つまり、先土器新石器文化B中・後期における家畜の成立とそれにともなう狩猟の後退によって、青壮年男子が高度な石器製作作業から離脱し、女性だけが（それまでにも行っていた）剥片石器類を製作しつづけた結果、上記のような見かけ上のシフトが進行したというわけである。

この見通しは、遺構構成を基にした本書の推論ともほぼ一致している。先土器新石器文化Aの低湿地園耕が狩猟採集民の農耕（つまり採集活動の延長としての小規模農耕）であり、その意味で女性中心の農耕であったのに対して、先土器新石器文化B後期からの農耕は、青壮年男子が実務にも参加した、まさに男性主導型の農耕であった。こうした社会的変質が、ひとつには石器文化の質的な変化となって、またひとつには二峰性遺構群の解体と家族住居の成立となって現れているのであろう。

（3） 家族を単位とした混合農業の成立

以上述べたように、先土器新石器文化B後期は西アジア新石器文化史上の大きな画期であった。まず第一に、狩猟採集社会の残影ともいうべき二峰性遺構群が完全に解体され、経済の基本単位としての家族や、その構成員の共同就寝スペースとしての家族住居が、それぞれ成立した。そして、これと表裏一体の現象として、石器文化の面でも狩猟採集社会からの完全な離脱が認められた。こうした変化の背後にあったのが、青壮年男子の家族への完全吸収である。より根本的には、家畜の成立と丘陵部粗放天水農耕の進展である。そして、これら一連の変化の具体的投影が巨大・固定集落の出現なのであろう。

先土器新石器文化B後期に成立した家族を基本単位とする混合農業は、決定的な転換点となった。その後の西アジアを覆ったのも、このタイプの混合農業であった。

5　家畜化の「なぜ」

家畜化の「なぜ」に答えることはむずかしい。しかし、家畜化を促したいくつかの要因を、当時の社会のなかに見出すことは可能であろう。

（1）「場」の接近

ヤギ・ヒツジの家畜化の背景には、これらの動物の生息域との「場」の接近がある。先述したように、先土器新石器文化Ａまでの集落またはベースキャンプは、低地部に集中していた。一方、先土器新石器文化Ｂの大型農耕集落の多くは高地部にシフトしていた（第4章参照）。このことがガゼルの生息域からヤギ・ヒツジの生息域への「場」の接近をもたらしたことは、想像に難くない。

しかも、このときのシフトには耕作地自体のシフトがともなっていた。つまり、低湿地の小規模園耕から丘陵部の粗放天水農耕へのシフトである。これによってますます、「場」の接近がもたらされたことになろう。ヒトの耕作地とヤギ・ヒツジの生息地とが重複したことによって、両者の間に初めて本格的な競合または共存関係が生じたと考えられる。コムギ・オオムギなどの作物がこれらの動物にとって格好の餌になったとすれば、なおさらであろう。ムギ畑に接近する害獣となったヤギ・ヒツジが、追込み猟によって大量に捕獲される。ここに、家畜化の初動契機、しかも恒常的な初動契機が芽生えたのではないだろうか。重要なのは、こうした「場」の接近が、狩猟ではなくむしろ農耕側の事情で進行したという点である。農耕と牧畜は別個の問題ではあるが、決して別次元の問題ではない。

（2） 周辺動物相の枯渇化

先土器新石器文化B中・後期の社会では、集落の巨大化・固定化という現象が進行していた（第4章参照)。このことが周辺動物相の枯渇化をもたらしたことは、想像に難くない。その結果、当該集落にとっての動物資源ストレスが高まり、従来の主要狩猟動物（レヴァント地方ではとくにガゼル）の代用品が求められるようになったと考えられる。

一例を挙げてみよう。たとえばアブ＝フレイラの場合、2A期までの動物相は圧倒的にガゼルに集中していた（図36)。屠殺年齢パターンの分析によれば、この遺跡のガゼルは追込み猟によって捕獲されていたと考えられる（Legge and Rowley-Conley 1987)。群れ（つまりメスと子の集団）を対象とする追込み猟が、種の保存にどれほど大きな打撃を与えるかは先述したとおりである。この遺跡の周辺ではガゼルが激減した可能性がある。次の2B期における家畜ヤギ・ヒツジの急増には、その代用品を求めるという経済的欲求もあったと考えられる。

（3） 囲いの安定的な運営母体の成立

しかし、こうした初動装置だけが問題なのではない。重要なのはその後の処置である。この点でふたたび、巨大・固定集落の成立が鍵となる。なぜなら、家畜化の維持・定着装置としての集落内の囲いは、安定的な運営母体があってはじめて運用可能だからである。定住的（というより固定的）な集落がなければ、安定的な囲いも成立しない。安定的に運用できない囲いでは、家畜化の維持・定着もおぼつかない。事実、固定的集落を欠いた段階の家畜化は、しばしば単発的な馴化に終わっている。その意味で、定住・固定集落の成立こそが、家畜化の最大の基盤であったと考えられる（ついでながら、初動装置の成立にも定住・固定集落の成立がかかわっている。というのも、群れ単位の追込み猟は大型集団の食肉需要を満たすための一方策であったと思われるからである)。

したがって、家畜化の初動から維持・定着にいたるまでの各過程でそれぞれの「場」を提供したのが、先土器新石器文化Ｂ中・後期に成立した定住・固定集落であったと思われる。定住者の狩猟、それが集団追込み猟であり、定住・固定集落への食肉供給、それが集落内の囲い（ひいては家畜化）であったと考えられる。

（４）　ねじれの解消

穀物資源の管理・所有は、当初から家族単位に分散していた。一方、動物資源の場合はどうであったかというと、そこには集団追込み猟に代表されるバンド組織的な輪郭が強く反映していた。家畜化当初の囲いが、通常、集落に１件または少数のみであったのもそのためである。したがって、先土器新石器文化Ａから先土器新石器文化Ｂ中期頃までの初期農耕集落では、経済の基本単位に一種のねじれ現象が発生していたことになろう。穀物資源は家族単位、動物資源は集落単位の管理・所有、というねじれである。

家畜化とは、長い目で見ると、こうした経済的ねじれ現象の解消過程でもあった。その意味で、家畜化とは動物資源の「家族化（まさにドメスティケイション)」の過程といいかえることもできよう。先行する穀物資源の管理・所有形態に、動物資源側の管理・所有形態が追いつく過程――それが、家畜化という動きのひとつの側面であったように思われる。

6　その他の問題点

(1)　牧畜が農耕よりも遅れた理由

ヤギ・ヒツジの家畜化は、コムギ・オオムギの栽培化にくらべて約1000〜1500年遅れた。この数値自体は今後の調査（とくに先土器新石器文化B前期遺跡の調査）によって多少縮小するかもしれないが、両者の前後関係が逆転することだけはなかろう。というのも、先土器新石器文化Aの初期農耕集落から出土する動物骨には、家畜個体がまったく含まれていないからである。

ではなぜ、牧畜は農耕よりも遅れたのであろうか。その最大の理由は、家畜化の維持・定着装置としての集落内の囲いと、その安定的な運営母体である定住・固定集落の成立がこの時期まで遅れたことにあろう。後者が成立してはじめて前者が成立し、それによって初めて家畜化の維持・定着が可能となる。その意味で、定住・固定集落の成立こそが家畜化の最終的な鍵といえるであろう。

ザグロス地方の家畜化が先土器新石器文化B中・後期頃まで顕在化しなかった理由も、同じであろう。先述したように、ザグロス地方では旧石器時代からヤギ・ヒツジが積極的に狩猟されてきた。にもかかわらず、この地方でヤギ・ヒツジの家畜化が顕在化しはじめたのは、農耕集落成立以後のことであった。したがって、当該動物の狩猟実績がどれほど厚くても、そのことだけで家畜化が実際に進行するわけではない。家畜化が進行するためには、やはり定住・固定農耕集落の成立が必要であったと考えられる。

(2)　「群れごとの家畜化」仮説

本書では、西アジアにおけるヤギ・ヒツジの家畜化にかかわったのが先土器新石器文化Ｂ中・後期の定住農耕狩猟民であると述べてきた。しかし、これとはまったく異なる意見もある。その代表が、今西錦司・梅棹忠夫の「群れごとの家畜化」仮説である（コラム４参照)。この仮説では、１）群れとそれに追随する狩猟採集民との間にある種の親和性が醸成され、２）この関係をベースに「群れごと」の家畜化が進行した、３）したがって牧畜や遊牧はかならずしも農耕文化から生まれたとはかぎらない、４）むしろ狩猟採集文化からダイレクトに発生した可能性が高い、ということが主張されている。「群れごとの家畜化」仮説は、狩猟採集→農耕→牧畜（→遊牧）という古典的な文化段階説に対する魅力的なアンチテーゼであり、農耕集落を舞台とした個体単位の家畜化説に対する、生態学方面からの重要な問題提起でもあった。

しかしこの仮説は、西アジアにおけるヤギ・ヒツジの家畜化には適用できないように思われる（藤井 1999a)。というのも、最初期の家畜動物骨は定住農耕集落から出土しており、その周辺の短期小型キャンプからは出土していないからである。また、ステップのヒツジ化（つまり遊牧的適応の始まり）も、農耕地帯のヒツジ化よりはやや遅れるからである（第７章参照)。したがって、西アジアにおけるヤギ・ヒツジの家畜化は、ムギ作農耕が始まってからで、しかもその農耕が十分軌道に乗った後で、ようやく進行しはじめたことになろう。その意味では、１）家畜化の担当者は、群れの遊動に追随する狩猟採集民ではなく、定住・固定集落に住む農耕狩猟民であった、２）家畜化の「場」は、群れの遊動域ではなく、むしろ定住集落内部の囲いにあった、と言わざるを得ない。なお、家畜化の単位については、個体単位と群れ単位との中間（つまり、群れの一部を切り取った追込み猟の獲物群）から始まったことになろう。

（3） 押圧剥離技術の西漸は家畜ヒツジをともなっていたか

先土器新石器文化Bの石器文化は、ナヴィフォーム型石核と（そこから剥離された大型石刃を素材とする）定型的な尖頭器・鎌刃などによって特徴づけられると述べてきたが、これは主として中期頃までの様相である。先述したように、後期になると剥片石核および剥片石器への傾斜が認められる。と同時に、とくにレヴァント地方の北部では押圧剥離技術の発達が認められる。この技術はザグロス方面から伝わったと考えられているが（大沼 1995)、問題はその動きに家畜ヒツジの西漸がともなっていたかどうかである。

その可能性は大いにある（西秋 1995)。というのも、1）レヴァント北部における両者の出現時期はほぼ一致している、2）しかもかなり唐突に現れる、3）両者ともに主として男性担当の技術分野である、4）牧畜という遊動的な生業を介しての石器技術伝播を想定し得る、からである。しかし、ヒツジの家畜化過程自体がまだ十分にはわかっておらず、そのうえ、イラク・イラン方面の調査は依然として停滞したままである。これでは、実質的な論議はできない。しかし、押圧剥離技術の西漸問題が、囲い遺構の追跡と並んで、西アジアにおける家畜化過程研究のひとつの鍵であることは確かであろう。

7 まとめ

西アジアにおけるヤギ・ヒツジの家畜化は、先土器新石器文化B中・後期頃から顕在化した。ヤギは西アジア全域で、ヒツジはその北半で、それぞれ家畜化されたと考えられる。家畜化は、狩猟農耕民の定住・固定集落の内部で進行した。家畜の成立によって、それまでバンド組織的輪郭のなかに片足を置いていた青壮年男子が家族組織の側に完全に取り込まれ、経済の基本単位としての家族が成立した。その結果が、狩猟採集社会の残影ともいうべき二峰性遺構群の解消であり、矩形複室家族住居の成立であった。家族を基本単位とする、定住・固定型混合農業集落の成立——西アジアの農業社会がここにようやく姿を現しはじめたのである。

現地調査のあれこれ

堅い話がつづいたので、閑話休題。現地調査の苦労と喜びについて述べてみよう。まずは、予算。これがないと話が先に進まない。したがって、ぜひとも獲得する必要があるが、現実はきわめてきびしい。文部科学省のいわゆる科研（科学研究費補助金）も、また民間の研究助成も、そう簡単には通らない。というより、たいていは落ちる。諦めかけた頃になって採択の通知が届き、あたふたと準備にとりかかる。

準備の第一は、調査許可の取得である。相手国の関係省庁に許可申請書一式を提出しなければならない。許可の難易度は、国によって異なる。また、掘りたいと思う遺跡によっても異なる。だがそれよりも重要なのは、事前に話が通じているかどうか、ある程度顔が売れているかどうかである。したがって、恩師の調査団を継承する場合は比較的スムースだが、あらたに調査団を立ち上げるとなると、苦労がたえない。うまくいっていたはずなのに、突然、流れが止まったりすることもある。相手国の考古局長が交替したときなど、とくにその危険性が高い。したがって、現地の人事にも通じておく必要があり、日本に帰っている間も安閑とはしておれない。

さて、こうした事前交渉がうまくいったとして、次に問題になるのが発掘現場の立ち上げである。まず家を借りる必要があるが、お金さえ出せば貸してくれるというものではない。遺跡のある場所はたいてい田舎なので、最初は非常に警戒される。そのため、何度も通って話をしなければならず、調査はなかなか始まらない。こうした事態を避けるため、翌年度からは同じ家をつづけて借りることになるが、約束の日にその家族が家を開けて待っていたことは、今まで一度もない。何食わぬ顔で住みつづけているので、下手をすると相手の引っ越しまで手伝わされる。

自動車の調達も一苦労である。筆者の例でいうと、最初の年に借りた車は安いには安かったが、年式がおそろしく古かった。ドアをしっかり脇に挟んでおかないと、ドアごと落下する危険性があった。２年目に借りた車は、ほとんど１日おきにパンクした。３年目の車はまずまずであったが、返却時に法外な金を要求された。村のガレージではなく首都の本社工場までもっていって検査し、はじめから壊れていたはずの部品まで純正品かつ定価で計算するという、あくどい手口である。４年目も別の車で同じ手口にかかりかけたが、警察や裁判所に顔見知りができていたので、どうにか難を免れた。

さて、発掘が始まってからも苦労はたえない。毎日、かならず何かが起きる。さいわい、一昔前のように礼拝で作業が中断することはなくなったが、そのきっかけは随所にある。私の現場（ヨルダン南部）の場合、上空に鷹が舞いはじめると、もう駄目である。鷹はサウジのお金持ちにいい値段で引き取ってもらえるそうで、貧しい遊牧民の若者にとっては、まさに一攫千金のチャンスなのだ。脱兎の勢いで、彼らは鷹を追いかけはじめる。最低１時間は戻ってこないだろう。

しかし、鷹はまだいい。めったに来ないから。よく来るのが、人間である。意味もなく警察がやってきて、あれこれ質問に答えねばならない。軍隊も来るし、村人も来る。遊牧民は毎日来る。招かれざる客ではあるが、沙漠のなかでの客である。挨拶も必要だし、チャイ（お茶）も出さねばならない。当然、何人かがつきっきりにな

発掘現場に立ち寄る遊牧民（ヨルダン、筆者撮影）

るし、別の何人かが野次馬に加わることになる。最後には、全体を仕切ろうとする者もかならず現れる。結局、作業はしばらく中断である。ラクダが遺跡を横断するときも、竜巻や砂嵐が荒れ狂うときも、近くの道路を結婚式の車が通るときも、やはり作業は中断する。もう慣れてしまったが、最初はずいぶんと気を揉んだものである。

それでも、発掘は楽しい。現地作業員との気の利いたジョークのやりとりは、毎日のささやかな楽しみである。それに、休憩のときの水やパンのうまいこと。テントのなかでわいわい言いながら食べる朝食は、日々の活力源である。発掘自体も喜びに満ちている。考えていた通りの結果が出たときも嬉しいが、まったく予想していないものが出て、それによって今までの疑問がすべて氷解したときは、さらに嬉しい。頑張ってよかったと思う瞬間である。

第6章　農耕と牧畜の西アジア

―先土器新石器文化B中・後期～土器新石器文化初頭―

紀元前7000～6000年頃から、西アジアの新石器化が加速しはじめる。その原動力となったのが、先土器新石器文化B中・後期のレヴァント北部で成立した、四大家畜をともなう、粗放天水農耕型の混合農業である。この新しい生業形態が西アジア各地に拡散し、文明の母胎となる農業社会が形成されていった。その過程を追跡してみよう。

1　遺跡研究：テペ＝グーラン

イラン南西部、ルリスタン地方のテペ＝グーラン（面積約1ha、堆積層約8m、標高約950m）は、先土器新石器文化Bの後期末から土器新石器文化の初頭にかけての小型集落遺跡である（Meldgaard *et al.* 1963）。農耕牧畜の伝播・拡散としてはやや後発の事例であるが、この遺跡では、ヤギ牧畜民の冬営地が定住農耕牧畜民の集落へとシフトする過程を、層位的に追尾することができる。

まず下層部分では、1）マット状の敷物圧痕をともなう矩形プランの木造住居が確認された、2）しかし土器は出土せず、3）栽培コムギ・オオムギはむろんのこと、鎌刃・石臼類などの農耕関連用具もほとんど出土しなかった、4）ただし、有蹄類動物骨の80%以上が家畜ヤギで占められていた、5）このほか、冬の渡り鳥の骨も多量に出土した、などの特徴が認められた。これらのことから、こ

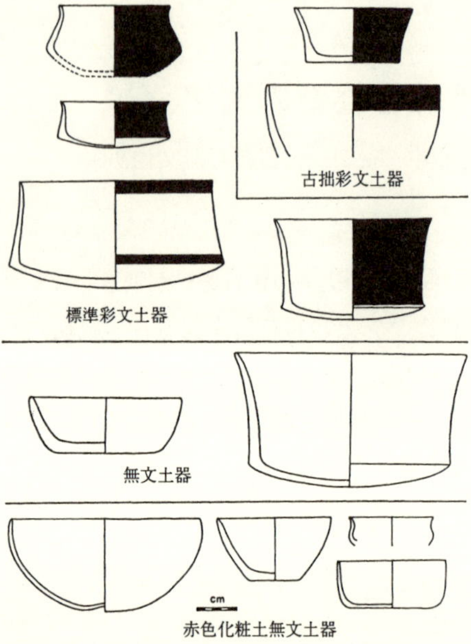

図54　テペ・グーラン出土の土器（Meldgaard *et al.* 1963, Singh 1974より）

の時期のテペ＝グーランはヤギ牧畜民の冬営地であったと考えられている。

一方、上層部分では、1）ピゼ造りの矩形複室住居が多数確認され、2）各種の無文または彩文土器がはじめて出土した（図54）、3）栽培穀物のみならず、鎌刃や石臼類も多数出土した、4）加えて、下層でみられた家畜ヤギの飼養も継続していた（ただし、ガゼルやアカシカ、ウシ、イノシシ、キツネ、ウサギなどの野生動物の狩猟や、カタツムリなどの採集も増加していた）、などの変化が認められた。したがって、この時期のテペ＝グーランは定住的な農耕牧畜集落を形成していたと考えられる。ただし、この間の変化は緩やかに進行したらしい。両者の中間層では、たとえば木造住居とピゼ壁住居が共存するなどの、移行期的な様相が確認されている。

テペ＝グーランの層位的変遷は、ヤギ牧畜民の冬営地が定住農耕牧畜集落へと徐々に変化する過程を示している。この間の推移は、まさに農耕の拡散ということになろう。定住農耕集落が、移牧のための冬営地に、農耕とともに移動してくるというタイプの拡散である。集落の一部が移動してきたとすれば、それは分村であろう。集落全体の移動ならば、移村である。しかも、この新たな拠点から別のトランスヒューマンス(上下方向の移牧)が実施されたとすれば、牧畜もその範囲を拡大したことになる。西アジアの農耕牧畜は、このような経緯をたどりながら拡散していったのであろう。

2　ユーフラテス中・上流域

この地域の新石器化については、ムレイビットとアブ゠フレイラを中心に詳述してきた（第4章参照)。ここでは、他の遺跡を交えた地域全般の動向を俯瞰してみよう（図55)。

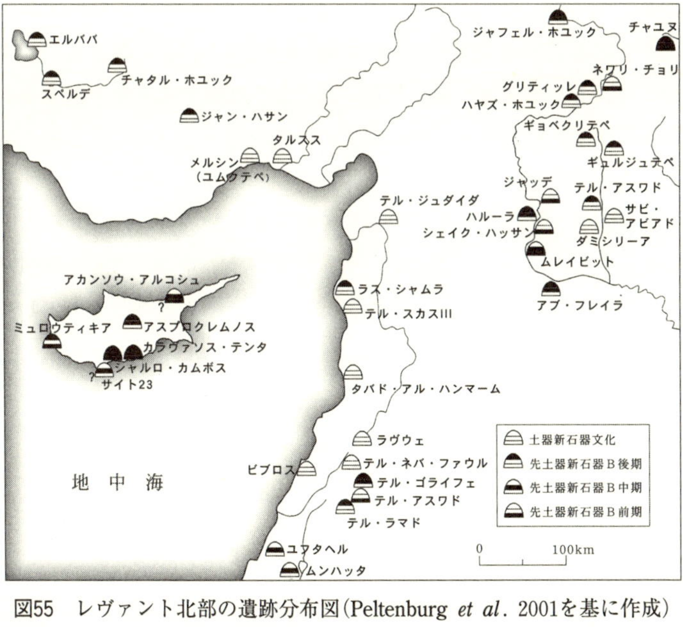

図55　レヴァント北部の遺跡分布図(Peltenburg *et al*. 2001を基に作成)

（1） ユーフラテス編年と農耕起源の新解釈

ユーフラテス中流域の編年の要は、先述の2遺跡である。この2つの遺跡の層位を対比することによって、（農耕牧畜の起源問題にとって重要な）ナトゥーフ後期文化から土器新石器文化初頭までの約3000年間を、ほぼ満遍なくカバーすることができる。一方、ユーフラテス・チグリス上流域（両河川は上流部でたがいに接近するので、ここでは一括して扱う）の編年の要は、チャユヌの層位である（図57)。これに、ジャフェル＝ホユック Gafer Höyük の層位を加えて、ムレイビット文化から土器新石器文化初頭までの編年が組まれている。

こうした編年を基に、近年、この地域では西アジア全域の新石器化に関する新しいパラダイムが提示されている（Aurenche and Kozlowski 1999)。要約すれば、1）西アジアの農耕はこの地域の先土器新石器文化B前期末または中期に起源した、2）牧畜も、わずかに遅れてこの地域で成立した、3）この地域で成立した混合農業の拡散こそが西アジアの新石器化にほかならない、という主張である。このパラダイムでは、先土器新石器文化Aの農耕を認めていない。スルタン文化やアスワド文化で出土した栽培コムギ・オオムギに関しても、サンプル数の不足や同定基準の曖昧さ（第4章参照）などを根拠に、否定的な立場をとっている。野生穀物しか出土していないムレイビット文化も、「原農耕（pre-domestic agriculture）」の段階と規定されている。

筆者はスルタン文化の農耕に肯定的であるが、本来の農耕（および牧畜）が上記の地域・時期に始まったという意見にも賛成である。というのも、先土器新石器文化Aの農耕は「狩猟採集民の農耕」であり、先土器新石器文化B中・後期以後のそれとは異質であるというのが、本書の基本的立場だからである。したがって、どちらの立

a．ハルーラ（シリア、西秋良宏氏撮影）　　b．チャユヌ（トルコ、筆者撮影）

図56　ユーフラテス中・上流域の初期農耕集落

場をとろうとも、ここからの記述に変わりはない。西アジア全域の新石器化の本源となったのは、ユーフラテス中・上流域の先土器新石器文化B中・後期に成立した混合農業である。

（2）ユーフラテス中流域（シリア領）

ムレイビット文化は、その標準遺跡であるテル＝ムレイビットだけではなく、やや上流のジェルフ＝エル＝アハマルやシェイク＝ハッサンでも確認されている。前者の遺跡ではムレイビットⅢA期と同様の多区画大型円形遺構が、一方、後者の遺跡ではムレイビットⅢB期と同様の矩形複室遺構が、それぞれ確認されている（図36）。なお、ジェルフ＝エル＝アハマルの多区画大型円形遺構には隅丸矩形型の複室遺構がともなっており、ムレイビットⅢA期からⅢB期への移行の様相をうかがうことができる。しかし、これらの遺跡では、農耕牧畜の明確な痕跡は認められない。ムレイビットと同様に、野生コムギ・オオムギを採集または「栽培」する傍ら、ガゼルを中心とする狩猟経済が営まれていたと考えられる。

これにつづくのが、先土器新石器文化B前期のジャッデ Dja'de、中・後期のテル＝ハルーラ Tell Houla（図56）である。前期のジャッデでは、ムレイビット文化と同様の生業形態が継続している。しかし、中・後期のハルーラはやや大型の集落（約７～８ha）を形成しており、コムギ・オオムギの栽培化やヤギ(その直後にヒツジ、やや遅れてウシ）の家畜化も確認されている。この間の推移はムレイビットやアブ＝フレイラの動向とも符合しており、先土器新石器文化Ｂ中・後期のユーフラテス中流域で混合農業が成立したことを裏づけている。

なお、この地域の土器新石器文化は、アブ＝フレイラの２Ｃ期、ハルーラの上層（20～29層)、ジャッデ最上層などにみることができる。そこでは、プレ＝ハラフ系の暗色磨研土器群と大型尖頭器類とを指標とする、レヴァント北部型の土器新石器文化が認められる。これにつづくのがハラフ文化である。たとえばハルーラの最上層(33～37層）が、この時期の集落である。

（３） ユーフラテス・チグリス上流域（トルコ領）

この地域では、トリアレト文化の素地の上にムレイビット文化(部分的にネムリク文化）の要素が重なる形での新石器化が進行していた（第３章参照)。この段階の遺跡が、チグリス上流域のハラン＝チェミやデミルキョイ Demirköy、ユーフラテス上流域のチャユヌ(最下層のⅠA期、別名 round-plan 期)である。これらの遺跡では、(おそらく二峰性遺構群の原理にもとづく）大小の半竪穴円形遺構からなる、定住的狩猟採集民の小集落が営まれていた（図57)。この段階では、農耕牧畜の痕跡は認められない。

先土器新石器文化Ｂの前期にも、この体制は継続している。チャユヌの編年でいうと、グリルプラン期（Grill-plan 期）の末から床溝プラン期（Channelled building 期）にかけての時期がそうである。この時期の出土動植物相はいずれも野生種で占められており、農耕牧畜の痕跡は認めがたい（チャユヌやハラン＝チェミではブタ

図57　チャユヌにおける農耕・牧畜の始まりと遺構の変化（Özdoğan and Başgelen 1999などを基に作成）

の家畜化の可能性が指摘されているが、異論も多く、結論はまだ定まっていない）。しかしその一方では、恒久的住居や定住的集落の形成、細石器的石器組成の後退、集落内祭祀の顕在化（チャユヌのSkull building やネワリ＝チョリ Nevali Çori の神殿）などのような、新石器的な様相も顕在化している。

この地域で栽培コムギ・オオムギが出土しはじめたのは、先土器新石器文化B中期（チャユヌ編年の敷石遺構期 cobble-paved building 期）からである。一方、家畜ヒツジ・ヤギの成立はこれよりもわずかに遅れ、先土器新石器文化Bの中期末または後期（チャユヌ編年の小区画遺構期 Cell-plan 期）と考えられている。この段階になると遺跡数も増加し、ユーフラテス上流域では、グリティッレ Gritelle やハヤズ＝ホユック Hayaz Höyük、ボイテペ Boy tepe などの新しい集落が形成されている。これらの遺跡にほど近いバリーフ河の最上流部でも、ギョベクリ＝テペ Göbekli Tepe やギュルジュ＝テペ Gürcü Tepe などのような、特異な祭祀遺跡が出現している。なお、土器新石器文化はチャユヌの最上層などに認められる。ユーフラテス中流域と同様に、やはりプレ＝ハラフ系の土器群が出土している。

以上述べたように、ユーフラテス・チグリス上流域の新石器化は、中流域から拡散してきたムレイビット文化がトリアレト系細石器文化の上に重なり、これによって新たな融合が始まる過程と要約できるであろう。ここで重要なのは、素地の違いである。ナトゥーフ後期文化・キアム文化をベースとする中流域のムレイビット文化と、トリアレト文化を素地とする上流域の文化との違いは、農耕牧畜が成立した中・後期においても解消していない。独自の建築技法、ナヴィフォーム式石核と単設打面石刃石核の併用、チャユヌ型石器と総称される特異な大型調整石刃の多用、黒曜石の重視（ただし中・後期から）、特異な石製容器の製作、祭祀遺構・祭祀遺跡の盛行などが、上流域に固有の要素である。これら一連のアナトリア的要素の素地となったトリアレト文化の研究が、今後の大きな課題である。

（4） バリーフ流域

バリーフ河はユーフラテス河の支流のひとつで、上述した2地域の約100km 東を南北方向に流れる小河川である。ユーフラテス中流域から比較的近い位置にあるにもかかわらず、この地域ではまだムレイビット文化の遺跡は確認されていない。のみならず、先土器新石器文化B前・中期の遺跡も未確認のようである。だとすれば、レヴァント北部の新石器化は、ユーフラテス渓谷だけで局地的に進行していたことになろう。これに対して、バリーフ流域の新石器化は、先土器新石器文化B後期における拡散のひとつと見なしうる。

この地域の新石器文化については、アッカーマンらによるバリーフ編年がある。バリーフⅠ期（先土器新石器文化B、とくにその後期）の遺跡としては、テル＝アスワドTell Assouad、トゥルール＝ブレイラートTulul Breilat、マフラク＝スルクMafraq Slouqなどがある。しかし、これらの遺跡の調査はあまり進んでおらず、詳細は不明である（なお、最上流部のトルコ領内にはギョベクリ＝テペ、ギュルジュ＝テペなどの遺跡があるが、これについては先述した）。

次のバリーフⅡ期は、土器新石器文化の初頭（この地域では、いわゆるプレ＝ハラフ期）に相当する。代表的な遺跡としては、テル＝サビ＝アビアドTell Sabi Abyadの11～7層、テル＝ダミシリーヤTell Damishliyya、テル＝アスワドⅧ―Ⅶ層などがある。いずれも典型的な初期農耕牧畜集落であり、密接型の矩形複室遺構と単独の円形単室または複室遺構（穀倉か？）によって構成されている。むろん、栽培コムギ・オオムギ、家畜ヤギ・ヒツジ・ウシ・ブタの出土も確認されている。これらの遺跡では物資の管理用具としてのトークンや封泥が多数出土しており、農業社会の複雑化の一端を垣間見ることができる。なお、これにつづくバリーフⅢ期は、ハラフ文化期である。テル＝サビ＝アビアドの6～4層、ハンマーム＝エッ＝トルクメンHammam et-Turkmanなどの遺跡が調査されており、ハラフ文化の成立経緯が明らかになりつつある。

（5）　ユーフラテス中流ステップ地帯

ユーフラテス中流ステップ地帯とは、この場合、ハブール河との合流地点周辺を指す。レヴァント北部というよりもむしろジャズィーラとすべきであろうが、ここでまとめて記述しておく。この地域では、テル゠エッ゠シン Tell es-Sinn、ブクラス Bouqras などの遺跡が確認・調査されている。両遺跡の年代から考えて、この地域への農耕牧畜の拡散もやはり先土器新石器文化B後期の段階で進行したと考えられる。

ブクラスでは、街路や広場などを組み込んだ集落（面積約2.5ha）が営まれている。遺構の型式としては、3列構成の矩形複室遺構が特徴的である（図75）。同様の遺構は、アブ゠フレイラやエル゠コウム2のみならず、サマッラ文化のテル゠エッ゠サワンなどでも確認されており、「肥沃な三日月弧」に沿った北方迂回ルートとは別の、ステップの河川沿いを直接南下する拡散の可能性を示唆している。なおブクラスでは、各種の栽培コムギ・オオムギやマメ類のほか、家畜ヤギ・ヒツジ・ウシ・ブタの骨などが検出されている。

一方のテル゠エッ゠シンも、ほぼ同大のテル型集落遺跡である。この遺跡でも、栽培コムギ・オオムギや家畜ヒツジ・ヤギを中心とする混合農業の存在が確認されている。なお、この2つの遺跡では、腹面基部の左側側縁に擬似ビュラン型の調整をもつ特異な石刃・尖頭器類が出土している。遺構の面での類似点ともあわせて、パルミラ盆地・エル゠コウム盆地との関係がうかがわれる（Fujii 1986、Nishiaki 2000）。

次の土器新石器文化は、ブクラスの上層で確認されている。そこでは、シンジャール平原のウンム゠ダバギーヤやテル゠ソットーの土器に類似したプロト゠ハッスーナ系統の土器が出土している。その直後に位置するのが、サマッラ文化のバグーツ Baghouz である。ここでもふたたび、ユーフラテス中流ステップ地帯とメソポタミア中部との密接な関係がうかがわれる。

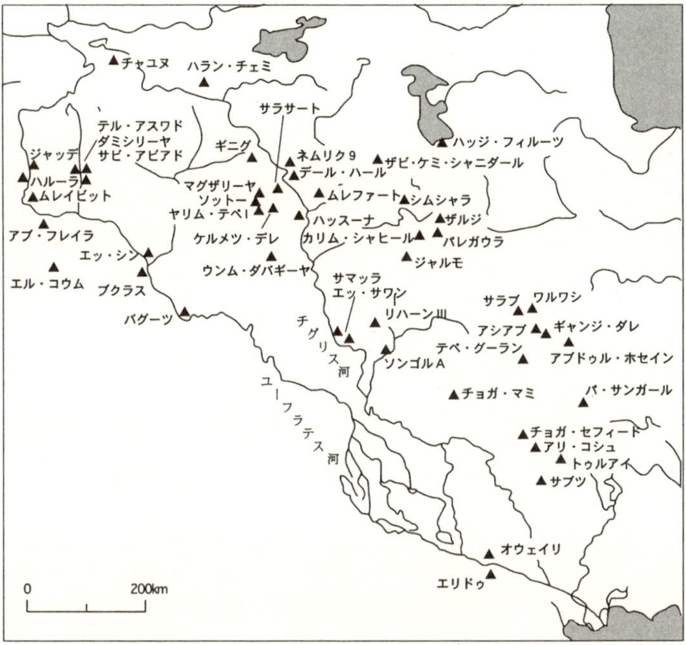

図58　ザグロス・メソポタミア地方の遺跡分布図

3　ザグロス方面

イラク・イラン方面への農耕牧畜の拡散とは、1）先土器新石器文化B中・後期のユーフラテス中・上流域を起点とし、2）ジャズィーラのネムリク文化を中継点とする、3）ムレファート文化圏への拡散、ということにほかならない（図58）。かつてはこの地域こそが農耕牧畜の起源地と主張されたこともあったが、今日ではそうした見解は大きく後退している。

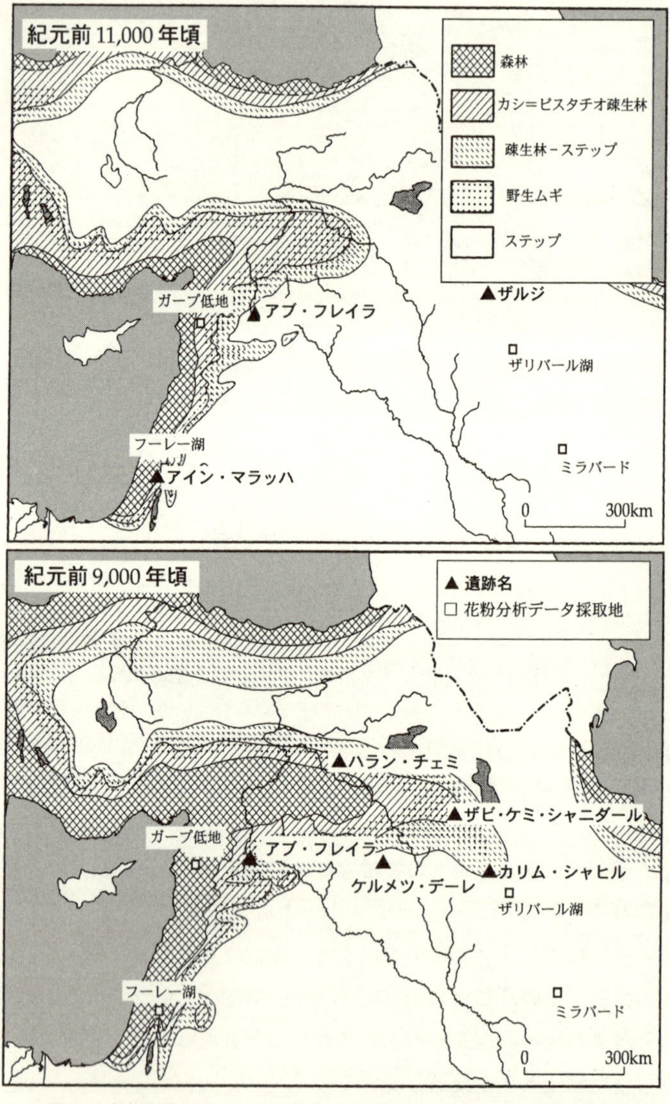

図59　完新世初頭における植生の回復過程（Hillman 1996より）

（1）　ムギ分布の拡大

ザグロス方面で農耕の成立が遅れた理由のひとつに、野生ムギの分布問題がある（第１章参照)。先述したように、ビュルム・マクシマムにおける野生ムギの分布は、総じて低下・南偏・縮小していたと考えられる。そのため、ザグロス地方には大型のニッチは残っていなかったというのが現在の共通理解である。この状態からの回復が後氷期になって進行したわけであるが、各地の花粉分析データによると、野生ムギの分布がザグロス北部にまで到達したのは紀元前9000年頃のことといわれている（Hillman 1996、図59)。ザグロス地方で農耕への前適応がやや希薄であった理由も、また、初期農耕の成立がやや遅れた理由も、この点に求められるであろう。

このモデルは各地の花粉分析を基に提示されたものであるが、ザグロス地方における初期農耕文化の成立経緯ともほぼ符合している(図60)。先述したように、ザルジ文化の終盤からムレファート文化前半にかけての時期（ザグロス地方では、しばしば「原新石器文化(proto-Neolithic)」と称される）には、定住的狩猟採集民の小集落がいくつか認められた。そこでは、鎌刃や石臼などの前適応の痕跡が認められたが、ムギ作農耕が実際に行われていたとの確証は乏しかった。それが明確になったのが、先土器新石器文化Ｂの中・後期である。後述のジャルモやギャンジ＝ダレなどの遺跡では、栽培コムギ・オオムギや家畜ヤギ・ヒツジが当初からほぼ出そろっており、セットとしての拡散を暗示している。逆方向の流れ、つまり東から西への流れが顕在化したのもこの時期である。ヴァン湖産の黒曜石、薄手の石製容器、押圧剥離技法などが、東から西へと伝わっていった。西アジア全域を巻き込んだ新石器化の影響を、そこに見ることができる。

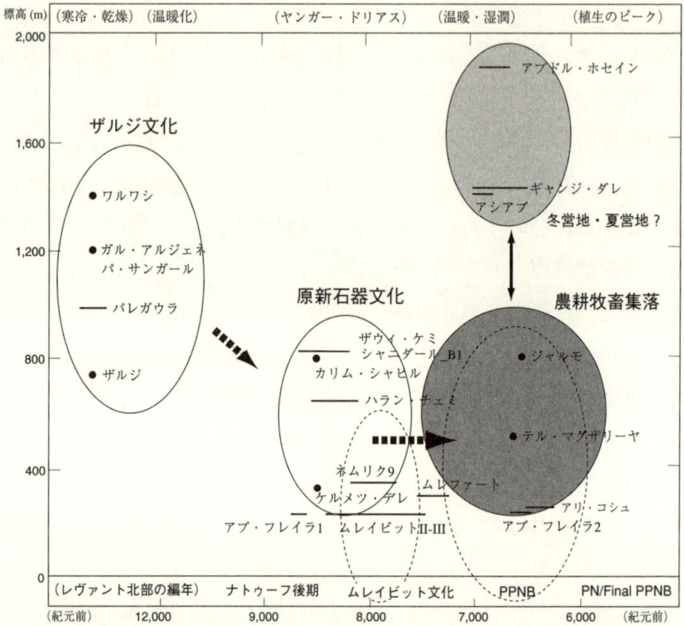

図60　ザグロス地方の新石器化（Hole 1996を基に作成）

（2） イラク北部平原（ジャズィーラ）

レヴァント文化圏（ナトゥーフ文化・キアム文化を基盤とする初期農耕文化圏）と、ザグロス文化圏（ザルジ文化・ムレファート文化をベースとする定住的狩猟採集文化圏）とを媒介したという意味で、ジャズィーラのネムリク文化は重要である(図61)。ただし、「ネムリク文化」という用語は、しばしば２つの意味で用いられている。狭義のネムリク文化はその標準遺跡であるネムリク９ Nemrik 9に代表される文化で、先土器新石器文化Ｂの前・中期に相当する。一方、広義のネムリク文化はケルメツ＝デーレ Qermez Dereやデール＝ハール Deir Halをも含めた文化であり、キアム文化の併行期

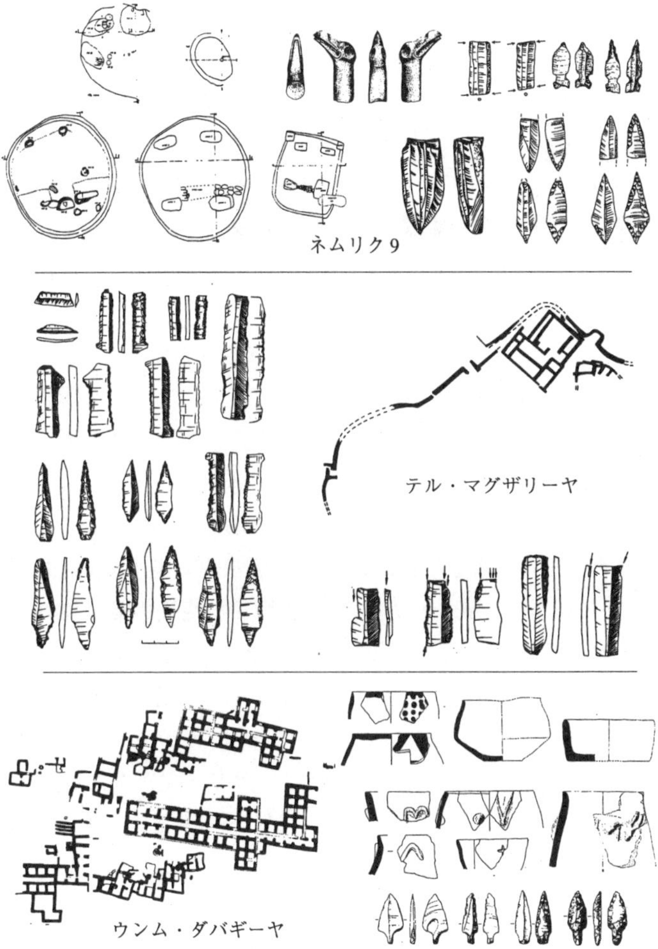

図61　ジャズィーラ平原の新石器化（Yoffee and Clark 1993などより）

にまでさかのぼる。本書では、後者の意味で用いる。

先述したように、ネムリク文化の前半は定住的な狩猟採集民の文化であったと考えられる。同時期のムレイビット文化との間には、たとえばキアム型尖頭器のような共通要素もあったが、相互の関係は総じて希薄であった。事実、キアム型尖頭器の比率は低く、後半（つまり狭義のネムリク文化）になると、この地域に固有のネムリク型尖頭器などが中心となっている。こうした独自性は、遺構の型式にも表れている。ネムリク文化では、楕円形竪穴住居から粘土レンガを用いた柱構造の矩形住居へと至る、独自の展開が認められる。しかし、この文化の内容についてはまだ不明な点が多く、詳細は今後の調査を待つほかない。

ジャズィーラの先土器新石器文化B前・中期を代表するネムリク9では、農耕牧畜の痕跡はまだ明確ではない。この地域の新石器化が明確になるのは後期以後である。たとえばテル＝マグザリーヤTell Magzaliyahでは、栽培コムギ・オオムギはむろんのこと、家畜ヤギ・ヒツジも出土している。また矩形複室遺構によって集落が構成され、その周囲を石垣が囲っている。テルの規模（推定面積約4.5ha×堆積層約8m）からみても、典型的な混合農業集落のひとつといえるであろう。黒曜石の多用やチャユヌ型石器の頻出などの点で、同時期のユーフラテス中・上流域からの影響が色濃く認められる。家畜ヒツジの到来についても、その可能性が高いであろう。

先土器新石器文化B後期のテル＝マグザリーヤと土器新石器文化との中間を埋めるのが、同じくシンジャール平原の小型集落遺跡テル＝ギンニグTell Ginnigである。厚いピゼ壁による不規則な矩形連結遺構（ただし遺構の基礎部分か？）を特徴とするこの遺跡では、マグザリーヤ的な石器組成とプロト＝ハッスーナ的な土器群との併存が認められる。

これにつづくのが、ウンム＝ダバギーヤを標準遺跡とする土器新石器文化である。プロト＝ハッスーナ文化あるいはウンム＝ダバギーヤ・ソットー文化とも別称されるこの文化は、シンジャール平原

(テル＝ソットー、キュルテペ、ヤリム＝テペⅠ号丘最下層、トゥルール＝エッ＝サラサートXVI～XV層）を中心に、東はチグリス河流域（テル＝ハッスーナⅠa層)、西はハブール河流域（テル＝カショカショクⅡ号丘3～4層)、南は前述のブクラスにまで広がっている。これらの遺跡では、栽培コムギ・オオムギはもちろんのこと、家畜ヒツジ・ヤギ・ウシ・ブタの動物骨も多数出土しており、集落件数のいちじるしい増加とも相まって、混合農業社会の成立を裏づけている。また、そこでは、従来の大型尖頭器類が衰退し、代わって鎌刃や調整石刃などを中心とする石器組成が認められる。専業的な石器製作の後退も、混合農業社会の成立の証である（第5章参照)。ジャズィーラの土器新石器文化は、これ以降、ハッスーナ文化・(サマッラ文化)・ハラフ文化へと展開していった。

（3）　ザグロス山麓北部

ザグロス地方の先土器新石器文化遺跡の多くは、ザグロス山脈の南西側斜面（つまりイラク側の斜面）または中南部の山間盆地などに集中している。一方のイラン側斜面では、遺跡が希である。ここでは便宜的に、小ザブ河の流域以北をザグロス山麓北部とし、ディアラ河流域以南を山麓中南部とする。

ザグロス山麓北部で終末期旧石器文化の終盤に相当するのが、ザルジ文化後期のザビ＝ケミ＝シャニダールである。そこでは、定住的狩猟採集民の小集落が確認されている。これにつづくのが、カリム＝シャヒルやムレファートなどのムレファート文化の遺跡群である。しかし、これらの遺跡では、農耕牧畜の痕跡はまだ明確にはなっていない。

この地域の新石器化は、ジャルモ下層の段階（先土器新石器文化B後期）になってはじめて明確になる（図62）。そのタイミングは、

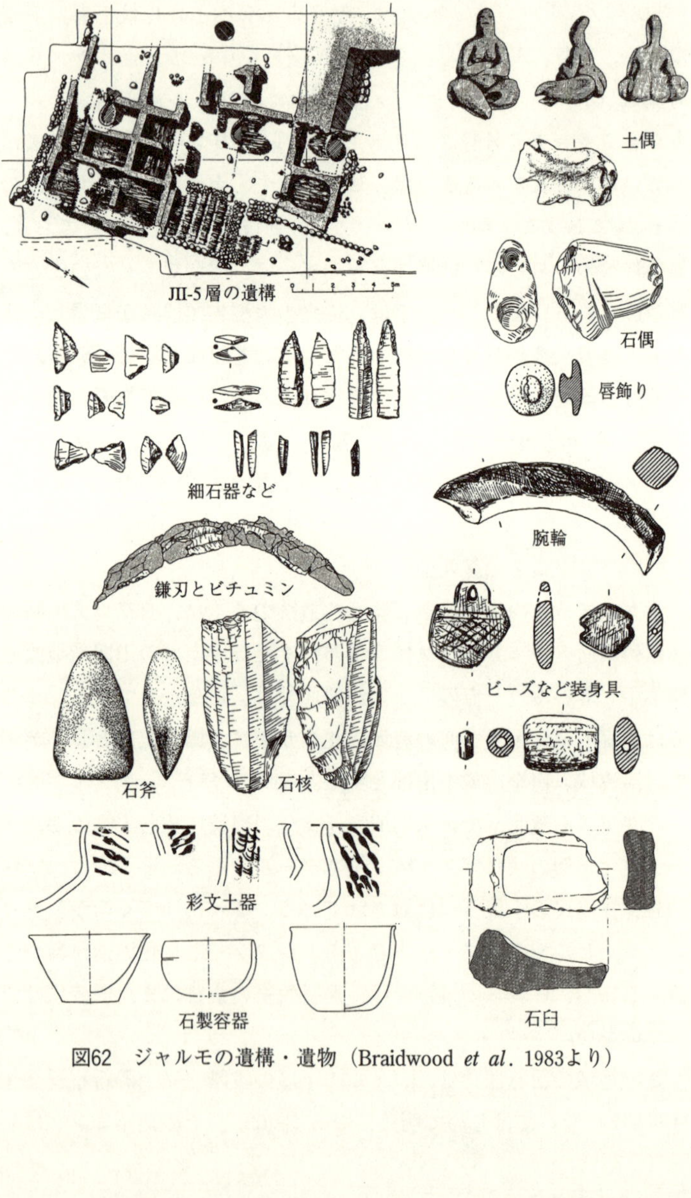

図62　ジャルモの遺構・遺物（Braidwood *et al*. 1983より）

隣接のシンジャール平原とも符合している。ジャルモの植物性食物では、野生・栽培二粒系コムギと野生二条オオムギが中心であり、野生・栽培一粒系コムギ、栽培二条オオムギ、タルホコムギ(野生)、レンズマメ、エンドウマメ、ピスタチオなども少量出土している。一方、出土動物骨は下層・上層を通じてほとんど変化していない。ヤギ・ヒツジ（ただし家畜個体と野生個体の双方を含む）が全体の約80%を占め、これに野生または家畜のブタ、野生のウシがおのおのの約5%前後でつづいている。このほか、ガゼルやオナーゲルなどの野生動物の狩猟も継続している。

ジャルモは、ムギ作農耕と（ヤギ・ヒツジを中心とするおそらくトランスヒューマンス型の）牧畜とが複合した、典型的なザグロス型の小規模農耕集落である。そこでは約20～25件の家族（最大約150人程度）が暮らしていたと考えられている（Braidwood *et al.* 1983)。このように、ザグロス方面の初期農耕集落は比較的小型であり、同時期のレヴァント地方とは異なった様相を示している。このこととも関連するが、ジャルモ下層ではムレファート文化系の石器技術・組成が継続しており、この地域への農耕牧畜の拡散が直接的な植民によるものではなかったということを強く示唆している。

土器新石器文化も、やはりジャルモの上層によって代表される。ジャルモでの土器の出土量は当初はわずかであり、本格的に生産されるようになったのは（第Ⅰ発掘区の）3層前後と考えられる。ジャルモの土器は、レヴァント地方の暗色磨研土器とは異なり、主としてスサを混和材に用いた粗製かつ赤色系の土器（ザグロス系土器群）である。ただし、器壁にはしばしば軽い磨研や化粧土が施されており、雨垂れ状の赤色彩文や、逆U字形・T字形などの貼り付け文なども認められる。一説には、前者は石製容器（とくに大理石製の容器）の表面の模様を模倣したものともいわれている。器形は、浅鉢、碗、小型壺などが中心であり、石製容器とも類似している。ただし、サイズは石製容器よりは総じて大型であり、胴部下半に強いカリネーションが見られることも石製容器には希な特徴のひとつである。このほか、各種の骨角器、横型の石臼、石杵、磨石、石錘、磨製石斧・手斧類、各種装身具類、呪術具、動物土偶、地母神像など、多様な遺物が出土しており、農耕牧畜社会のひとつの典型を見ることができる。

なお、ジャルモに前後する時期の遺跡としては、大ザブ河中流域のギルド＝アリ＝アガ Gird Ali Agha、ギルド＝チャイ Gird Chai などがある。これにつづくのが、ウルミア湖南岸のハッジ＝フィルーツ Hajji Firuz や、同東岸のヤニク＝テペ Yanik Tepe、小ザブ河上流のテル＝シムシャラ Tell Shimshara などの、ハッスーナ・サマッラ文化併行期の遺跡群である。

（4） ザグロス山麓中南部

ザグロス山麓中南部では、ザルジ洞窟、ワルワシ岩陰 Warwasi、パレガウラ Palegawra、パ＝サンガール Pa Sangar など、ザルジ文化の遺跡が多数調査されている。しかし、農耕牧畜の起源にとってもっとも重要なザルジ文化後期からムレファート文化にかけての遺跡調査は乏しく、不明な点が多い。

この地域の新石器化が明確になるのは、先土器新石器文化Bの中期頃からである。山間盆地群の代表的な遺跡としては、ギャンジ＝ダレがある（口絵参照）。この遺跡の最下層（E層）ではピット群だけが確認されているが、次のD層では2階建ての矩形遺構が多数発掘されている。この時期にはヤギの家畜化も進行していたと考えられている（第5章参照）。なお、栽培オオムギが出土したとの報告もあるが、その評価はまだ定まっていない。土器の出現も、D層の特徴のひとつである。据え付けタイプの貯蔵用大型甕や小型・厚手の球形土器、平底土器などが製作されている（図67）。ただし、その絶対量が少ないこと、標準的なサイズの器形を欠いていることなどの点から、これらの事例は、「先土器」新石器文化における先駆的な土器群のひとつと解されている。次のC〜A層の様相も、D層とほぼ同じである。なお、ケルマンシャー近郊のアシアブは、ギャンジ＝ダレに前後する時期の石器製作址といわれている。

一方、低地部ではデヘ＝ルーラン平原のアリ＝コシュ Ali Kosh が重要である。この遺跡の層位は3期に分類されており、ブス＝モルデ期とアリ＝コシュ期が先土器新石器文化Bの中・後期にそれぞれ相当し、次のムハンマド＝ジャファル期が土器新石器文化の初頭に位置づけられている。前者の層からは日干しレンガ造りの矩形複室遺構が確認されている。また、ブス＝モルデ期の層からは、野生または栽培一粒系コムギ、栽培二粒系コムギ（最多）、野生二条皮性オオムギ、栽培6条裸性オオムギなどが出土している。むろん、石臼類・鎌刃なども多数出土している。一方、家畜としては、同じくブス＝モルデ期の無角ヒツジが有名であるが、先述したようにその標本数が少ないという問題が残されている（角芯の形態からみると、この遺跡で明確な家畜ヒツジが登場するのはムハンマド＝ジャファル期からのように思われる）。なお、ヤギはアリ＝コシュ期にすでに家畜化が進行していたと考えられている。ザグロス山麓北部と同様に、この地域の遺跡でもムレファート文化系の石器技術・組成が継続している。

冒頭で紹介したテペ＝グーランは、アリ＝コシュ期（先土器新石器文化B後期）からムハンマド＝ジャファル期（土器新石器文化初頭）にかけて営まれた、山間盆地群の遺跡である。ネハヴァンド南方のテペ＝アブドゥル＝ホセイン Tepe Abdul Hosein でも、先土器新石器文化B後期の下層と土器新石器文化初頭の上層とが重なっている。低地部では、デヘ＝ルーラン平原のチョガ＝セフィードChoga Sefidや、ハムリン盆地のテル＝リハーンⅢ Tell Rihan Ⅲなどで、同じ現象が認められる。このほか、土器新石器文化初頭の遺跡として、山間盆地のテペ・サラブTepe Sarab、低地部のテペ・サブツTepe Sabuz、テペ＝トゥルアイTepe Tul'aiなどがある。なお、この時期になると、ザグロス山脈東側のイラン高原でも多数の農耕集落が成立しており、各地域に特徴的な彩文土器の文化が展開している。カシャーン地方のテペ＝ザゲーTepe Zageh、チャシュメ＝アリCheshme Ali、北部のテペ＝シアルクTepe Sialk、サング＝イ＝チャハマックSang-i-Chaxmaq、ファールス地方のタル＝イ＝ムシュキTal-i-Mushki、タル＝イ＝ジャリB Tal-i-Jari B、ケルマン地方のタル＝イ＝イブリスTal-i-Iblis（0期）などが、そうである。

（5） メソポタミア中・南部

メソポタミア中・南部低湿地への進出がどの段階からはじまったのかは、まだよくわかっていない。厚い沖積土と高い地下水位のために、遺跡最下層部分の発掘が中断しがちだからである。

現在確認されている最古の集落は、すべて土器新石器文化以後の集落である。中部では、サマッラ文化のサマッラSamarra、マタッラMatarrah、バグーツBaghouz、テル＝エッ＝サワンTell es-Sawwan、ソンゴルA Songor Aや、それにつづくサマッラ＝ウバイド移行期のチョガ＝マミChoga Mamiなどの遺跡がある。一方、南部では、ウバイド0期のテル＝エル＝オウェイリTell el 'Oueiliやウバイド I 期のエリドゥEriduなどの遺跡が調査されている。これらの遺跡が最古の新石器文化集落であるとすると、メソポタミア中・南部の低湿地に農耕牧畜の拡散が及んだのは、ジャズィーラやザグ

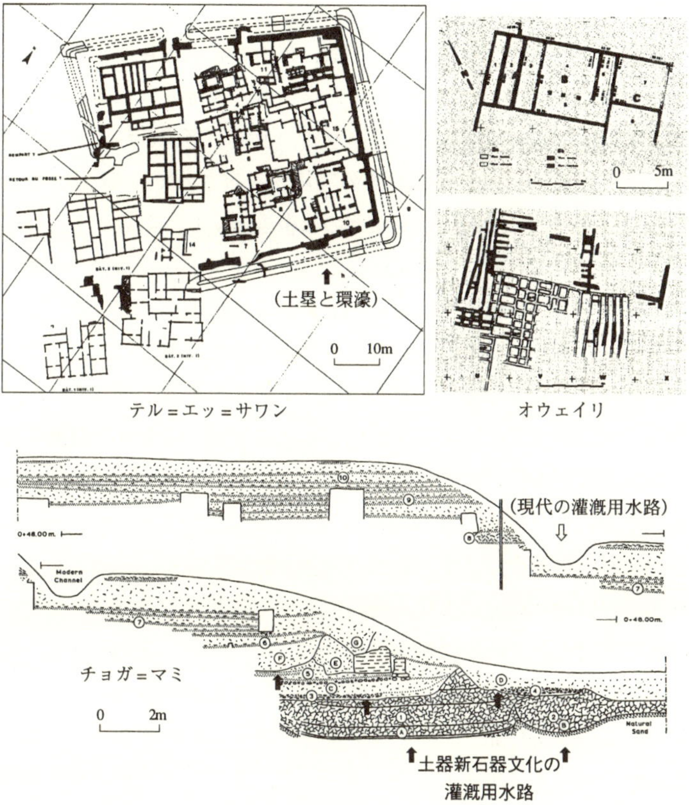

図63　メソポタミアの初期農耕集落（Breniquet 1991，Oates 1972などより）

ロス山麓よりもやや遅いということになろう。そのタイミングは、紀元前5500年頃（北メソポタミア編年でいうハッスーナ文化の前半～中頃）と考えられる（ただし、先述したように、最下層部分の発掘が中断しているオウェイリなどの遺跡では、これよりも古い段階の文化が発見される可能性がまだ残されている）。

農耕牧畜の痕跡は、明確である。たとえば、サマッラ文化のテル＝エッ＝サワンやチョガ＝マミでは、裸ムギを含む各種の栽培コムギ・オオムギが出土している。また、前者の遺跡では集落を囲う環濠・周壁が、後者の遺跡では灌漑水路の痕跡が確認されており、河川の高低差を利用した灌漑農業の実施が推定されている（図63）。むろん、ヤギ・ヒツジ・ブタなどの家畜も出土している。一方のメソポタミア南部も同様であり、たとえばオウェイリでは裸コムギ・オオムギを含む各種の栽培コムギ・オオムギが出土している。とくにオオムギが多いのが、メソポタミア南部の初期農耕（およびその後の農耕）の特徴である。家畜ではブタが優勢で、これにヤギ・ヒツジ・ウシがつづいている。ブタの卓越に加えて、カメや魚類などの水産資源が重視されていることも、メソポタミア低地の特徴である。なお、エリドゥの動植物利用は明らかになっていないが、（比較的均質な構造を示す中・北部の集落とは対照的に）神殿中心の集落構成が認められ、都市化の過程でやがて顕在化する神殿経済との関係で注目されている（松本 1995）。

ところで、メソポタミア中・南部低地への農耕牧畜の拡散ルートについては、1）北メソポタミアからの南下、2）ザグロス山麓中北部からの（メソポタミア中部を介した）降下、3）ザグロス山麓南部やデヘ・ルーラン平原などからのダイレクトな浸透、4）ユーフラテス河に沿うシリアからの南下、5）トランスヨルダン越えの東漸、などのルートが考えられる。従来は1）～3）が強調されてきたが、今後は4）と5）の可能性も視野に入れておく必要があろう。メソポタミア低地における農耕集落の成立には、これら複数の要素が複雑に絡み合っているように思われる。

4　地中海北東海岸

ザグロス方面から一転して、地中海北東海岸の新石器化の様相を探ってみよう（図55）。ユーフラテス中・上流域に近接するこの地域の新石器化は、意外なことに、先土器新石器文化Ｂ後期または土器新石器文化の初頭まで遅れるようである。ただし、この見解はキプロス島の先土器新石器文化の発見によって見直しを迫られている。

（1）　アムク平原・キリキア平原・レバノン海岸

ジッダ（ナトゥーフ文化）などの例外を除いて、この地域では終末期旧石器文化の遺跡はまだあまり確認されていない。先土器新石器文化遺跡も少なく、実際に調査されたのは、オロンテス河河口から約50km 南に位置するラス・シャムラ Ras Shamra だけである。

この遺跡の最下層（ⅤC層）は、先土器新石器文化Ｂ後期に位置づけられている。発掘面積が小さいため不明な点が多いが、矩形遺構の一部が確認されている。遺物では、ナヴィフォーム型石核・ビブロス型尖頭器・磨製石斧などが出土しており、ユーフラテス中・上流域の同時期の遺跡群との関係を示している。また、栽培コムギ・オオムギ、家畜ヤギ・ヒツジ・ウシ・ブタなども出土しており、先土器新石器文化Ｂ後期に典型的な混合農業集落の様相を見て取ることができる。なお、次のⅤB層は、プレ＝ハラフ系の暗色磨研土器（DFBW＝Dark Faced Burnished Ware）をともなう、土器新石器文化の層である。この土器は、レヴァント北部の土器新石器文化初頭の指標遺物であり、ユーフラテス中・上流域からシリア・レバノン海岸、あるいはダマスカス盆地にまで広く分布している（図

69)。ただし、アムク平原・キリキア平原を含む海岸部の暗色磨研土器は、貝殻腹縁文・爪形文・刺突文などをしばしばともなっており、無文磨研土器が中心のレヴァント内陸部とはやや異なっている。

土器新石器文化の集落は、アムク平原のテル＝ジュダイデ Tell Judaidah や、キリキア平原のユムクテペ（メルシン）Yumuk Tepe、タルスス Tarsus などでも確認されている。なお、ユムクテペの再調査では、栽培コムギ・オオムギや家畜ヤギ・ヒツジを中心とする生業が、最下層の段階から確認されている。暗色磨研土器や貝殻腹縁文・爪形文・刺突文土器などを出土する点で、シリア海岸部からの拡散が予想される。ただし、黒曜石の多用は明らかにアナトリア高原との強い結びつきを示している。

一方、ラス・シャムラ以南の地域でも、先土器新石器文化の遺跡はまだ明らかになっていない。これまでに調査されたテル＝スカスⅢ Tell Sukas Ⅲや、タバカト＝アル＝ハンマーム Tabaqat al-Hammam などの遺跡は、アムク平原やキリキア平原の遺跡群と同様に、やはり（貝殻腹縁文・爪形文・刺突文などを多くともなう）暗色磨研土器の集落である。レバノン海岸の標準遺跡であるビブロス Byblos では、これに櫛掻文や縄文が加わる。ベッカー高原のテル＝ラブウェⅠ Tell Labwe Ⅰやテル＝ネバァ＝ファウル Tell Neba'a Faour、ダマスカス盆地のテル・ラマドⅢ層などでも、同様の暗色磨研土器が出土している。

（2） キプロス島

キプロス島では、ヒロキティア Khirokitia、アンドレアス＝カストロス Cap Andreas Kastros、カラヴァッソス・テンタ Karavasos-Tenta などの遺跡が調査されており、先土器新石器文化B末から土器新石器文化の初頭に位置づけられている。これらの遺跡では、栽培コムギ・オオムギ・レンズマメや家畜ヤギ・ヒツジ・ブタなどが検出されている。キプロス島の新石器化のタイミングは、対岸地域の新石器化の時期ともほぼ符合している。

ただし、これは従来の見解である。近年では、「先ヒロキティア文化」の存在が強く主張されはじめた。キッソネルガ＝ミュロウティキア Kissonerga-Mylouthikia、パレックリシャ＝シルロカムボス Parekklisha-Shillourokambos などの遺跡で、先土器新石器文化Ｂ前・中期の文化が明らかになってきたからである（Peltenburg *et al.* 2001）。これらの遺跡では、栽培コムギ・オオムギに加えて、野生のヤギ・ヒツジ・ブタ・ウシが出土している。キプロス島にはこれらの動物は生息していなかったと考えられるので、形態的にはまだ野生段階の動物が、初期農耕民によって半ば家畜的に搬入された可能性が指摘されている。シルロカムボスで確認された囲いらしき遺構は、この点できわめて注目される。なお、カラヴァッソス＝テンタの編年の見直しも行われ、そこで出土した大型円形遺構とジェルフ＝エル＝アハマルの大型円形遺構との類似性が指摘されている。そのほか、石器の技術や型式、葬制、C14年代などの点でも、レヴァント本土の前・中期遺跡との関連性が明らかになってきている。

このように、キプロス島への農耕牧畜の拡散が先土器新石器文化Ｂ前期の段階から進行していたとすると、その起点がどこにあったかが問題になろう。先述したように、対岸のシリア海岸部・キリキア平原では、この時期の遺跡はまだ確認されていない。そこで提示されているのが、「飛び地型拡散モデル jump dispersal model」である（van Andel and Runnels 1995）。ただし、キプロス島の新石器文化集落の多くは、バーディアの遺跡と同様に、垂直にではなく水平に展開するタイプ（つまりテルを形成しないタイプ）のようであるから、対岸地域での非テル型遺跡の分布調査が必要であろう。この点、常木晃らが実施している同地域での分布調査の成果が期待される。

なお、キプロス島の先土器新石器文化には、編年上の興味以外にも重要な問題が含まれている。そのひとつが、ミュロウティキアなどで確認された井戸（深さ約7～8m）である。もうひとつは、円形密集遺構群の継続である。キプロス島では、新石器化以後も依然として円形密集遺構型の集落が営まれている。この点はレヴァント本土とは異なっており、むしろシナイ・ネゲブ地方や後述のコーカサス地方（第8章参照）などと類似している。こうした特異な集落構造のあり方は、この島に固有の儀礼的遺物などとともに、興味ある問題を提供している。

5　レヴァント中・南部

レヴァント中・南部への拡散は、他地域への拡散とは事情が異なる。他地域の場合、定住的（または遊動的）狩猟採集民の社会に、ユーフラテス中・上流域起源の混合農業がどのように浸透していったのかが、問題になる。一方、レヴァント中・南部の場合は、先行の狩猟農耕文化（とくにスルタン文化）の素地の上に、北方からの要素がどのように重なっていったのかが、焦点となる。

（1）　スルタン文化との関係

レヴァント南部の場合、先土器新石器文化Aから同Bへのシフトは、新旧2つの農耕文化の交替という図式でとらえられてきた。つまり、この地域に固有のスルタン文化から北シリア起源の新たな混合農業への交替という図式である。その印象の元になったのが、イェリコにおける層序の断絶であった。そこでは、新旧2つの先土器新石器文化の間に一定の層位的断絶が認められた。このことが、先土器新石器文化Aから先土器新石器文化Bへの交替という見通しを与えてきたのである。

しかし、現在ではこれとはやや異なる見方が優勢になりつつある。というのも、1）レヴァント南部でも先土器新石器文化B「前期」の遺跡が確認されはじめた（ただし、北部の「前期」とはやや意味が異なるが)、2）スルタン文化の伝統が意外に根強いことがわかってきた（したがって、単なる拡散や文化の交替ではなく、独自の受容という側面が強調されるようになってきた)、3）レヴァント中・南部での受容には、ダマスカス盆地、レヴァント回廊南部、ヨルダン渓谷、シス＝ヨルダンなどの、さまざまな類型があった（したがって、ユーフラテス中・上流域起源の混合農業が画一的にレヴァント南部を覆ったわけではない)、などの事情が明らかになってきたからである（図64)。

（2）　レヴァント中部

シリア南部およびレバノン内陸部を、レヴァント中部とする。この地域の編年は、ダマスカス盆地の3遺跡（テル＝アスワド、テル＝ゴライフェ、テル＝ラマド）によって組まれており、これによって先土器新石器文化A（この場合、アスワド文化）から土器新石器文化初頭までの経緯を、ほぼ連続してたどることができる。これを補足するのが、ゴラン高原のムジャヒヤ Mujahiya（先土器新石器文化B「前期｣)、ベッカー高原のラブウェⅠ、テル＝ネバァ＝ファウル（ともに土器新石器初頭）などの遺跡群である。

第3章でも述べたように、テル＝アスワドのⅠA層（アスワド文化）では、栽培二粒系コムギの出土が確認されている。これを栽培

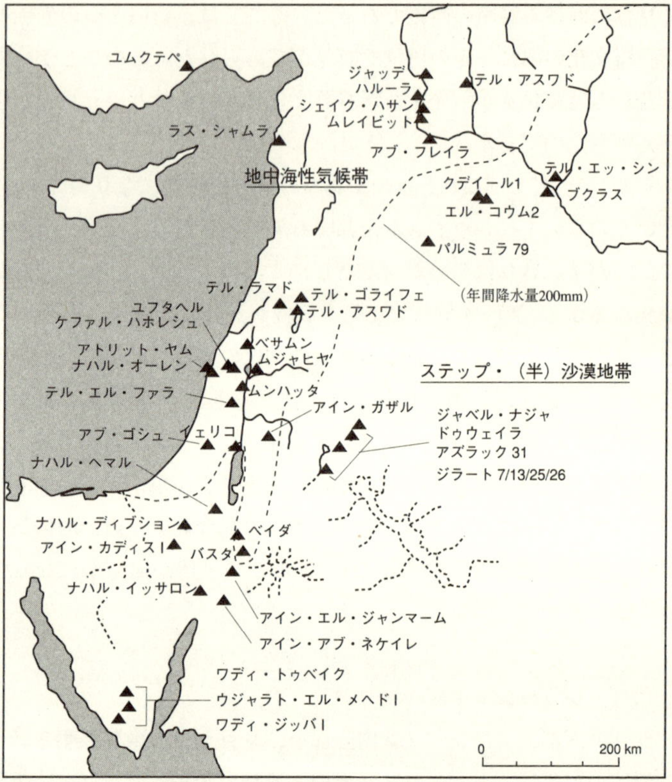

図64　レヴァント中・南部の遺跡分布図

ムギと認定しない意見もあるが、すくなくとも次のⅠB層およびⅡ層（先土器新石器文化B前期）では、より確実な栽培コムギ・オオムギが出土している。この体制がテル＝ゴライフェ（先土器新石器文化B中期～後期初頭）にもつづき、テル＝ラマドのⅠ・Ⅱ層（先土器新石器文化B後期）になると、スルタン文化系統の栽培二粒系コムギに加えて、（おそらくは北シリア系統の）栽培一粒系コムギも出土している。一方、家畜では、テル＝アスワドの上層から

a．テル＝ラマド（シリア）

b．アイン＝ガザル（ヨルダン）

c．バスタ（ヨルダン）

d．アイン＝エル＝ジャンマーム（ヨルダン）

e．ムンハッタ（イスラエル）

f．ナハル・オーレン（イスラエル）

図65　レヴァント中・南部の初期農耕集落（筆者撮影）

すでにヤギ家畜化の動向がうかがえる。ヒツジは、テル＝ゴライフェⅠ層（先土器新石器文化Ｂ中期末）においてはじめて導入され、同Ⅱ層（後期初頭）で急増している。なお、テル＝ラマドのⅢ層（土器新石器文化初頭）では、これらに加えて家畜ウシ・ブタの出土も確認されている。

以上述べたように、ダマスカス盆地周辺への拡散は、アスワド文化の素地の上に最低2回の波が重なる過程として理解できるであろう。1回目は先土器新石器文化B中・後期で、このときに家畜ヒツジと一粒系コムギがもたらされたと考えられる。集落立地のシフト（第4章参照）が示しているように、このときに、低湿地小規模園耕から丘陵部粗放天水農耕へのシフトが進行したものと思われる。一方、2回目の拡散は土器新石器文化の初頭にあたり、このときに家畜ウシとブタ、そして土器（プレ＝ハラフ系、ただしビブロスやベッカー高原の土器に類似した櫛掻文系の暗色磨研土器）がもたらされたようである。

（3） ヨルダン台地西端部

イスラエル・ヨルダン以南を、レヴァント南部とする。この地域の特徴は、テル型の遺跡が少ないことである。テルを形成している場合も、堆積層が薄く、単純遺跡であることが多い。建材として、粘土ではなく（再利用の容易な）石が多用されたこと、集落の固定度（定住度ではない）が低かったこと、などがその原因であろう。ヨルダン台地の西端部も同様である。この地域の先土器新石器文化Bの編年は、数少ないテル型の重層集落であるベイダとアイン＝ガザルの層位によって組み立てられている（図66）。前者が先土器新石器文化Bの前期・中期を、後者が中期から土器新石器文化（ヤルムーク文化）までをカバーしている。

レヴァント回廊の南端部分を構成するこの地域では、先述の2遺跡のほかに、バスタ（先土器新石器文化B中期）、バジャ（中期）、アッ・ダマンⅠ（中期）、バスィータ Basita（後期？）、アイン＝エル＝ジャンマーム Ain el-Jammam（後期末〜先土器新石器文化C）などの遺跡が、調査されている。ユーフラテス中・上流域起源の諸

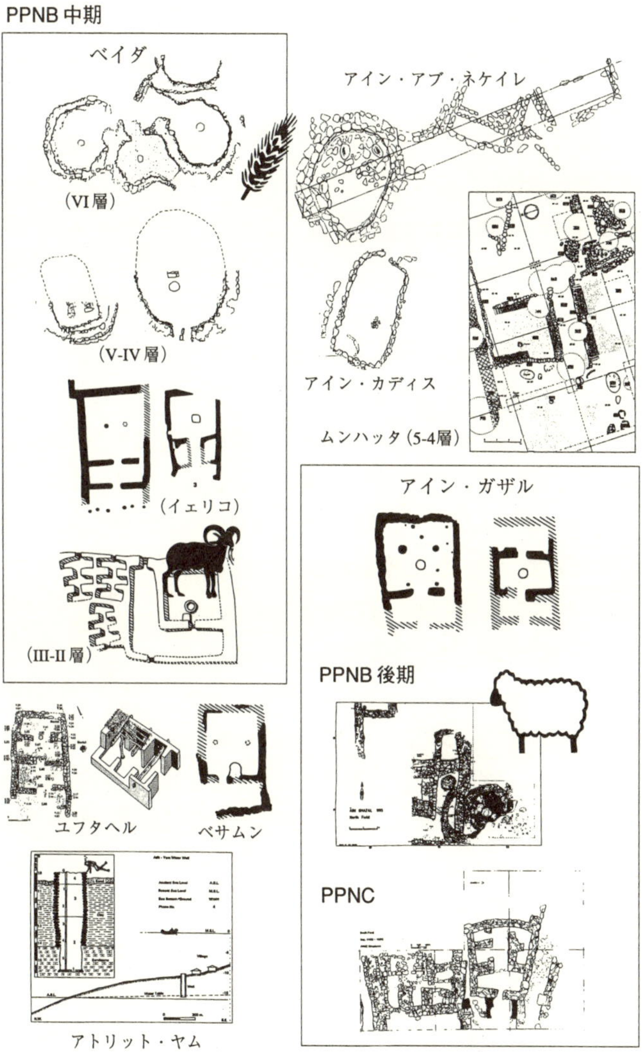

図66　ベイダとアイン＝ガザル（Kirkbride 1966, 1968, Rollefson and Kafafi 1994などを基に作成）

要素（家畜ヒツジや栽培一粒系コムギ、ナヴィフォーム型石核を中心とする大型石刃文化など）が南進したのが、まさにこのルート上であった。

ここでは、アイン＝ガザルの層位を基に、この地域における農耕牧畜の拡散過程をたどってみよう。アイン＝ガザルの先土器新石器文化B中期（集落面積約4～5 ha）には、ベイダと同様に、二粒系コムギ・オオムギ・レンズマメなどの栽培化が認められる。一方、家畜についても、ベイダと同様に、ヤギの家畜化が進行していたと考えられている。次の後期（集落面積約12～15ha）になると、農耕はむろんのこと、家畜ヤギ・ヒツジの成立も確認されている。先土器新石器文化Cでは、これに加えて家畜ウシ・ブタの出現も認められる。しかし、全体としてはヤギ・ヒツジへの傾斜が強まっており、集落の縮小、遺構の簡略化などの諸現象とあわせて、遊牧化の兆候が指摘されている。土器新石器文化初頭のヤルムーク文化では、ヤギ中心の家畜飼養が認められる。これは、ヒツジ中心の集団が遊牧的適応へと分派したことを暗示している。

アイン＝ガザルにおけるこうした経緯に、ベイダでの層位的変遷（第5章参照）を加味すると、この地域の新石器化の過程は次のように要約できるであろう。当初は、スルタン文化をベースにした二粒系コムギ中心の、台地上における低湿地小規模園耕。ついで、先土器新石器文化B中期におけるヤギ家畜化の試み。中期末から後期にかけての、（家畜ヒツジ・栽培一粒系コムギをともなった）新たな農耕牧畜文化の受容。そして、後期末から進行しはじめた乾燥化による遊牧的適応の派生、という流れである。

このように、ヨルダン台地西端部を含むレヴァント南部の中・後期の遺跡では、スルタン文化系の要素とレヴァント北部系の要素とが混在している。「高地部における低湿地園耕」や妻入型の矩形複室遺構（ともに第5章参照）は、明らかにスルタン文化の伝統である。一方、大型尖頭器を機軸とする専業的な石器文化、先土器新石器文化B後期以後に新設された集落に特徴的なやや開けた景観への立地（藤井 1999b）、などは、いずれもレヴァント北部からの拡散要素と考えられる（第5章参照）。したがって、ユーフラテス中・上流域起源の混合農耕文化がスルタン文化に完全に取って代わったわけではない。ムレファート文化を基盤とするザグロス地方でもそうであったが、レヴァント南部における受容の過程でも、この地域に固有のスルタン文化の伝統が強くはたらいていたと考えられる。ただし、ヨルダン台地の西端部は、スルタン文化の分布圏としてはむしろ縁辺部にすぎなかった。だからこそ、レヴァント北部からの拡散がよりダイレクトな形で波及したのであろう。このことは、後述のヨルダン渓谷やシスヨルダンなどと比較した場合、より鮮明になる。

なお、この地域の土器新石器文化は、その最古の段階であるヤルムーク文化を除いて、まだよくわかっていない。そもそも遺跡が少ない。これは、先土器新石器文化B末から進行しはじめた乾燥化の影響と考えられる。土器新石器文化以後における、定住農耕牧畜文化の中心は、それまでとは対照的に、シスヨルダンの側に移動していった。

（4）　ヨルダン渓谷

スルタン文化の中心域であったヨルダン渓谷では、先土器新石器文化Bの集落遺跡が意外に少ない。この地域の編年の要になっているのは、イェリコとムンハッタ Munhatta（別名、ホルヴァト＝ミンハ）である。イェリコのPPNB層とムンハッタの6～3層が先土器新石器文化Bの中・後期に、ムンハッタの2B_1～2B_2層がヤルムーク文化に、イェリコのPNA期（Ⅸ層）がロッド文化に、ムンハッタの$2A_1$～$2A_3$層がワディ＝ラバ文化に、それぞれ位置づけられている。

先土器新石器文化B中期のイェリコでは、栽培コムギ・オオムギ・レンズマメ・エンドウマメなどとともに、家畜ヤギ・ヒツジの存在が確認されている。一方、ムンハッタでは家畜ヤギが知られている。ヤギ家畜化の可能性は、ベサムンでも指摘されている。ただし、この時期のウシ・ブタは、ダマスカス盆地やヨルダン台地と同様に、まだ野生であった。これらのデータにも表れているように、この地域の新石器化は、スルタン文化をベースにヤギの家畜化が独自に進行し、これにユーフラテス中・上流域起源の（家畜ヒツジを含む）新たな農耕牧畜が重なっていく過程と理解できよう。問題はその重なり方であるが、これは明らかにヨルダン台地西端部よりも希薄かつ遅い。スルタン文化の伝統がより強くはたらいていたためであろう。なお、この地域の先土器新石器文化C（紀元前6000～5500年頃）の実態は、まだよくわかっていない。

この地域で現在確認されている最古の土器新石器文化は、ヤルムーク河河口のシャアル＝ハゴランSha'ar ha-Golanを標準遺跡とし、綾杉文などの刻線文土器を標準遺物とするヤルムーク文化（紀元前5500～5000年頃）である（したがって、レヴァント南部の土器新石器文化は、メソポタミア低地とほぼ同時に始まったことになる）。この文化の遺跡は死海以北に広く分布している。ヨルダン高原ではアイン＝ラフーブAin Rahub、アブ＝サワーブAbu Thawab、アイン＝ガザルなど、ヨルダン渓谷では先述のシャアル＝ハゴランのほか、ムンハッタ、メギッドMegiddoなど、またシスヨルダン側ではナハル＝カナーNahal Qanah、ナハル＝ゼホラNahal Zehoraなどの遺跡が知られている。プラスター貼りの床面や、各種の大型尖頭器類・ナヴィフォーム型石核などをともなうという点で、ヤルムーク文化には先土器新石器文化Bの伝統が部分的に継承されている。しかしその一方では、特異な地母神像や鋸歯状鎌刃、プロト板状スクレイパーなどの新しい要素も現れている。

ヤルムーク文化に後続したのが、ロッド文化（別名、イェリコⅨ層文化またはイェリコ土器新石器文化A、紀元前5000〜4500年頃）である。これに一部重複して、ワディ＝ラバ文化(紀元前4800〜4200年頃）がやや北寄りの地域で、カティフ文化が南側の乾燥域で、それぞれ後続した。ヤルムーク文化を含むこれらの土器新石器文化では、コムギ・オオムギ・各種マメ類などを主要作物とし、ヤギ・ヒツジに加えてウシ・ブタを交えた、小規模な農耕牧畜が営まれていた。この時期の集落規模は一般に小さく、いかにもスルタン文化の後裔といった印象が強い。レヴァント南部にやや大型の農耕集落が復活したのは、次のガッスル文化（紀元前4200〜3500年頃）の段階であった。

（5）　シスヨルダン

シスヨルダンとは、ヨルダン川流域以西の丘陵・海岸地帯を指す。ヨルダン渓谷と同様に、この地域でもナトゥーフ・スルタン文化後の衰退傾向が認められる。先土器新石器文化Bの遺跡は少ない。そのため、地域としてのまとまった編年はまだ提示されておらず、個々の遺跡の時期比定だけが行われている。

この地域の特徴は、「ナトゥーフ離れ」の遅れである。その一例が、先土器新石器文化B「前期」のホルバト＝ガリル Horvat Galil である。この遺跡では、イェリコ型・ビブロス型・アムク型の各種大型尖頭器に加えて、ヘルワン型尖頭器が残存している。レンガ造りの矩形遺構は部分的に確認されているが、農耕牧畜の痕跡はほとんど認められない。出土動物骨（ガゼル、ダマシカ、イノシシ）はすべて野生種であり、植物もマメ類とピスタチオ中心の採集経済であった。

先土器新石器文化B中期のナハル＝オーレン（図65 f）でも、同様の傾向がつづいている。この遺跡の先土器新石器文化Aではナトゥーフ的な要素（とくに単室の二峰性密集遺構群）が残存していたが、先土器新石器文化Bになってもやはり「ナトゥーフ離れ」は進んでいない。たとえば、地中海産のデンタリウム貝の利用がそうである。デンタリウム貝はナトゥーフ文化の装飾品としてさかんに利用された巻き貝であるが、ナハル・オーレンでは依然としてこれを多用している。また、出土動物相も相変わらずガゼル中心であり、ヒツジの導入はおろか、ヤギの家畜化も認められない。ナトゥーフ文化伝統の二粒系コムギの栽培だけが細々と行われていたようである。ただし、ナヴィフォーム型石核とそこから剥離された大型石刃へのシフトだけは、確実に認められる。なお、ヒツジは、ケファル＝ハホレシュ Kefar Hahoresh やアブ＝ゴシュ Abou Gosh でも導入されていない。これらの遺跡で認められるのは、ガゼル中心の（ただし家畜ヤギをともなう）移行期的な動物相である。こうした動向は、ヒツジ化が急速に進行していたレヴァント回廊の遺跡群とはまったく対照的である。ただし、これらの遺跡でもやはり、ナヴィフォーム型石核にもとづく各種の大型尖頭器類だけは導入されている。

シスヨルダンの新石器化には、つねにこうしたちぐはぐな感じがつきまとっている。豊かな自然条件に恵まれたこの地域では、ナトゥーフ文化的またはスルタン文化的な伝統が、根強く残っていたようである。つまり、定住的狩猟採集民によるガゼル猟および小規模園耕の伝統である。シスヨルダンのこうした特異な状況は、ユーフラテス中・上流域を起点とした農耕牧畜の拡散が決して一様ではなかったことを裏づけている。

なお、シスヨルダンで農耕牧畜化が本格的に進行しはじめたのは、次の段階になってからであった。地中海海岸部の海底遺跡であるアトリット＝ヤム Atlit Yam（海面下約8～12m、先土器新石器文化B後期末～先土器新石器文化C）では、井戸をともなう中型の集落（約6ha）が確認されている（図66）。これ以降、遺跡の数も回復し、遊牧化が進行していたトランスヨルダンを逆に上回るようになる。ヤルムーク文化、ロッド文化、ワディ＝ラバ文化とつづく土器新石器文化の流れについては、先述したとおりである。これらの文化（とくに後2者）の遺跡は圧倒的にシスヨルダンの側に集中しており、ナトゥーフ文化以来約3000年ぶりの活況を呈している。なお、ロッド文化の3遺跡（ニッザニム Nizzanim、ギヴァト＝ハパルサ Givat Haparsa、ヘルズリア Herzliya）で出土した小型尖頭器は、レヴァント南部の後期新石器文化の指標遺物となっている。

6　アナトリア高原

アナトリア高原の初期農耕集落は、サカリヤ河・クズル＝ウルマック河よりも南側の地域に集中している（図67）。これよりも北側の地域では、確実な事例はまだ知られていない。その理由としては、この地域が厚く森林に覆われていたこと、固有の細石器文化が農耕民の進出を阻んでいたことなどが指摘されているが、詳細は不明である。いずれにせよ、アナトリア高原の新石器化は、中央部（コンヤ平原）から南西部（ブルドゥール地方）へ、そこからさらに西北部（環マルマラ海地域）へと波及したと考えられる。

図67　アナトリア高原の遺跡分布図（Özdoǧan and Başgelen 1999を基に作成）

（1）　アナトリアの特殊事情

西アジアの終末期旧石器文化の後期は、ナトゥーフ文化・トリアレト文化・ザルジ文化の3つで構成されていた（第2章参照）。その後裔であるキアム文化・トリアレト（後期）文化・ムレファート文化は、相互にある程度接触があった。レヴァント、ジャズィーラ、ザグロスへの農耕牧畜の拡散は、そうした諸領域への拡散でもあった。

しかし、アナトリアの場合はやや事情が異なる。ユーフラテス上

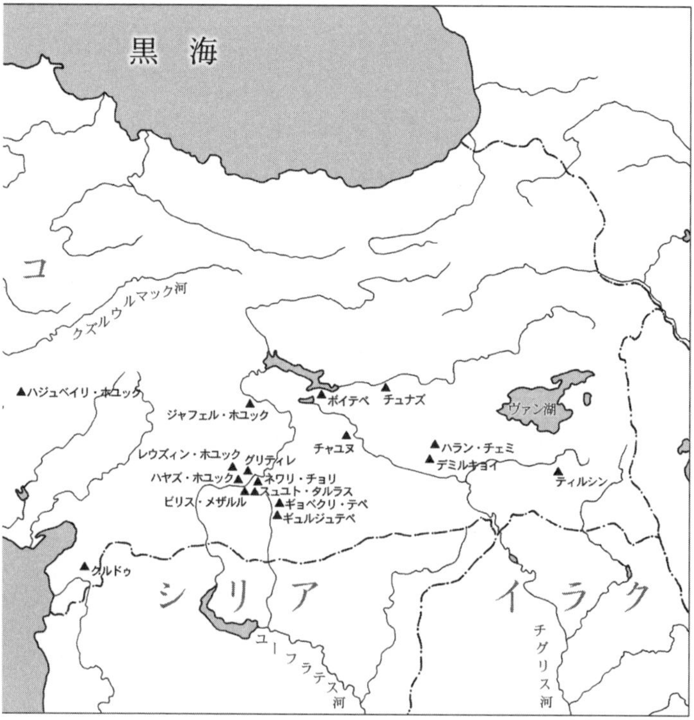

流域と高原中央部はトリアレト文化の分布域に含まれるが、それよりも西側はむしろ続グラベット文化の圏内であった。続グラベット文化はヨーロッパ世界の文化であり、トリアレト文化を除くほかの2つの文化とはほとんど接触がなかった。したがって、アナトリア、とくにその西半分への農耕牧畜の拡散とは、こうした新たな領域への拡散ということになる。当然、それは特殊な様相を帯びることになる。

（2） 高原中央部

高原中央部とは、コンヤ平原、テュズ湖盆地、カッパドキアの諸地域を指す。これらの地域の先土器新石器文化は、アシュクル＝ホユック Aşıklı Höyük やハジュベイリ＝ホユック Hacıbeyli Höyük などで確認されており、先土器新石器文化Bの中・後期に位置づけられている。しかし、この段階での農耕牧畜は不明確である。たとえばアシュクル＝ホユックの場合、栽培コムギ・オオムギ・レンズマメなどが確認されているが、その比率はきわめて低く、むしろ野生植物の採集が中心であったといわれている。また、ヤギやヒツジは依然として家畜化の途上にあったと考えられている。したがって、定住的な狩猟採集民が農耕牧畜をわずかに受容しはじめた段階といえるであろう。しかし、集落の規模は比較的大きく、たとえばアシュクル＝ホユックは面積約 4 ha×堆積層約13～15m に達している。そこでは、矩形単室遺構からなる密集型の集落が営まれていた（図68）。

この地域の新石器化の経緯は、まだよくわかっていない。地理的にもっとも近いのはキリキア平原であるが、ここではまだ先土器新石器文化Bの遺跡が知られていない。したがって、ユーフラテス上流域の遺跡群との関係が想定されるが、その中間には大きな地理的空白が残されている。そのため、両者の関係を具体的にたどることはできない。とはいえ、高原中央部における新石器化のタイミングや黒曜石製ナヴィフォーム型石核の存在などは、やはり高原東部からの拡散を暗示しているように思われる。

さて、これらの遺跡につづくのが、ムスラル Muslar、チャタル・ホユック Çatal Höyük、キョシュク＝ホユック Köşk Höyük などの土器新石器文化遺跡である。この段階になると、農耕牧畜の痕跡も明確になり、栽培コムギ・オオムギはむろんのこと、ヤギ・ヒツ

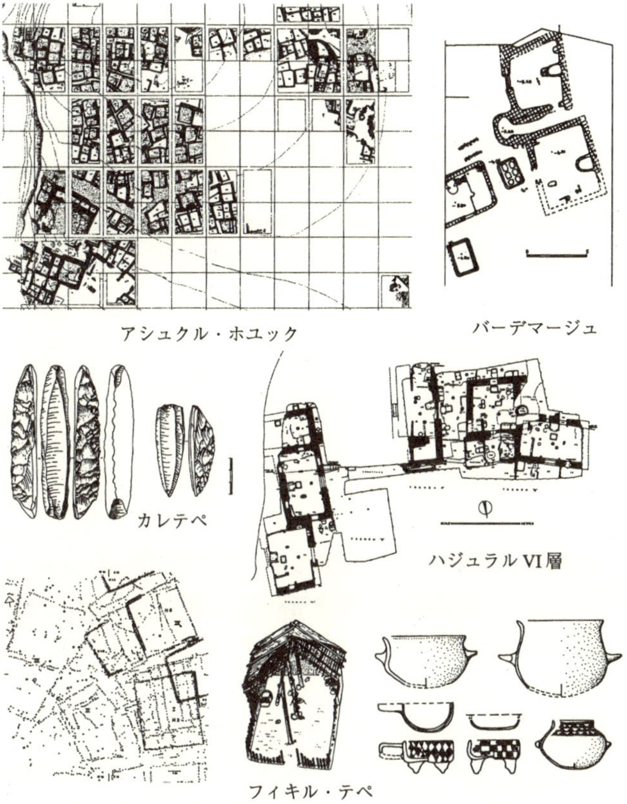

図68　アナトリア高原の初期農耕文化（Özdoğan and Başgelen 1999などより）

ジ・ウシ・ブタの四大家畜もほぼ出そろっている。これらの遺跡では、1）黒曜石を多用し、2）骨角器の発達した、3）ウシへの信仰の厚い、4）しかし祭祀遺構を一般密集住居に組み込んだ、5）（室内に段差が多く、竈をしばしば奥壁中央部分に設けた）単室矩形遺構を基本単位とする、6）中庭中心の密集・連結型集落が、営まれていた。高原西南部への拡散の起点となったのが、この時期の土器新石器文化である。

ところで、この地域は、ヴァン湖周辺の地域と並んで、西アジアにおける黒曜石の二大生産地のひとつであった。そのため、黒曜石の原材採掘・採集地や第一次加工址が多数確認されている。とくに、ギョッルー山周辺の露頭群(ボズキョイ Bozköy、 カユルル Kayırlı、キョミュルジュ Kömürcü、カレテペ Kaletepe など) では、大量の黒曜石原石や各種の石核、あるいは石核調整段階の各種剥片類などが出土している。なかでもカレテペでは組織的な調査が行われており、黒曜石の生産と交易に関する重要なデータが得られつつある。

(3) 高原西南部

ブルドゥール周辺の湖水地帯 (Lake District) とアンタリア平原とをあわせて、高原西南部と仮称する。この地域の先行文化としてはオキュズィニ洞窟 Okuzini に代表される幾何学形細石器の文化があるが、肝心の先土器新石器文化の遺跡はまだ確認されていない。したがって、この地域を含めたアナトリア高原西半部への拡散は、その東端に位置するスベルデ Suberde (別名、ギュリュリュクテペ Görülüktepe) の下層を除いて、すべて土器新石器文化段階での拡散ということになろう(なお、ハジュラルの先土器新石器文化層は、その後の再調査によって土器新石器文化であることが判明している)。

この地域の初期農耕牧畜文化は、東部のスベルデ、エルババ Erbaba、西部のバーデマージュ Bademağcı、ホユジェック Höyücek、クルチャイ Kuruçay、ハジュラルなどの集落遺跡によって代表される。前半は明色または黒色の無文磨研土器、後半は赤色の幾何学文彩文土器が、それぞれ指標となっている。前者はコンヤ平原の磨研土器との関係を示すが、後者は明らかにこの地域独自の要素である。

高原中央部と同様に、この地域でも、(奥壁中央部分に竈を設けた)単室の矩形遺構が集落中庭を囲んで密集・連結する、いかにもアナトリア的な集落が営まれている。これに周壁などがともなうこともあった（クルチャイ11層)。

この地域の初期農耕牧畜文化の起源については、独自起源説と高原中央部からの拡散説の2つがある。前者の根拠となっているのは、オキュズィニ洞窟・ベルディビ洞窟などに代表されるこの地域固有の中石器文化の存在と、バーデマージュ EN 6層（この地域最古の新石器文化）にみられる顕著な地域性である。しかし、先土器新石器文化を欠いた唐突な新石器化と、それに含まれる栽培植物・家畜動物の内容、あるいは遺構・集落の形態などを考慮すると、やはり高原中央部からの拡散と考えるのがもっとも妥当と思われる。

（4）　環マルマラ海域

この地域の新石器化の受け皿となった先行文化については、まだよくわかっていない。環黒海地域の中石器文化のひとつに、背付き細石刃と小型円形スクレイパーとを指標遺物とするアーチュル文化があるが、後述のフィキルテペ文化はその要素をほとんど継承していない。また、両者の中間に位置するはずの先土器新石器文化についても不明な点が多い。チャルジャ Çalca などの有力な候補はあるが、その詳細はまだ明らかになっていない。

この地域の確実な農耕牧畜文化は、土器新石器文化段階のフィキルテペ文化から始まる。標準遺跡のフィキルテペ Fikirtepe のほか、ウルプナル Ilıpınar、ペンディク Pendik、メンテシェ Menteşe、デミルジホユック Demircihöyük、ヤルンブルガズ Yarınburgaz などの遺跡がある。この文化の指標は、無文または刻線文・刺突文の暗色磨研土器である。ただし後半には、マルマラ海西側のホジャ゠チェシュメ Hoca Çeşme などの遺跡で、バルカン半島のセスクロ文化からの影響を示す白色彩文土器などが認められる。ウルプナルでは、コムギ・オオムギ・レンズマメ・ビターベッチ・アマなどの栽培作物や、ヤギ・ヒツジ・ブタ・ウシなどの家畜動物が検出されており、フィキルテペ文化が当初から混合農業をセットとして受容していたことがわかる。

しかし、フィキルテペ文化自体の起源はよくわかっていない。先述したように、この文化には先行諸文化の要素が希薄であり、一方ではまた、二次葬が行われていないこと（ウルプナル下層）、当初は木造家屋が造られていること（同上）、尖頭器がほとんど欠如していること、などの点で、アナトリア高原の諸文化とも異質と考えられるからである。しかし、農耕牧畜の内容自体はアナトリア高原西南部と類似しており、拡散のおおよその方向を暗示しているように思われる。（室内に竈を備えた）単室矩形遺構からなる密集・連結型集落の形成、方形四脚土器の重用、縦長の有孔把手類の頻出、スプーンなどの小型骨角器の多用などの点でも、両者の関係を認めることができる。

7　拡散の現場

西アジア世界における農耕牧畜の拡散過程について述べてきた。ここでは、拡散という現象自体にともなう問題について検討してみよう。

（1）　拡散のタイミング

西アジア各地における農耕牧畜化のタイミングは、さまざまであった。ユーフラテス中・上流域を起点とする拡散というからには、そこからの距離に応じて時期が下ることが予想されたが、実態はかならずしもそうではなかった。ここで、新石器化のタイミングとその範囲について整理しておこう。

前期における新石器化（ただしこの場合は農耕のみ）は、レヴァント回廊の遺跡群だけに認められた。これは、先土器新石器文化A（スルタン文化、アスワド文化、ムレイビット文化）における「狩猟採集民の農耕」をベースにした新石器化にほかならない。ジャズィーラにおけるわずかな新石器化の兆候も、これに先行するネムリク文化との関係で理解することができよう。したがって問題は、レヴァント回廊以外の地域における新石器化の進行開始時期である。

現在のデータに見るかぎり、レヴァント回廊以外の地域で新石器化が確実に進行しはじめたのは、先土器新石器文化Bの後期からである。この時期に大規模な拡散が進行したことは、間違いない。このときの拡散は、東はザグロス山麓南端から西はアナトリア高原中央部、南はシナイ・ネゲブ地方にまで及んでいる。しかし、細かくみると、中期にも拡散の痕跡は散見された。たとえばザグロス山麓南部のギャンジ＝ダレやアリ＝コシュなどがそうである。アナトリア中央部のアシュクル＝ホユックにも、その可能性があった。これらの事実をどう考えるかが、当面の課題である。

これは、ひとつには編年の問題であろう。ユーフラテス中・上流域と各地域との間には、依然として大きな地理的空白が残っている。たとえば、ジャズィーラとの間には約500km、アナトリア高原中央部との間には約400km、レヴァント中部との間ですら約300kmの地理的空白がある。したがって、地域間の編年はかならずしも確立していない。ある地域の「中期」がユーフラテス中・上流域でいう中期に本当に対応しているかどうかは、今後慎重に再検討する必要があろう。

ただし、別の見方も可能である。中期段階での痕跡は、やはり西アジア各地における農耕牧畜の独自起源の可能性を示唆しているのかもしれない。おのおのの地域で定住的狩猟採集民の文化が成立していたとすれば、なおさらであろう。スルタン文化がまさにそうであったように、西アジア各地で「狩猟採集民の農耕」が独自に始まった可能性は否定できない。中期段階における新石器化の兆候は、それを示しているのであろう。ただし、ここで重要なのは、たとえそうした先行形態があったにせよ、最終的にその地域を覆ったのはユーフラテス中・上流域起源の混合農業であった、という点である。そのタイミングは、やはり先土器新石器文化Bの後期、またはやや遅れて土器新石器文化の初頭であったと考えられる。

（2） 先行文化との関係

拡散の時期および範囲を左右したのが、拡散先における先行文化の内容である。先述したように、先土器新石器文化B前・中期までの拡散は、レヴァント回廊部分にほぼ限定されていた。これは、明らかに定住的狩猟農耕社会の内部における拡散である。一方、先土器新石器文化B後期における拡散は、東はザグロス山麓から、西はアナトリア高原中央部までの範囲に及んでいた。これは、おそらく定住的狩猟採集民の社会（具体的には、ネムリク文化、ムレファート文化、トリアレト文化の一部）をベースにした拡散といえるであろう。

この範囲を超えての拡散はやや遅れ、土器新石器文化の段階になってから進行したようである。このときに新石器化したのが、東はイラン高原以東（ただしパキスタンのメヘルガル遺跡だけはそれよりも早い可能性が高い）、西はアナトリア高原の西半、南はシナイ・ネゲブ以南（エジプトを含む）の諸地域である。この場合は、遊動的狩猟採集民（または上記3者とは異質の定住的狩猟採集民）の社会への拡散であったと考えられる。たとえば、アナトリア高原の西南部以西の地域では、続グラベット文化系統の遊動的狩猟採集民が（しばしば水産資源に力点を置きながら）分布していたと考えられる。一方、シナイ・ネゲブ地方は、明らかにアイベックス狩猟民の領域であった。イラン高原の場合は、人口自体が希薄であった可能性も指摘されている（堀 1995）。

このように、拡散の先々にあった社会のあり方が拡散自体の速度と範囲に深く関わっていたと考えられる。東方・南方への拡散にくらべて、北方・西方への拡散の動きがやや鈍かったのも、ひとつにはそのためであろう。

（3）「先土器」か「無土器」か

西アジア世界への拡散は、先土器新石器文化または土器新石器文化の段階で進行した。しかし、土器をともなわない新石器文化遺跡にも、「先土器」と「無土器」の2つがある。前者は、土器出現以前の新石器文化遺跡である。後者は、当該地域のなかでその遺跡のみがなんらかの理由で土器を欠いているという意味での、「無土器」新石器文化遺跡である。等しく土器をともなわない遺跡といっても、この2つはまったく意味が異なる。

農耕牧畜の伝播・拡散を扱う際に直面するのが、この問題である。たとえば、冒頭で紹介したテペ゠グーランの下層は、本当に「先土器」新石器文化なのであろうか。移牧のための冬営地に、（その母胎となる集落ではすでに用いられていた）土器がもち込まれなかっただけではないのか。上層になって土器が出現したのは、たんに集落が分村・移村してきたからとも考えられるのである。その場合、下層はたんなる「無土器」新石器文化であって、本来の「先土器」

新石器文化とはいえないはずである。しかし、そのように断言するだけの確証もないので、当面は「先土器」新石器文化としておくほかあるまい。

しかし、このような事例が累積すると、農耕牧畜の伝播・拡散は、土器新石器文化遺跡から先土器新石器文化遺跡へ、そしてその遺跡が土器新石器文化に転じてからふたたびその先の先土器新石器文化遺跡へ、という奇妙な図式ができ上がる。むろん、先々の狩猟採集民が農耕牧畜を受容していく過程では、そのような事態も起こり得たに違いない。しかし、「冬営地・夏営地の集落化」という局面も想定しておかねばなるまい。農耕と牧畜がセットで拡散し、しかも牧畜の比重が比較的高かった西アジアの場合、とくにその可能性がある。

逆に、土器だけが先に受容されることもあったに違いない。この場合、土器「旧石器文化」の遺跡がしばらくして土器「新石器文化」となり、それがまた土器「旧石器文化」遺跡へと連なっていく、という図式になる。たとえば中央アジア以東の地域やスカンジナビア半島への拡散がそうである（第8章参照）。

この2つの問題を同時に抱えることもあり得る。ふたたびテペ゠グーランの下層を例に述べてみよう。そこではさいわいにも家畜ヤギが多数消費されたので、新石器文化に同定できた。しかし、仮にその場所で狩猟動物だけが消費された場合は、どういう判断がなされたであろうか。おそらく、「（土器以前の）狩猟採集民のキャンプ地」と見なされたに違いない（家畜はそう頻繁には消費されないので、こうした事態は実際に起こり得る）。この場合、冬営地に集落が分村・移村してきた時期が、狩猟採集経済から農耕牧畜経済への転換期、言い換えれば伝播・拡散のタイミングと判断されるであろう。しかも、土器をもたない狩猟採集社会から、土器をもった農耕牧畜社会へのシフトという図式で理解されるに違いない。

拡散の先々には、つねにこうした厄介なトリックが待ちかまえている。それを正しく見破ったときに、はじめて、農耕牧畜が広がっていく様を生き生きと記述することができるのであろうが、現在の研究はまだその段階には達していない。

8　農耕と牧畜の西アジア

紀元前6500～5500年頃までに、西アジア世界の大半が農耕牧畜化した。これによって成立したのが、混合農業社会である。ここでは、伝播・拡散の経緯ではなく、その結果の方を考えてみよう。

（1）　混合農業社会の多様性

西アジアの新石器化とは、定住的または遊動的狩猟採集社会から固定的混合農業社会へのシフト、ということである。混合とは、この場合、コムギ・オオムギ・マメ類などの作物栽培と、ヒツジ・ヤギ・ウシ・ブタなどの家畜飼養の組み合わせをいう。これに、さまざまな油脂植物・繊維植物・果実類・野菜類・薬草類・香草類、そして（魚類・鳥類を含む）各種の狩猟動物が加わったのが、混合農業の中身であった。そしてそれを営んでいたのが、面積数ha、人口約100～500人程度の固定的な集落であった。

しかし、農耕牧畜の形態はかならずしも一様ではなかった。たとえばテペ＝グーランは、ザグロス山麓における、おそらくはトランスヒューマンス（垂直方向の移牧）をともなった、小規模天水農耕の一例であった。一方、メソポタミア沖積地で展開したのは、ヤギやヒツジではなく、むしろブタや各種の水産資源に力点を置いた定農定牧型の大規模灌漑農耕であった。レヴァント南部においては、

（スルタン文化の伝統を継承した）台地上での低湿地小規模園耕が残存していた。一方、アナトリア高原では、ウシやブタに力点を置く特異な初期農耕が認められた。このほか、内陸部ステップ地帯では、水平方向のヒツジ遊牧と、ワディ氾濫原やサブハ（涸れ湖）などを利用した楽観的小規模園耕が営まれていた（第7章参照）。このように考えてみると、レヴァント北部に典型的な丘陵部粗放天水農耕をダイレクトに受容した地域は、ジャズィーラなどの隣接地域にかぎられていたといってもよかろう。

西アジアの新石器化は、低湿地の小規模園耕から丘陵部の粗放天水農耕へ、そこからさらに沖積地の灌漑農耕へ、という図式で語られることが多い。しかし、これは移動する中心域を追った場合の通時的変遷にすぎない。この3つの農業形態は、実際には、環境に応じて併存するシステムでもあった（図42）。したがって、先土器新石器文化B後期の西アジア社会が、丘陵部の粗放天水農耕一色に塗りつぶされたわけではない。ましてや、土器新石器文化以後の西アジア社会が、大河川流域の灌漑農業だけに収束したわけでもない。西アジアの多様な自然・人文環境は、つねにそうした斉一化を阻みつづけたのである。

（2） 土器の出現

最後に、西アジアにおける土器出現の経緯について簡単に述べておこう。本章の各所で述べたように、西アジアで土器（焼成粘土の容器）が本格的に生産されはじめたのは、紀元前6000年頃のことであった。

西アジア最古の土器群には、すくなくとも3つのグループがあったといわれている（Aurenche and Kozlowski 1999、Le Mière and Picon 1999）。ユーフラテス・バリーフ河以西のプレ＝ハラフ系土

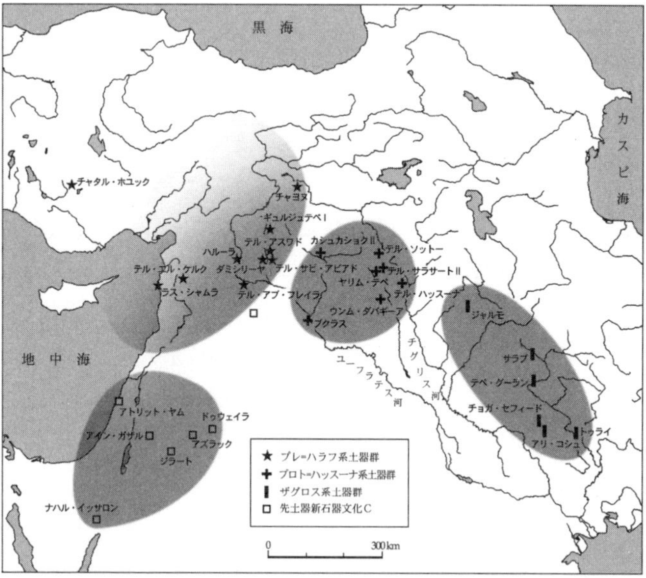

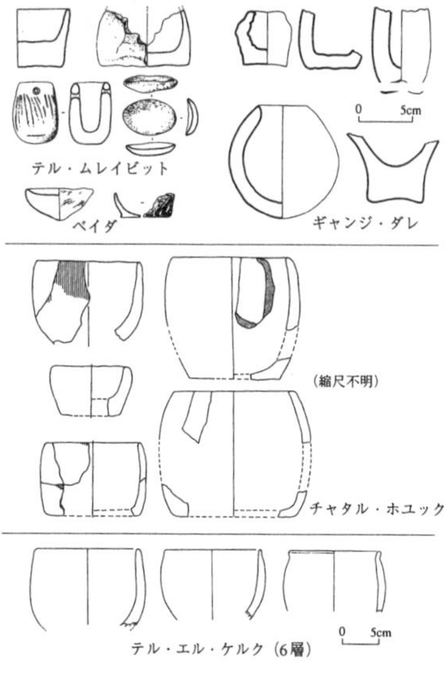

図69　土器新石器文化の遺跡（上）と土器（下）（Aurenche and Kozlowski 1999，Le Mière and Picon 1999，三宅 1995などより）

器群、ジャズィーラを中心に分布するプロト＝ハッスーナ系土器群、ザグロス山麓に特徴的なザグロス系土器群、の３つである（図69）。それぞれの分布域は、土器新石器文化に先行する３つの文化圏（ユーフラテス中

・上流域の先土器新石器文化B、ネムリク文化、ムレファート文化）とほぼ対応している。さらにさかのぼっていうと、プレ＝ハラフ系の土器群は、ナトゥーフ後期文化・キアム文化・ムレイビット文化とつづく一連の文化の重複地域に、他の2つの土器群はザルジ文化の分布圏に、おおよそ重なっている。こうした永い伝統の差が、土器製作技法の東西差となって表れているのであろう。バリーフ河以西の地域は、鉱物質の混和材をおもに用いた、比較的高温焼成の暗色磨研土器の文化圏であり、一方、ハブール河以東の地域は、植物質の混和材を多用する、比較的低温焼成の明色系粗製土器の文化圏となっている。施文の方法についても、同様の東西差が認められる。前者の土器群では磨研・刺突文・押圧文などが、後者の土器群では彩文・貼付文・刻線文などが、それぞれ多用されている。

一方、同時代のレヴァント南部では、先土器新石器文化Cが継続していた。この地域に最古の土器（ヤルムーク式土器）が現れたのは、上記の3群よりも約300〜500年後のことであった。等しく混合農業の拡散した西アジア社会のなかで、なぜこの地域においてのみ土器の出現が遅れたのか。その理由は不明であるが、この時期に遊牧化が進行していたことがひとつの原因であろう。

いずれにせよ、西アジアにおける土器の生産は上記の3系統から始まったわけである。後のレヴァント南部を加えれば、4系統である。このほかにも、たとえばアナトリア高原のチャタル＝ホユック、チグリス最上流域のチャユヌ、キプロス島のヒロキティアなどの土器を、それぞれ別系統とみなすことができよう。したがって、ユーフラテス中・上流域の土器が、農耕牧畜の拡散とともに一元的に広まったわけではない。西アジアの土器生産は、先土器新石器文化B中・後期における農耕牧畜の拡散からわずかに遅れて、各地の文化伝統のなかでそれぞれ独立して始まったと考えられる。

粘土の利用（ピゼ、レンガ、偶像類）、混和材の使用（同上）、固形容器の製作（プラスター容器、石製容器）、無機物の焼成（粘土・石灰・石膏・フリントの熱処理）、竈の構築（パン焼き竈）など、土器製作にかかわる基本的技術は、先土器新石器文化の段階ですでに出そろっていた（三宅 1995、Le Mière and Picon 1999）。土器の出現はそれらの総合にすぎないが、集落の固定化や貯蔵量の増加などに裏づけられた現象という意味で、やはり重要であろう。

9　まとめ

先土器新石器文化Bの後期から土器新石器文化の初頭にかけて、西アジア社会の大半が農耕牧畜化した。その本源となったのが、中・後期のユーフラテス中・上流域で成立した混合農業である。これによって、都市文明の母胎となる農業社会が形成された。ただし、新石器化の経緯や内容は、地域によってさまざまであった。その違いが、後に進行する都市化の過程を多様なものにしたのである。

コラム６

ムギの値段、ヒツジの値段

西アジア古代社会の王侯・貴族たちの富の源泉は、どこにあったのだろうか。ムギだったのだろうか、それともヒツジだったのだろうか。

ヨルダンの田舎町で、ムギとヒツジの値段を調べてみた。品質にもよるが、小麦粉１袋（50kg）とヒツジ１頭が、ほぼ同額である（約5,000〜10,000円）。したがって、ヒツジ１頭を買うと、標準的な家族がほぼ１カ月食べる量の小麦粉を失うことになるわけだ。そんなに高いのなら、いっそニワトリで我慢してみてはどうかと思うのだが、そうはいかないらしい。数十万年もの間、ガゼルを食べてきた彼らにとって、今に残る唯一の代用品がヒツジなのである。なるほど、ヒツジの値段が高いわけである。

ただし、古代社会においてもヒツジがムギよりも高価であったとはかぎらない。そもそも、価格決定のシステム自体が異なっていたからである。しかし、ヒツジの価値がムギにくらべて相対的に高かったことは、各種の資料からうかがうことができる。たとえばウルク出土の「ワルカの壺」（紀元前3000年頃）では、イナンナ神の下に人間、人間の下に家畜、家畜の下に穀物、穀物の下に水の流れが表されている。これは、天界から大地までの秩序の表現であろう。そのなかで、家畜は穀物の上位に位置づけられている。この壺だけではない。たとえば彩文土器の文様についても、家畜の表現は多いが、穀物の表現はごく希である。また、家畜に似た神はあっても、穀物に似た神は創造されていない。穀物に関しては、地母神や太陽神など、それを育む自然の方が神格化されるのが一般的であった。

ワルカの壺（Frankfort 1954より）

メソポタミア文明は、チグリス・ユーフラテス両河を母胎とする灌漑文明とよくいわれる。そのとき、われわれが想像するのは延々とつづくムギ畑であり、土地・租税・労働などを介した農民支配の構造である。しかしその一方に、土地という生産手段を直接には介さない、家畜の委託契約にもとづく遊牧民的な支配構造があったことを忘れてはならない（谷 1997）。しかも、後者こそが支配者の富の文脈として、より強く意識されていた可能性が高いのである。

シュメールやアッカドの粘土板文書には、家畜の餌としてオオムギを支給したことが、しばしば記録されている。どことなく違和感を感じてしまうのはわれわれ農耕民の側の感覚であって、彼らにしてみれば当然のことだったのかもしれない。

第7章　遊牧の西アジア

—先土器新石器文化B後期～土器新石器文化前半—

農耕と牧畜の西アジアに後続かつ隣接して、もうひとつの次元が創設された。それが、遊牧の西アジアである。本章では、都市・農村世界と対峙するバーディア（ベドゥインの大地）の形成過程を追跡してみよう。

1　遺跡研究：カア＝アブ＝トレイハ西

カア＝アブ＝トレイハ西遺跡 Qa' Abu Tulayha West は、ヨルダン南部に位置する、後期新石器時代から前期青銅器時代にかけての初期遊牧民遺跡である。1997年から、筆者らが発掘調査している。第4層および第3層の遺構・遺物から、この地域における遊牧的適応の進行状況をうかがうことができる（藤井 2001、Fujii 2000、2001a）。

第4層（後期新石器時代）では、矩形遺構が横方向に連結して、3つの遺構列を形成している（図70、71a）。ただし、これらの矩形遺構は実際の居住をともなわない「擬住居」であり、建築上の本体は各ユニットの南西隅につくられたケルン墓にあると考えられる。というのも、これらの矩形遺構には居住の痕跡がまったく認められないからである。遺物は極端に少なく、わずか数点の剥片石器が出土しただけである。炉址すらも希である。その他、土器片や動物骨など、生活の痕跡はおよそ皆無である。

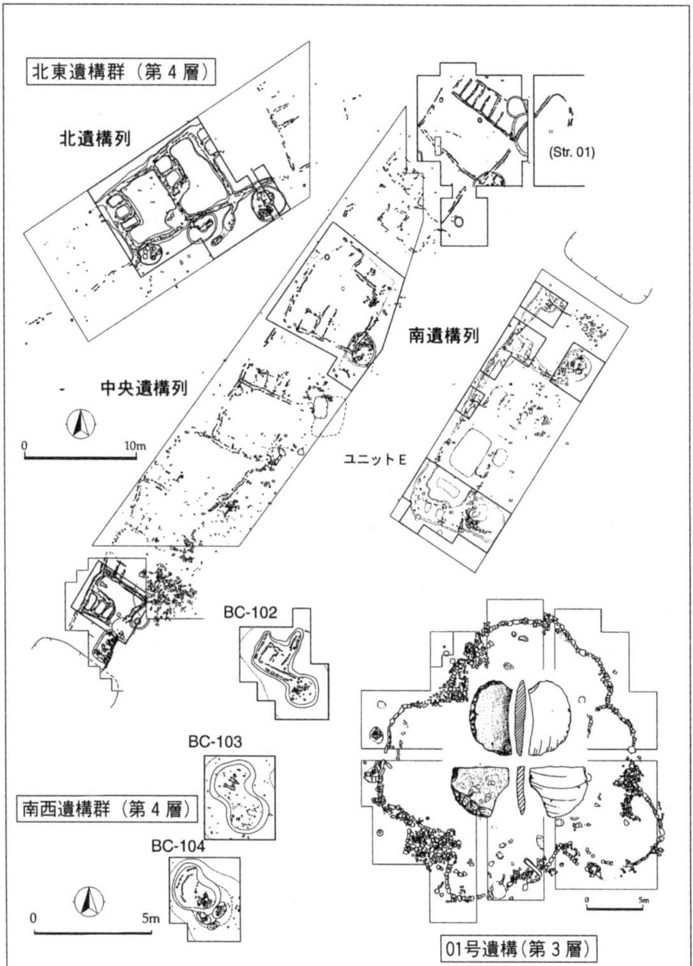

図70　カア＝アブ＝トレイハ西遺跡の「擬集落」（Fujii 2001a, bより）

a．第４層の「擬集落」

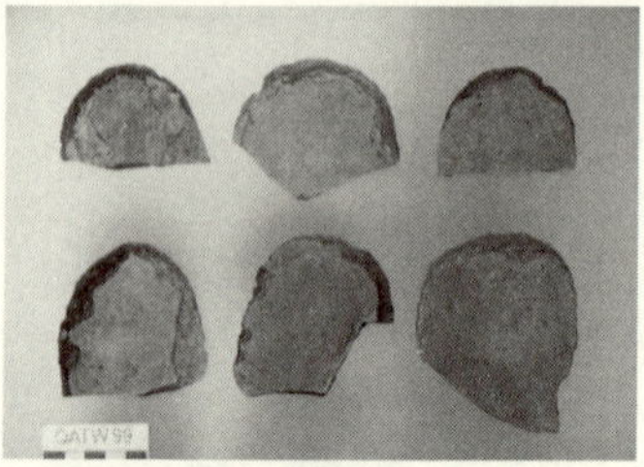

b．第３層出土の板状スクレイパー

図71　カア＝アブ＝トレイハ西遺跡（筆者撮影）

第４層の矩形遺構がケルン墓に付帯する「擬住居」であることは、ケルン墓の型式的な変遷を追跡することによって再確認できる。この遺構列は北東から南西に向かって展開したことがわかっているが、問題は南遺構列の南西端のユニットＥである。このユニットでは、ケルン墓＋擬住居という原則が崩れはじめ、南西側の壁面Ｅ'だけを再構築して、北東側の擬住居Ｅに組み込んでいる（したがって前者は擬住居ではなく、むしろ「擬壁」といわねばならない）。これが独立したのが、南西遺構群における擬壁墳墓群である（口絵参照）。このような簡略化が進行し得たのも、矩形遺構自体が実際の居住をともなわない擬住居であったからにほかならない。

第４層の矩形遺構群は、一見すると縦長の集落のようにみえる。しかし、それはケルン墓にともなう擬住居の累積像にすぎない。これが、筆者のいう「擬集落仮説 Pseudo-settlement　Hypothesis」である（Fujii 2001b）。ところが、ケルン墓の方も、遺骨や副葬品をいっさいともなわない象徴的な墓（空墓、セノタフ）である。したがって、第４層の擬集落は、沙漠の聖地に代々営まれた遊牧民部族長（シェイク）の象徴的な墓域ではないかと思われる。

ところで、第４層の後半に成立した擬壁とケルン墓の組み合わせは、次の第３層（前期青銅器時代）にも継承されている。ただしこの場合は、半円形の擬壁を環状に連ねていくという、新たな方式が採用されている。しかし、擬壁の端にケルン墓をつくり、その隣に新たな擬壁をつくって次々に連結していくという基本的な原理に変わりはない。

なお第3層では、銅石器時代から前期青銅器時代にかけての標準遺物である板状スクレイパー（tabular scraper）と、それに関連した石核・剥片類が多量に出土している（図71b)。この板状スクレイパーは、一説には、羊毛刈り用の石器といわれている。というのも、1)この石器は、主としてステップの小型遺跡から出土する(したがって、ステップの生業に関係が深いと思われる)、2）一方、都市・農村遺跡では完成品のみがわずかに出土し、製作工程を示す石核・剥片類は出土しない（したがって、製作の主体もステップの遊牧民と考えられる)、3）通常の石器ならば最初に除去されるはずの原石面が、(おそらくは羊毛刈りの際の滑り止めとして）かならず保存されている、4）石器製作全般が大きく後退するなかで、都市・農村部の鎌刃とステップの板状スクレイパーだけが高度な技術で量産されつづけている（したがって、それぞれの生業にもっとも密着した石器だけが残ったと考えられる)、からである。したがって、第3層では環状の擬集落墓が営まれると同時に、羊毛刈り用の石器が量産されたことになろう。ともに、遊牧民の生活を彷彿とさせる資料である。

なお、アル＝ジャフル盆地の分布調査では、先土器新石器文化以前の遺跡はまだ確認されていない。年間平均降水量が50mmにも満たない極度の乾燥地帯であるから、農耕はおろか、狩猟採集すらおぼつかなかったものと思われる。その乾燥域に突如として現れた擬集落こそは、まさに初期遊牧文化成立の証といえるであろう。

2　遊牧的適応の「いつ」「どこで」

農耕と牧畜の西アジアの「いつ」「どこで」、遊牧的適応が派生しはじめたのか。ここでは、比較的データのそろっているレヴァント地方を例に検討してみよう。

（1）　ヒツジ南進モデル

レヴァント南部の定住農耕集落に家畜ヒツジが浸透する経緯については、デュコスらの「ヒツジ南進モデル」がある（図72）。これを参照しながら、ヒツジ南下の経緯をたどってみよう（Ducos 1993、藤井 1996、1998）。

ユーフラテス中・上流域で家畜ヒツジが成立したのは、テル＝アブ＝フレイラの2B期（先土器新石器文化B中期末～後期初頭）の時期と考えられる（第5、6章参照）。ここから家畜ヒツジの南進が始まったわけであるが、約300km南方のダマスカス盆地では、テル＝ゴライフェII層（先土器新石器文化B後期中頃）の段階でヒツジの急増が認められる。さらに南方のパレスチナでは、先土器新石器文化後期の諸遺跡（たとえばヨルダン渓谷のベサムン、ヨルダン台地のアイン＝ガザルやバスタなど）で、はじめてヒツジが現れている（レヴァント南部ではもともとヒツジが生息していなかったと考えられているので、ヒツジの出現自体が家畜ヒツジの導入を意味している）。これらの遺跡のC14年代の比較によれば、レヴァント南部のヒツジ化は、拡散の起点または中継点となったユーフラテス中・上流域のヒツジ化にくらべて、約200～300年遅れて進行したことになる。これが、家畜ヒツジの南進モデルである。

ここで注意したいのは、家畜ヒツジの南進が地中海性気候帯の中

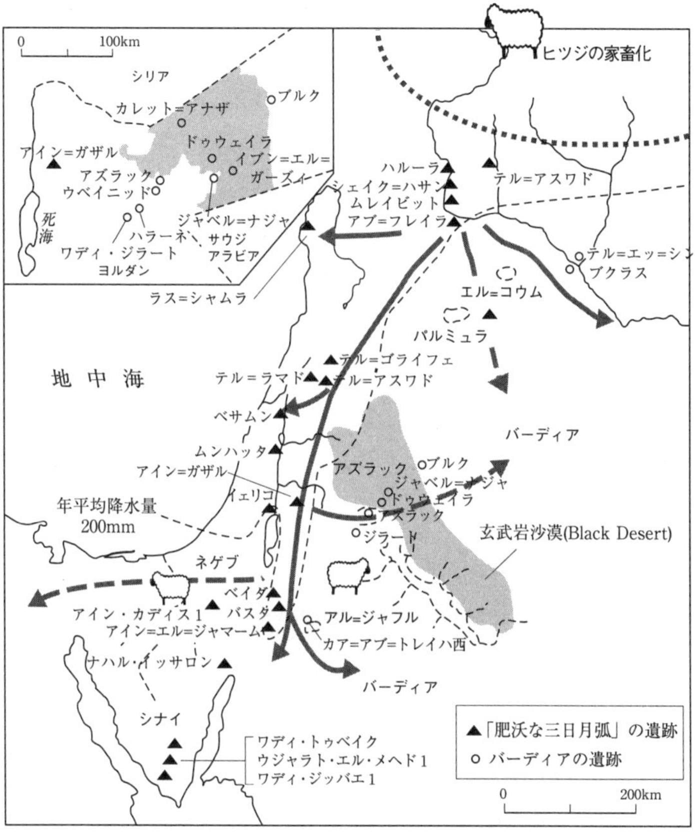

図72　ヒツジ南進モデル（藤井 1998より）

心域ではなく、それよりもやや東側のステップ寄りのルートを通過した、という点である。南進の起点となったユーフラテス中・上流域と類似するステップ的な環境が選択されたためと考えられるが、このことがただちに遊牧的適応の始まりを意味するわけではない。というのも、このルートは、ヒツジ拡散の受け皿となる先土器新石器文化B後期の定住農耕集落を結ぶルートにほかならないからである。したがって、この時期における家畜ヒツジの南進は、基本的には集落から集落への、おそらくは日帰りまたは短期的放牧を介した波及であって、ステップ本来の遊牧化とは異なっていたと考えられる。事実、ステップ地帯の中央部に家畜ヒツジが出現しはじめるのは、次の時期（レヴァント北部では先土器新石器文化B晩期、同南部では先土器新石器文化Cまたは後期新石器文化）になってからである。この時期に、ステップのヒツジ化が進行しはじめたと考えられる。内陸部ステップ地帯のヒツジ化を、ふたたび北から順にたどってみよう。

（2） エル＝コウム盆地

エル＝コウム盆地は、ユーフラテス渓谷とパルミュラ盆地との中間に位置する小規模な盆地であり、年間降水量約150mmのやや恵まれた乾燥域である。この盆地ではナトゥーフ文化の後に長期の空白があり、先土器新石器文化Bの晩期（レヴァント南部の先土器新石器文化Cに併行）になって、居住が再開している。遊牧的適応の痕跡が認められるのが、この時期である。

この時期の遺跡は、2つのタイプに分類されている。クディールⅠQdeir Ⅰとウンム＝エッ＝トレルUmm el-Tlelは、遺跡自体の規模が小さく、遺構もほとんどともなっていないため、短期のキャンプであったと考えられている。これに対して、エル＝コウム2el-Kowm 2は、小型のテル（面積約0.5ha×堆積層約4m）を形成しており、しかも日干しレンガ造りの矩形複室遺構や栽培コムギ・オオムギなどを出土しているので、定住農耕集落であったと考えられている。両者のこうした性格の違いは、出土動物相にも表れている。前者ではヒツジが圧倒的に多く、しかもそのサイズはやや大型である。これに対して、後者ではヒツジがやや少ないが、そのサイズは家畜レベルにまで十分小型化している。

以上のことから、この盆地では、ヒツジの家畜化を完成させた定住農耕牧畜民と、その途上にあった遊牧民とが季節的に併存していたのではないかと考えられている（Helmer 1992)。後者は、まさに遊牧的適応の初期段階にあったということができよう。ただし、遊牧民こそ完全な家畜ヒツジをともなっていたはずだとも考えられるので、上記の解釈には再検討の余地がある。また、これらの遺跡間に微妙な時期差があるとすれば、牧畜民の冬営地または夏営地（クディールやウンム＝エツ＝トレル）から徐々に定住農耕牧畜集落（エル＝コウム2）が成立したと見なすことも可能であろう。

（3）　パルミュラ盆地

パルミュラ盆地では、2つの先土器新石器文化遺跡が表採調査されている。そのうちのひとつ、パルミュラ79号遺跡 Palmyra 79は先土器新石器文化B晩期の典型的なビュラン・サイトであり、凹型截断面上彫器を中心とする特異な石器組成や、山稜鞍部への立地などの特徴が認められる（図77)。後述するように、ビュラン・サイトがヒツジ遊牧民の見張り場所であるとすれば、この盆地にも遊牧的適応の初期の波が及んでいたことになろう。

一方、旧パルミュラ湖湖岸に立地するタニエット＝ウケール Tanniyet Wuker は、これとはやや性質が異なる（Fujii *et al*. 1987)。ナヴィフォーム型石核や石核調整剥片のみならず、尖頭器や穿孔器などを含む比較的広範な石器組成がみられるので、この遺跡は短期的な石器製作址であったと考えられる（ただし、表採遺物全体がひとつのまとまりを形成していたかどうかの問題は残るが)。この点で重要なのが、パルミュラ盆地のフリント露頭群である。盆地北部には良質のフリントを産出する露頭群があるが、この盆地内では先土器新石器文化Bの集落遺跡はまだ確認されていない。したがって、この露頭は、石材調達集団の遠征を通して利用されていたことになろう（Nishiaki 2000）。この遠征は、先土器新石器文化Bの中期までは狩猟をかねていたに違いない。しかし、すくなくとも晩期からはヒツジ遊牧をもかねていたと思われる。

（4） トランスヨルダン

トランスヨルダンのステップ・沙漠地帯は、バーディアの本拠地でもある。スルタン文化の分布圏に近いこの地域では、農耕の痕跡の方が先に認められる。たとえば、アズラック盆地南西の先土器新石器文化B前・中期の遺跡ジラート7 Jilat 7では、栽培コムギ・オオムギや各種のマメ類が、その野生種とともに出土している（表5）。むろん、他地域からの運搬・交易品であった可能性も否定できないが、この遺跡では炭化種子のみならず穂軸なども出土しているので、実際に栽培が行われていたと考えられている（Garrard *et al.* 1996）。耕作の形態としては、現在のベドゥインが行っているような降雨任せの楽観的農耕（oppotunistic agriculture）が想定されている。このほか、ジラート13 Jilat13やアズラック31 Azraq31などでも栽培作物が出土しているが、これは先土器新石器文化B後期の拡散にともなうものかもしれない。

図73 ワディ＝ジラート（ヨルダン、筆者撮影）

この地域におけるヒツジ化の過程は、出土動物骨の比率の変化に表れている

表5　トランスヨルダンの遺跡出土植物相（Garrard *et al*. 1996より）

時期・遺跡		PPNB				後期新石器
		（前期）	（中期）	（後期）		
	（部位）	ジラート7	ジラート7	アズラック31	ドゥウェイラ	ジラート13
穀物						
野生一粒系コムギ	穎果		●		●	●
栽培一粒系コムギ	穎果	●	●			●
栽培二粒系コムギ	穎果		●			●
コムギ	わら		●			●
野生オオムギ	穎果	●	●		●	●
栽培オオムギ	わら	●	●			●
栽培オオムギ	穎果	●	●	●		●
栽培裸性オオムギ	わら	●	●	●		●
茎（節部分）						●
茎（下部断片）		●	●			●
		●	●			●
マメ類						
レンズマメ			●			●
cf. Cicer so.			●			
ソラマメ			●			
ソラマメ/レンリソウ		●	●			●
マメ科（不明）		●	●			●

（表6）。先土器新石器文化B以前の遺跡では、ガゼルまたはウマ科の動物（多くはアジアノロバ）が圧倒的多数を占めているのに対して、先土器新石器文化C以後の遺跡では、突如としてヤギ・ヒツジが現れ、しかも当初から比較的高い比率を示している。その上、群れの構成ははじめからヒツジ主導型になっている（藤井 1998)。これらの事実は、遊牧的適応の始まりを強く示唆している。

このことは、遺跡分布の変化にも表れている。先土器新石器文化Bまでの遺跡が内陸部乾燥地帯中央の（水利条件にやや恵まれた）玄武岩地帯に集中していたのに対して、後期新石器文化以後の遺跡のなかにはステップの内奥に位置するものが現れている。また、この時期の遺跡では、石垣による家畜の「囲い」（たとえば、ドゥウェイラ Dhuweila、カア＝メジャラ Qa' Mejalla）や、ワディ底また

表6　トランスヨルダンの遺跡出土動物相（Martin 1994，Garrard *et al*. 1996より）

	ヒツジ・ヤギ	ガゼル	ウマ科	ウシ	イノシシ	ラクダ	ウサギ	食肉目	鳥類	カメ	合計
終末期旧石器											
ハラーネ4		88.4	6.6	0.2			1.9	2.7	0.2	x	4,351
ウベイニッド18	0.2	83.2	14.1	1.0		0.2	1.0	0.2	0.2	x	518
ジラート6		85.7	9.0	0.3	0.2		2.4	0.9	1.5	x	2,726
ジラート22	0.1	64.7	18.4				3.5	4.2	9.1	x	1,330
アズラック18		23.6	37.2	36.6			0.4	0.8	1.2		246
カレット・アナザ	59.4	21.9	6.3				9.4	3.1			32
先土器新石器文化B前・中期											
ジラート7		54.9		0.1			36.3	7.9	0.8	x	1,563
ジラート32		3.7					94.4	2.8			107
先土器新石器文化B後期											
アズラック31（下層）	3.6	39.3	25.0	21.4			10.7				56
ドゥウェイラ（下層）	0.2	96.6	1.1				1.4	0.6	0.1		2,693
後期新石器文化											
ジラート25	**71.2**	6.2					19.2	2.1	1.4	x	146
ジラート13	**27.3**	24.9	0.2	0.2			33.8	10.4	3.4	x	2,973
アズラック31（下層）	**19.3**	52.3	5.6				10.3	3.4	9.1	x	409
ドゥウェイラ（上層）	**0.5**	96.7	0.7				1.7	0.3	0.2	x	8,192
ブルク	**54.7**	9.0	11.9				20.9	3.5			201

は丘陵鞍部などを利用した貯水施設（たとえば、イブン＝エル＝ガズィ Ibn el-Ghazi）なども、確認されている。ともに、遊牧的適応の間接的な証拠といえるであろう。

　これらのことから、トランスヨルダンにおける遊牧的適応は、パルミュラ盆地やエル＝コウム盆地と同様に、後期新石器文化の段階で進行しはじめたと考えられる。しかも、その動きは唐突であり、当初から完成した形を示していた。したがって、明らかにステップ内部における家畜化ではない。レヴァント回廊の定農定牧型集落に導入された家畜ヒツジが、やや遅れて周辺ステップ地帯への遊牧的適応を派生させたと考えるべきであろう。なお、冒頭で述べたカア＝アブ＝トレイハ西遺跡も、こうした事例のひとつに数えられる。

（5）　シナイ・ネゲブ

　この地域では、すくなくともハリフ文化以降、アイベックス中心の狩猟採集生活が継続していた。この体制は、先土器新石器文化Bにも及んでいる。前期の遺跡としてはアブ＝マーディI Abu Madi I、中・後期の遺跡としては、ワディ＝トゥベイク Wadi Tbeik、ウジャラト＝エル＝メヘド Ujarat el-Mehed、アイン＝カディスI Ain Qadis I、ナハル＝ディブション Nahal Divshon、ワディ＝ジッバ Wadi Jibba などがあるが、いずれも農耕牧畜の痕跡は乏しい（ただし、石臼や鎌刃の出土は認められるので、先行のハリフ文化と同様に、野生のコムギ・オオムギを利用していた可能性はある)。栽培コムギ・オオムギの出土が確認されているのは、中期末から後期にかけての2遺跡（ナハル＝イッサロンC層 Nahal Issaron とウジュラト＝エル＝メヘド）だけである。家畜についても同様である。ナハル＝イッサロンC層で家畜ヤギ・ヒツジの存在が推定されていることを除けば、先土器新石器文化B段階での確実な事例は乏しい。

トランスヨルダンでもそうであったが、穀物栽培が家畜飼養に先行してごく小規模に受容されるのが、どうやらステップ地帯の特徴のようである。したがって、これらの遺跡で小規模なムギ作農耕が実施されていたとしても、それはあくまでも「(遊動的) 狩猟採集民の農耕」であり、ベドゥイン流の「降雨任せの楽天的農耕」にすぎなかったと思われる。また、部分的に家畜を導入していたとしても、この段階ではまだ狩猟活動の補完にすぎなかったと考えられる。その意味で、ステップの住民は狩猟採集民としての輪郭を強く保持していたことになろう。そのことは、彼らの集落形態にもっとも端的に表れている（図74)。上記の遺跡群では、終末期旧石器文化以来の（おそらくは二峰性遺構群の原理にもとづく）小型円形密集遺構群が維持されており、同時期のレヴァント回廊とはまったく様相を異にしている。

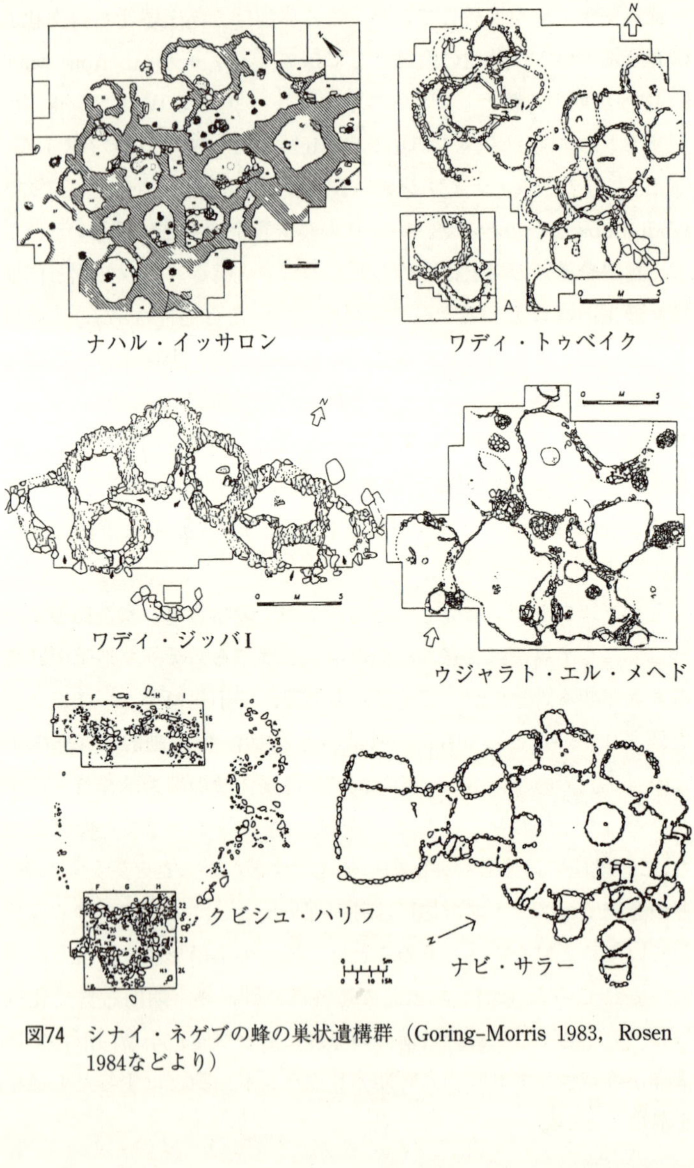

図74　シナイ・ネゲブの蜂の巣状遺構群（Goring-Morris 1983, Rosen 1984などより）

とはいえ、穀物栽培や家畜飼養をわずかにともなうこのような遊動的狩猟採集民の存在こそが、ステップ越えの拡散を媒介したという側面もある。ステップにおけるかすかな痕跡は、たとえかすかではあっても、やはり重要であろう。この点で注目されるのが、後期新石器文化における囲いの存在である。先述のナハル＝イッサンロンの上層や、ウヴダ渓谷の遺跡群（とくに、キヴィシュ＝ハリフ Kvish Harif）では、小型円形遺構に囲まれた中庭の存在が確認されている。のみならず、後者の遺跡では、こうした中庭の床面から糞層（dung layer）も検出されている（Rosen 1984）。これらは、明らかに家畜用の囲いであろう。事実、後の金石併用期・青銅器時代の遊牧民（たとえば、ナビ・サラー）もこの中庭型式の囲いを永く踏襲している（なお、こうした囲いの型式は、先述の小型円形密集遺構群の中心に中庭を編入したことによって成立したと考えられる）。

したがって、この地域でもやはり後期新石器文化からヒツジ化（ただし、アイベックスからのヒツジ化）が進行していたと考えられる。ところで、ナイル下流域では、紀元前5000年頃に突如として家畜ヤギ・ヒツジが現れる（第8章参照）。のみならず、栽培コムギ・オオムギも同時に導入されている。こうした動向の背後に、同時期のシナイ・ネゲブ地方における遊牧的適応の成立があったことは間違いない。先述したように、北側のシスヨルダンでも、この時期にヒツジが導入され、本格的な農耕が始まっているのである（第6章参照）。

（6）　ヒツジ化の内実

レヴァント地方内陸部ステップ地帯のヒツジ化は、どうやら紀元前6千年紀の前半頃（レヴァント北部の編年では先土器新石器文化B晩期、同南部の編年では先土器新石器文化Cまたは後期新石器文化の初頭）に進行しはじめたようである。

ただし、2つの点で注意が必要であろう。第一に、ステップの集団がすべてヒツジ化したわけではない。たとえば、ドゥウェイラ2期（後期新石器文化）のヒツジ・ヤギはわずかに0.5%、これに対してガゼルは94.4%を占めていた（表6）。この遺跡にはカイト＝サイトがともなっており（口絵参照）、この地域に伝統的なガゼル追込み猟が依然として実施されていたと考えられている（Betts 1998)。ヒツジ化の当初には、こうした集団も併存していたのである。

第二に、ステップのヒツジ化によって、ただちに典型的な遊牧文化が成立したわけではない。というのも、ステップのヒツジ化集団は依然として狩猟に力点を置いていたからである。そのことは、石鏃の比率のみならず、遺跡出土の動物相にも端的に表れている。ステップの遺跡の場合、ヒツジ・ヤギ比は50%以下のことが多い。両生類（とくに陸カメやトカゲ）などを含めた計算では、20%以下にまで下降することもある。一方、地中海性気候帯の定農定牧型集落は、通常、これよりも高い値を示す。たとえば、バスタB地区やアイン＝ガザルの場合、ヤギ・ヒツジは約60%を占めている。したがって、ステップのヒツジ化がただちに遊牧民の成立を意味するとは限らない。むしろ、狩猟採集民が補足的に家畜を飼っている状態といった方がより正確であろう。

ヒツジ化＝「遊牧化」ではないということは、その消費形態にも表れている。ステップの遺跡では、ヒツジ・ヤギの大半が2～3歳以前の段階で屠殺されている（Martin 1994)。これは、成長曲線が鈍化した段階における屠殺、つまり肉消費を主目的とした家畜飼養を意味している。乳の加工利用に依存する本来の遊牧民ならば、屠殺年齢が老齢個体の側にもうすこしシフトしているのがふつうであろう。その意味でもやはり、ヒツジ化＝「遊牧化」とはいいがたい。ヒツジ化直後のステップ牧畜民は、依然として狩猟採集民的色彩を強く帯びていたのである（本書がわざわざ「遊牧的適応」という用語を用いてきたのも、そのためである）。

「肥沃な三日月地帯」の外側が真に遊牧化するまでには、1）乳製品重視体制へのシフト、2）ロバ・ラクダなどの荷役用家畜の獲得、3）市場および家畜委託元としての都市の成立、などの諸条件が整わねばならなかった。それまでの約1000～2000年間は、「狩猟採集民の牧畜」であった。しかも彼らの周囲には、依然として「ヒツジ以前」の狩猟民が多数併存していたのである。ヒツジ化は、ステップを一気に単層化したのではなく、いったんは非常に複層化したと考えるべきであろう。

3　遊牧的適応の現場

ステップのヒツジ化の「いつ」「どこで」について述べたが、これはあくまでもアウトラインである。ステップへの遊牧的適応は、実際に「どのようにして」始まったのだろうか。この点をもうすこし具体的に追跡してみよう。

（1）　囲いの開放化・分散化

すくなくともレヴァント南部の場合、ステップのヒツジ化は、定農定牧文化圏のヒツジ化よりも数百年遅れたと考えられる。したがって、定住農耕集落の周辺で実施されていた日帰り放牧が徐々に遊牧へとシフトしたことになろう。この時期の定住農耕集落には、たしかにそれを暗示するような兆候が見受けられる。囲いの開放化と分散化が、それである。

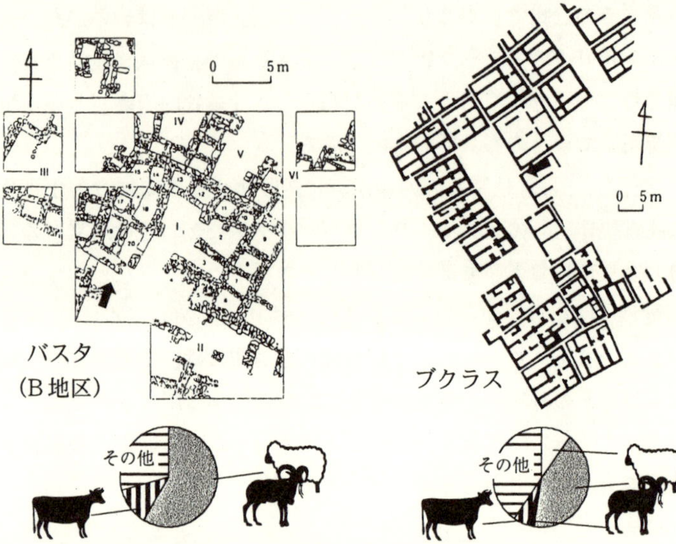

図75　開放型の中庭（Nissen *et al*. 1987などより）

先土器新石器文化B中・後期のベイダ、ベサムン、アブ＝ゴシュなどに見られた囲いは、いずれも閉鎖型の囲いであった（図52）。一方、先土器新石器文化B後期末～先土器新石器文化Cにかけての遺跡では、開放型の囲いが現れている。たとえば、バスタB区にみられる家屋中庭がそれである（図75）。同時期のレヴァント北部では、たとえばブクラスやウンム＝ダバギーヤなどにみられるような、集落中庭と家屋中庭との併用例もある。こうした開放化は、囲い自体の意味が、逃走防止や順化強制の段階から、夜間または冬季における簡易保護の段階へとシフトしたことを暗示している。それは同時に、集落内での舎飼が集落外への日帰り放牧（あるいは短期的遊牧）へとシフトしたことの表れでもあろう。

これと並んで進行していたのが、家畜群の管理・所有形態の分散化である。先土器新石器文化Bの末になるとベイダ型の閉鎖的かつ集落単位の囲いが後退し、代わって、バスタ型の家屋中庭が多くなっている。このことは、家畜の管理・所有形態が集落単位から家族単位へと分散化したことを暗示しているように思われる。むろん、実際の放牧が家族単位で行われていたとはかぎらない。今日の西アジアでもよく見られるように、数件単位あるいは集落単位の放牧の方が一般的であったかもしれない（その点で、集落単位の中庭の存在は示唆的である）。しかし、いったん集落に戻れば、各家族単位に分散所有される。このことが重要なのである。なぜなら、ステップへの遊牧的適応は、家畜の所有形態がいったんは家族単位に分散化してはじめて可能になったと考えられるからである。

囲いの開放化と分散化——先土器新石器文化Ｂ後期末の定住農耕集落にみられるこうした動きのなかに、遊牧的適応の前兆を読みとることが可能であろう。

（２）　日帰り放牧からの延長

一方、ステップの側にも、日帰り放牧からの延長を示唆する資料が認められる。冒頭で紹介したカア＝アブ＝トレイハ西遺跡はその１例である。この遺跡は実際の居住をともなわない「擬集落」であるが、その母胎となる同時期の定住集落はアル＝ジャフル盆地の周辺ではまだ確認されていない。したがって、この「擬集落」の形成には、この盆地を利用する遊牧民が関与していた可能性が高い。日帰り放牧のレベルを超えた遊動が成立していたことは、まず間違いあるまい。

時代はやや下るが、ネゲブ地方のナハル・シェケル遺跡群（紀元前4000年頃）も参考になる（Gilead 1992）。この遺跡群は、炉址とその周辺に散在する少数の土器片・石器類からなっており、明らかに短期居留のためのキャンプである。問題はその機能であるが、土器の器形や石器の種類が限られていること、石臼や鎌刃などの農耕関連遺物を含まないこと、かといって狩猟関連遺物もないこと、同じ場所でみつかった近年のベドゥインの短期居留址とも類似していることなどから、放牧のための拠点と考えられている。同時代の農耕集落は約10～15km 北方の河川流域に集中しているので、おそらくはそこからの放牧拠点であろう。日帰り放牧が集落の近辺から徐々に距離を伸ばしはじめたことを示す1例である。このほか、イラン南西部のテペ＝トゥルアイでも、土器新石器文化初頭における遊牧拠点の存在を知ることができる（Bernbeck 1992)。

（3） 群れのコントロール

遊牧的適応にとってもっとも重要なのが、群れの統御技術である。こうしたソフトの部分を考古学的に追跡することはむずかしいが、いくつかの状況証拠を挙げることはできる。

第一は、家畜群の構成内容である。ステップへの進出に際しては、ヤギよりもむしろヒツジ中心の群れが形成されていなければならない。というのも、ステップの植生は、browser（木の芽食い）であるヤギよりも、むしろ grazer（草の葉食い）であるヒツジにより適しているからである。しかし、先述したように、レヴァント南部の家畜化は、ヤギを対象に始まっており、ヒツジは後から家畜として導入されたという経緯がある。そのため、ステップへの進出には、ヒツジ中心体制へのシフトが必要であったと考えられる。しかし、ダマスカス盆地のデータなどが示しているように、このシフトはきわめて迅速に進んだようである（藤井 1998)。後期新石器文化のアズラック盆地に進出したのも、ヒツジを中心に構成された群れであった。

一方、群れの輪郭形成やその維持に不可欠の技法として、母子関係への介入がある（谷 1995a、b、1997、1999)。その具体的証拠としては、たとえばアブ゠ゴシュなどにおける、囲いのなかの小型囲いを挙げることができよう（図52)。人工的な囲いのなかでは母子関係の不全がしばしば発生することが知られているが、これを強制的に補うための工夫がこうした小型囲いである。その類例は、現在の西アジアでも広く認められる（図53)。このような施設の存在は、群れの統御技術が成立しはじめていたことを示唆している。

群れの統御自体にかかわる考古学的な遺物も、実際に出土している。石製または土製の投弾（sling pellet）がそれである。投弾は土器新石器文化の初頭から量産されはじめ、多くの遺跡で出土している。その出現のタイミングからみて、また後世の民族例からみて、すくなくとも投弾の一部は家畜群の統御に用いられたと考えられる(増田 1986)。

（4） 乳の加工利用

遊牧的適応の成立要件として、乳の加工利用も重要である。しかし、紀元前6千年紀に進行したステップのヒツジ化にそうした技術がともなっていたのかどうかは、まだよくわかっていない。現在、優勢なのは「ともなっていなかった」とする意見である。その根拠は、1）肉消費中心の屠殺パターンから第二次産品重視の屠殺パターンへの変化は、ステップのヒツジ化のよりも約1000年遅い銅石器時代から始まっている（Davis 1987)、2）乳攪拌用の土器（チャーン、churn)や、乳加工の光景を表した各種の図像が現れるのも、やはり銅石器時代以降のことである(藤井 1982)、などの点である。トランスヨルダンにおけるヒツジ化の当初にも肉重視型の屠殺パターンが認められたが、これも根拠のひとつに加えることができよう。

したがって、乳の加工利用技術は遊牧的適応の開始期にはまだ成立しておらず、銅石器時代以降になってはじめて確立したと考えるのが妥当であろう。ただし近年では、すくなくとも農耕集落内においては土器新石器文化の段階で乳の加工利用が始まっていたとする意見も優勢になりつつある（三宅 1997、1999）。

4　遊牧的適応の「なぜ」

定住農耕集落の内部で成立した家畜は、なぜ、集落を離れるようになったのだろうか。定農定牧型社会の側の事情とステップ側の事情とを、それぞれ比較検討してみよう。

（1）　放牧距離の拡大

まず、定農定牧型社会の側の事情であるが、家畜ヒツジ・ヤギは通常、一年一産かつ一産一子である。したがって、家畜としての生産性は決して高くない（三宅 1999）。しかし、家畜であるからには消費も避けられないので、群れを維持していくためには、群れ自体の規模をある程度大きくするほかない（今日の遊牧民の多くが100頭前後の群れをもっているのも、そのためである）。しかし当然のことながら、群れの規模が大きくなると、集落周辺の日帰り放牧では限界が生じてくる。このことが日帰り放牧からの延長を促したであろうことは、容易に想像される。

この動きをさらに加速させたのが、先土器新石器文化Ｂ中・後期における巨大・固定集落の出現である（第４章参照）。そこでは、家畜群の規模が拡大していただけではなく、（放牧地の内側にあって、放牧地を遠隔化させる要因となる）耕作地自体も拡大していたと考えられる。そのため、放牧地は集落からますます遠ざかったに違いない。加えて、集落の固定化は集落周辺の植生を枯渇させる原因にもなったと考えられる。この点で、巨大集落の多くに開放型の囲いが認められることは示唆的であろう。

（２）　ガゼルの代用品

一方、ステップの側の事情もあったに違いない。先土器新石器文化におけるステップの狩猟採集民遺跡では、地中海産または紅海産の貝殻などの遠隔交易品が出土しているが、それに対する対価は何だったのだろうか。この点で注目されるのがガゼルである。先述したように、当時のステップ地帯では、カイト・サイトによるガゼルの追込み猟が盛んに行われていた。このときに捕獲された大量のガゼルこそが、ステップの側の重要品目であったと考えられる。

この交易を阻害または変質させたと思われるのが、農耕集落の側における家畜の成立・導入である。その結果、ステップの狩猟採集民が自ら積極的にヒツジの牧畜に転じたという側面も想定し得るであろう。この場合、遊牧的適応の主役はむしろステップの狩猟採集民であり、その進行形態は中心部からの波及というよりもむしろ縁辺部自らの導入ということになろう。ステップのヒツジ化には、こうした経緯も含まれているように思われる。

（３）　積極的遊牧論

ふたたび、定農定牧型社会の側に戻って検討してみよう。遊牧的適応の動因としてよく指摘されるのが、紀元前６千年紀以降の気候乾燥化である（第１章参照）。寒帯前線がレヴァント北部からさらに北退したことによって気候の乾燥化が進み、そのために遊牧的適応が始まったという説明である。レヴァント南部の場合、とくにそうした意見が優勢である。たとえばこの時期のアイン＝ガザルでは、遺構の簡素化や柱材の脆弱化（つまり気候の乾燥化）と反比例するかのように、ヤギ・ヒツジの比率が増加している。

こうした説明は、周囲の状況によってやむなく遊牧化したという意味で、まさにプッシュ・モデルの典型といえよう。しかしそこには、定農定牧型社会こそが本来のあり方だという伝統的な先入観が潜んでいるように思われる。むしろ、プル・モデル型の説明も可能なのではないだろうか。というのも、家畜化にとって定住農耕集落の存在が不可欠なのは、群れの順化と統御が完成するまでの期間であって、いったん、群れの再生産体制が整ってしまえば、その存在意義は（すくなくとも交易相手という点を除けば）低下するからである。その場合、集落を積極的に捨てることもあり得るのではないか。

この場合、問題はその時点でおのおのの集団がどのようなアイデンティティを保持または形成していたかであろう。定農定牧者としての輪郭をすでに形成していた集団にとっては、乾燥化は群れの一部を集落から切り離すためのひとつの要因となったにすぎまい。しかし、依然として狩猟採集民（または狩猟農耕民）の輪郭を保持していた集団にとっては、それは、本来のあり方に回帰するための格好の契機にもなり得たと考えられる。事実、レヴァント地方の南部では、小型円形個人住居を連ねた狩猟採集民型の農耕牧畜集団が依然として多数併存していた（図74）。加えて、この地域では、ウシ・ブタの比率が（レヴァントの北部にくらべて）低く、その意味でも遊動化への自由度が保たれていた。これらの集団は、むしろ積極的に遊牧化した可能性があろう。

旧石器時代からの経緯を俯瞰してみると、むしろ定農定牧型社会の方が本来の路線の逸脱であったことがわかる。それがあたかも本線のようにみえるのは、後世においてそれが優勢になったからにすぎない。しかし、これは時系列を逆行する見方であって、かならずしも妥当ではあるまい。先土器新石器文化Ｂ後期に成立した「農耕と牧畜の西アジア」は、ステップのヒツジ化の時点ではまだ数百年の歴史しか刻んでいなかったのである。そのような状況下においては、伝統的な生活形態への回帰が容易に起こり得たと考えられる。ただし新たに獲得した動産（とくにヒツジ）をともなっての回帰である。遊牧的適応の成立にはそうした側面もあったように思われる。

5　バーディア世界の形成

ステップのヒツジ化によって、「農耕と牧畜の西アジア」とは異質な「遊牧の西アジア」が形成された。では、この新たな次元の創設にはどのような意味があったのだろうか。

（1）　新しくて古い次元

ステップのヒツジ化によって、西アジア世界に新たな次元（バーディア＝ベドゥインの大地）が創設された。しかし、ヒツジ化以前のバーディアがまったくの無人状態であったかというと、決してそうではない。内陸部のオアシス、たとえばエル＝コウム盆地やアズラック盆地などでは、古くは前期旧石器時代の後半から人類の足跡が認められる。その後も、地中海性気候帯の文化とは異なる固有の細石器文化が形成されていた（第２章参照）。したがって、後期新石器時代におけるステップのヒツジ化とは、乾燥域固有のこうした諸文化の変容過程といい換えることもできよう。

その意味で、バーディア世界は新しくて古い、しかし古くて新しい次元でもある。そのことは、住居の形式にもっとも端的に現れている。先述したようにヒツジ化以後のバーディア世界にみられるのは、小型円形住居の密集群である（図74）。これは、明らかに終末期旧石器文化以来の狩猟採集民に特徴的な個人住居密集群の後継であろう。変化した点といえば、密集群の中央に家畜の囲いを組み込んだことだけである。これを除けば、狩猟採集民の住居となんら変わりはない。シナイ・ネゲブ地方の場合はとくにそうである。この地域では、ハリフ文化から先土器新石器文化B、さらには前期青銅器時代の初期遊牧民にいたるまで、小型円形住居の密集方式を連綿と追尾することができる。

したがって、遊牧的適応の裏側には、狩猟採集民型社会の継承またはそれへの回帰という側面が潜んでいると思われる。家畜の管理が青壮年男子の主導で行われたとすれば、なおさらであろう。そこには、青壮年男子が動物関連の生業で家を空け、女性が家に留まって家事全般をまかなうという、狩猟採集民型の論理と価値観が根強く温存されている。しかし、何度もいうようだが、このような社会こそが当時の西アジアのふつうのあり方なのであって、この時点ではたかだか500年の歴史しかもっていなかった定農定牧型社会の方が、むしろ例外的なのである。

遊牧文化に認められるさまざまな特徴、たとえば回遊的なセトルメントパターン、小集団での日常生活、強い部族的紐帯、集団間・集団内の平等主義、男性による意志決定——これらは、むしろ遊牧民こそが終末期旧石器文化の正統な継承者であったことを示している。狩猟採集から農耕牧畜への経緯だけを追尾し、遊牧に関してはこうした路線からの周縁部における逸脱ととらえる——そうした傾向があるとすれば、これは偏った見方といわねばならない。農耕牧畜文化の成立・拡散によって、いったんは希釈されたかにみえた西アジア史の多元性は、ステップのヒツジ化によってかろうじて維持されたのである。西アジア史のその後の経緯は、遊牧文化の奥行きの深さを遺憾なく教えてくれる。

（2）　都市への貢献

都市というものが、人口・生産物・技術・信仰などといったさまざまな価値の集積・再分配の場と定義できるならば、都市成立の前提となったのは価値自体の成立であろう。むろん、価値というものはつねに存在するには違いないが、それはしばしば分散または偏在する。それをいったんは集積し、再分配するという点に、都市という場の中心的な機能があるといえよう。したがって、あえて逆説的ないい方をするならば、価値の分散・偏在が進行しはじめた社会においてこそ都市が成立するという見方も可能であろう。

ステップのヒツジ化は、まさに価値分散の典型であった。これによって、定農定牧型社会に集中していたヒツジという価値がステップへと分散することになったからである。むろん、定農定牧型集落の周辺でも依然としてヒツジは飼育されていたが、農耕民と遊牧民のヒツジ保有頭数は徐々に逆転していったに違いない。旧石器時代のガゼルにも匹敵するヒツジという絶対的価値の、ステップへの分散・偏在化――このことが、価値の集積・再分配の場としての都市の形成にも深くかかわっていると思われる。

しかし、価値の分散化だけが問題なのではない。ステップのヒツジ化には、ヒツジという価値を新たな、そしてより大きな器に移し替えるという、もうひとつの意義もあった。これによって、ヒツジという価値の生産の場自体がいちじるしく拡大したことになろう。逆に、ムギという価値を容れる器の方も拡大したに違いない。なぜなら、集落の周辺からヒツジを部分的に排除したことによって、耕作地にも拡大の余地が生じたと考えられるからである。ステップのヒツジ化は、ヒツジのみならず、ムギというもうひとつの絶対的価値の増産にもつながったと思われる。

ステップのヒツジ化によってもたらされた価値の分散と偏在、そして価値自体の増産――西アジアにおける都市成立の背景には、このような側面もあったのではないだろうか。「農耕と牧畜の西アジア」に「遊牧の西アジア」が対峙しはじめたときに都市が形成されはじめたのは、単なる偶然ではあるまい。

（3） 砂の「地中海」

ステップのヒツジ化がもたらした効果のひとつに、「地中海」の発見がある。ただし、水ではなく、砂または泥、あるいは岩の「地中海」である。しかし、諸文明を媒介する内海としての役割に変わりはない。砂の地中海の発見によって、メソポタミアとレヴァント、さらにはエジプトまでもが、ダイレクトに結ばれることになった。砂の地中海は、海の地中海が古典古代に果たしたのとまったく同じ役割を果たしたのである。

その一例を紹介しておこう（藤井 2000b）。国家形成期のメソポタミアやエジプトでは、横長の刃部をもつ直剪鏃（transverse arrow-head）が盛行した。ウルク出土の「獅子狩り碑 Lion-hunting Stele」や伝ヒエラコンポリス出土の化粧板などに表されているのが、この直剪鏃である（図76）。問題は両者の中間地帯における直剪鏃の分布であるが、意外なことに、この時期の直剪鏃は「肥沃な三日月弧」内部の都市・農村遺跡からはほとんど出土していない（土器新石器文化の初頭には多数出土しているが、これは別系統の直剪鏃であり、ここでの議論とは無関係である）。国家形成期における直剪鏃の出土は、むしろバーディア世界の遊牧民遺跡に集中しているのである。

その当時のメソポタミアとエジプトを結ぶ交易ルートとしては、1）肥沃な三日月弧内部に点在する都市・農村をたどる北方陸上ルート、2）その途中から地中海へ逸れる陸海併用の北方ルート、3）

ウルク出土の獅子狩り碑

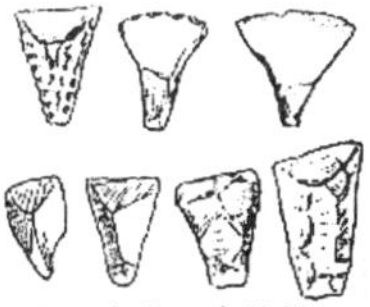
ウル出土の直剪鏃

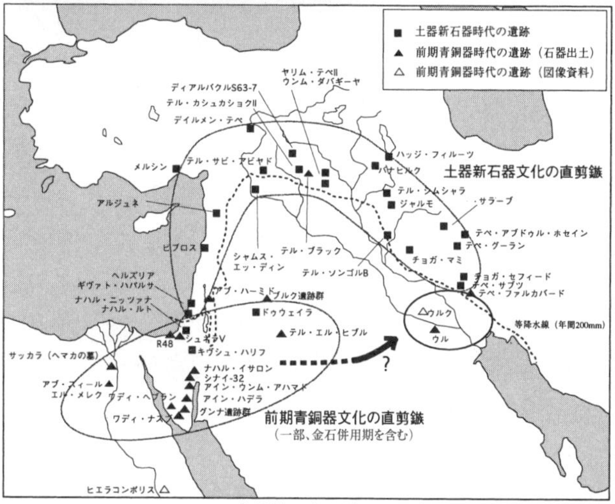

直剪鏃の出土遺跡

シナイ半島出土の直剪鏃

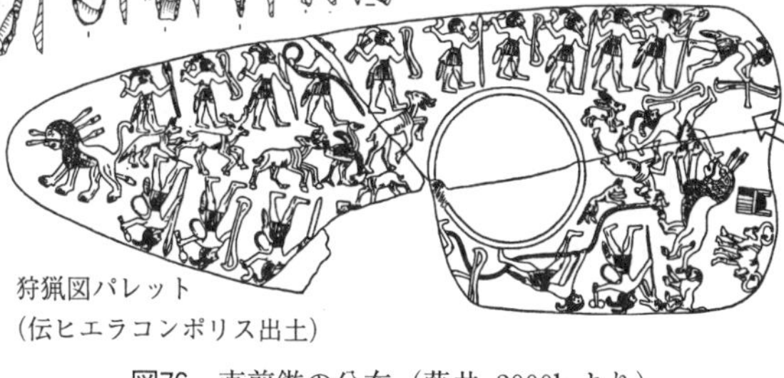
狩猟図パレット
(伝ヒエラコンポリス出土)

図76　直剪鏃の分布（藤井 2000b より）

ペルシア湾から紅海にいたる南方海上ルート、などが想定されてきた。直剪鏃の分布は、両者を直線的に結ぶ「砂の地中海ルート」が併存していたことを強く示唆している。アッカド以後、メソポタミア史の主役に躍り出たセム系遊牧民たちの原郷がこのバーディア世界にあったことは、その意味できわめて示唆的であろう。

6　その他の問題点

(1)　ビュラン・サイト現象

ビュラン・サイトとは、ビュラン（とくに、凹型截断面上彫器、angle burin on concave truncation）が石器組成の大半を占めるという、奇妙な遺跡のことである。先述したパルミュラ盆地79号遺跡も、そのひとつである（図77）。先土器新石器文化Bの末から土器新石器文化の初頭にかけて、こうした遺跡がレヴァント地方の乾燥域に突如として現れた。そして突如として消え去った。これがビュラン・サイト現象である（藤井 1987）。

ビュラン・サイトの謎を解く鍵は、遺跡の立地とその内容にある。ビュラン・サイトの多くは、ワディや窪地を見渡すことのできる小高い場所に位置している。しかも、卓越風を避ける場所が好んで選択されている。しかし、住居址・炉址などの遺構はほとんどともなわず、遺跡の大半は単なる石器の小型散布地にすぎない。しかもその石器は、先述したようにビュラン中心であり、きわめて偏った内容を示している。石臼や鎌刃などの農耕関連用具は希であり、石鏃・尖頭器などの狩猟具もほとんど出土しない。動物骨ですら希である。

このようなことから、ビュラン・サイトはヒツジ遊牧民が放牧中の群れを見張るときの待機場所ではないかと考えられている。ではなぜ、ビュランが多く出土するのかというと、こうした待機場所でビーズ製作を行ったからというのが、現在もっとも有力な意見である。この場合、ビュランは石器ではなくむしろ石核であり、そこから剥離された三角柱状の剥片（ビュラン・スポール、burin spall）の方がビーズ穿孔用の道具として用いられたことになる。事実、ドリルとしての調整剥離または使用剥離を示すスポール類が伴出しているし、これによって穿孔されたビーズ類も少量だが出土している。同じビュランでも直線的かつ細長いスポールを得やすい型式のビュランだけが好んで製作されていること、しかもその剥離回数が比較的多いこと——これらの事実も、ビュランを石核と考えることではじめて納得がいく。

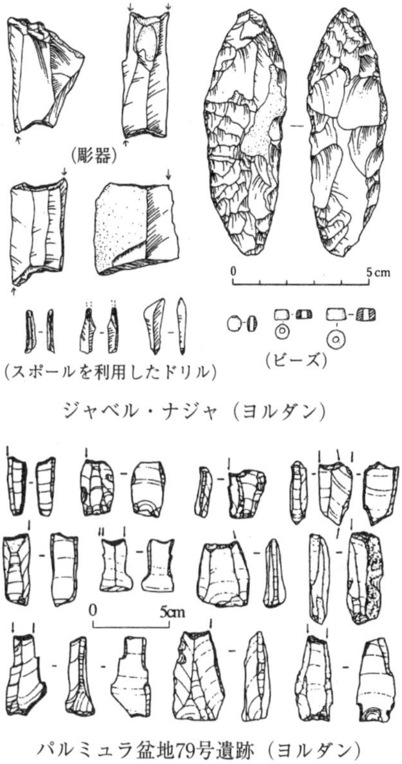

図77　ビュラン・サイト出土遺物（Betts 1985, Akazawa 1979より）

出現のタイミング、遺跡の立地や内容、ビーズ製作への傾倒などの点で、ビュラン・サイトが初期遊牧民の短期滞在場所であった可能性は高い。しかし、彼らが本当に家畜ヒツジをともなっていたかどうかの問題は、まだ十分には検証されていない。ビュラン・サイト現象は、ステップのヒツジ化を解く重要な鍵のひとつである。

（2） テント以前の遊牧民

遊牧民の住居といえば、ふつう、テントを想像する。しかし、後期新石器時代におけるステップのヒツジ化にテントがともなっていたとはかぎらない。むしろ狩猟採集民のように、移動の先々で簡易住居をつくったと考える方が妥当のようである（藤井 2000a）。

その一例が、冒頭で紹介したカア＝アブ＝トレイハ西遺跡の矩形遺構である（図70）。むろん、この遺構は実際の居住をともなわない「擬住居」にすぎないが、それがベースキャンプにおける本来の住居を模倣したものであることは明らかであろう。事実、トランスヨルダンやシナイ・ネゲブの乾燥域では、これに類した建築方法が先土器新石器文化Bから現在にいたるまで永く用いられているのである（図78）。

問題はその上部構造であるが、側溝部分（カア＝アブ＝トレイハやワディ＝トゥベイク、ワディ＝ジラートなどの場合は、2列の板石の間）にアカシアなどの枝や葦などの束を埋め込み、それを天頂部で結んでドーム状にまとめ上げたものと思われる。この種のドーム状遺構（またはその痕跡をとどめる建築物）は、古くはワディ＝ジラートの先土器新石器文化B遺跡から、エジプト西部のナブタ遺跡、シナイ・ネゲブの後期新石器文化遺跡群、ウルク〜初期王朝期におけるメソポタミアの図像、あるいはこれとほぼ同時期のサッカラの神殿複合体にいたるまで、乾燥域の東西に広く分布している。また、メソポタミア低湿地におけるマーシュ＝アラブのゲスト・ハウスやパシュトゥン族（アフガニスタン）の簡易住居などは、現在に伝わる好例である。

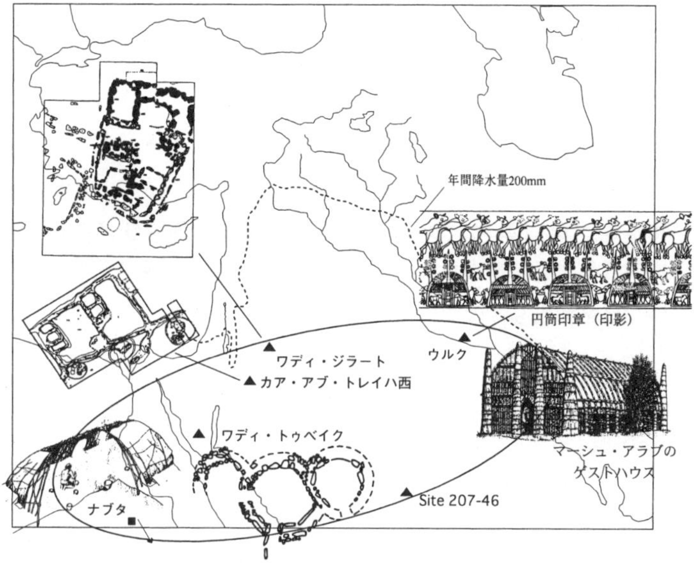

図78　テント以前の遊牧民住居

トランスヨルダンの初期遊牧民は、どうやらこうしたドーム状住居をベースキャンプに建て、移動に際しては放置していたものと思われる。これは基本的に狩猟採集民の戦略と同じである。キャンプ周辺で調達できる建材を用いて簡易の住居をつくり、移動に際しては（特別の部材を除いて）放置する。次に戻ってきたときに、必要があれば修理する。これは、簡易住居ではあっても、携行住居（テント）ではあるまい。トランスヨルダンの初期遊牧民は、テント以前の遊牧民としてステップへの適応を進めていたように思われる。

7　まとめ

ステップのヒツジ化、つまり遊牧的適応の始まりは、先土器新石器文化Bの終盤から土器新石器文化の前半にかけて進行しはじめたと考えられる。年代的には、紀元前6千年紀の前半から中盤にかけてである。現在、その過程をある程度具体的に追尾できるのはレヴァント地方だけであるが、同じことはアナトリアやメソポタミアの周辺でも進行していたに違いない。いずれにせよ、ステップのヒツジ化によって、「肥沃な三日月弧」内部の定農定牧型社会とはまったく異質の次元が形成されたことになる。その後の西アジア史の一方の骨格を形成したのが、このバーディア世界のヒツジ遊牧民であった。

コラム7

「野に在るを獣と曰い、家に在るを畜と曰う」

『周禮』(天官、序官、獣医、疏)

「畜」一字で、家畜(domesticated animal)を意味したことがわかる。では、畜生道の「畜」はどうかという反論もあるだろうが、この場合の「畜」ですら、基本的には人に使役される牛馬(つまり家畜)を指している。したがって、「畜」の多くは家畜を意味したと考えてよかろう。「畜」産という言葉が通用し得るのも、この原義がわずかに保たれているからに他ならない。

ではなぜ、この「畜」にわざわざ「家」の字を冠するようになったのかというと、「牧の畜(つまり、野飼の家畜)」に対する「家の畜(舎飼の家畜)」という含みをもたせたかったからではないだろうか。ニワトリやブタは「家畜」、ヒツジやラクダは「牧畜」——こうした使い分けが可能ならば、便利であろう。しかし、「畜」の原義が後退し、代わって「家畜」という用語が一般化した今となっては、それも無理である。本来ならば「牧畜」と称すべきヒツジやラクダも、今では「家畜」とよぶほかない。

「牧畜(牧の畜)」という便利な用語が廃れた原因は、明らかである。その実態(つまり牧の畜そのもの)が少なかったからであろう。塞北の草原地帯を除く東アジアの「畜」は、基本的に舎飼の「畜」、つまり「家畜」で占められていた。そのため、「牧畜」と「家畜」とを区別する必要がもともと低かったのではないだろうか。だからこそ、「家畜」と「畜」との混用も起こり得たといえる。事実、東アジアモンスーン地帯の諸文化に関するかぎり、「家畜」という用語に違和感は感じない。

先導役の大ヤギ（イスマイラバード近郊、イラン、筆者撮影）

しかし、「牧の畜」が多い地域では話がややこしくなる。ヒツジやラクダを「家畜」と呼ぶのはいかにも不本意であり、本来なら「牧畜」とよんで、東アジアの「家畜」とは区別したいところである。とはいえ、西アジアのヒツジも、定住農耕集落の内部で、まさしく「家の畜」として成立したという事情もある。だとすれば、「家畜」とよぶのが正しいのかもしれないが、それはその時点での話で、現在の西アジア遊牧民の保有するヒツジは、明らかに「牧畜」であろう。西アジアや北ユーラシアの牧畜文化に言及するとき、とりわけ遊牧の問題に触れるとき、つねにこの問題で悩まされる。

第８章　ムギとヒツジのその後

前章までの記述によって、ようやく紀元前4000〜5000年頃までたどり着いたことになる。都市文明の成立期まで、あと1000〜2000年を残すのみである。最後に、内外２つの側面から、ムギとヒツジのその後をたどってみよう。ひとつは、メソポタミアの都市形成期におけるムギとヒツジの意味について。もうひとつは、ユーラシア東西へのムギとヒツジの拡散について、である。

１　ムギとヒツジの都市文明

メソポタミア中・南部の低湿地に農耕集落が進出したのが、紀元前5500年頃。一方、都市が成立しはじめたのは、それから約2000年後のことであった。この間、西アジアにおけるムギとヒツジの分布も、そしてその意味も、大きく変わっていった。というより、この２つの変化こそが都市文明成立のひとつの要因でもあった。

（１）　南北関係の逆転

これまで述べてきたように、西アジアの農耕牧畜はメソポタミア以北の地域で成立・発展してきた。メソポタミアの新石器化は、土器新石器文化の初頭段階における二次的な波及のひとつにすぎない。ところが、後発の地域であったそのメソポタミアが、やがて西アジア世界をリードするようになる。この間の経緯については、たとえば「ウバイド文化の拡散」(松本 1995)、「ウルク・ワールド・システム」(Algaze 1993) などといったパラダイムが提示されており、都市の発生にかかわるさまざまな分析が試みられている。しかし、その背後にあってもっとも根本的な要因となったのは、基本的生産量の逆転であろう。

農耕については、ウルク期における集落件数の急増を指摘することができる(Adamas 1981、Nissen 1988)。メソポタミア平原では、この時期、非常な勢いで集落が増加しており、なかにはウルクのような超巨大集落も生まれている(図79)。この現象を支えたのが、灌漑農業にもとづくムギの量産であった(収量の安定化という意味でも、灌漑農業のもつ意味は大きかったと思われる)。一方のヒツジについても、同じことがいえよう。メソポタミアの周囲には広大なバーディア世界が形成されていた。このバーディア世界の人口が急増しはじめたのも、これとほぼ同じ時期(つまり、レヴァント編年でいう前期青銅器時代、メソポタミア編年のウルク期〜ジュムデト・ナスル期)であった。こうした後背地をも含めたメソポタミアは、結局、ヒツジの頭数においても北側旧世界を凌駕しはじめたのである。ムギとヒツジに関する南北関係の逆転——これこそが、メソポタミアの都市化の原因であり、また結果でもあろう。

(2) 農作物の商品化

しかし、変わったのは南北関係だけではない。ムギとヒツジのもつ意味も、変わっていった。そのひとつが、農作物の「商品化」である。むろん、貨幣によって売買されるという意味での商品化ではない。流通財化・交換財化・支給財化という意味での商品化である。その好例が、粘土板文書にしばしば記録された、家畜への支給財としてのオオムギである。むろん、こうした商品化の背景には、農産

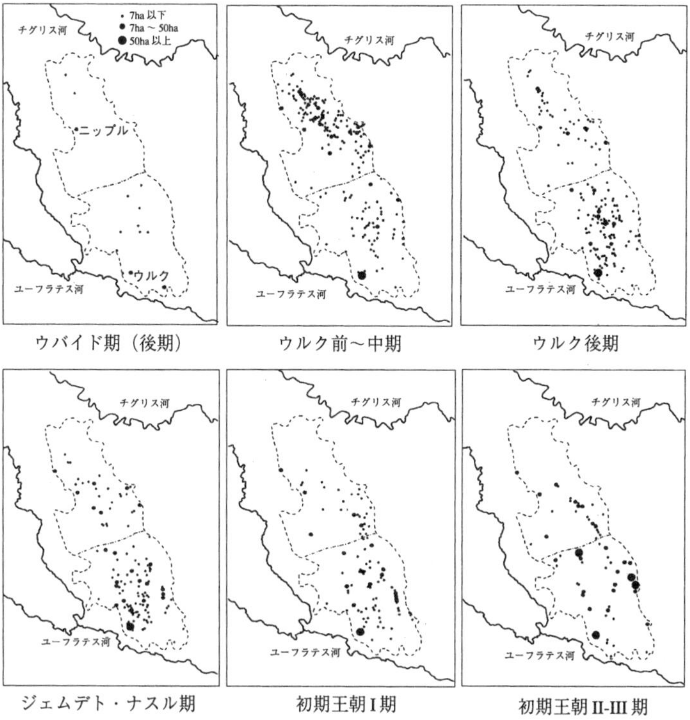

図79　都市成立期前後のメソポタミアにおける遺跡分布（Adams 1981, Polluck 1999より）

物自体の加工品化・二次産品化という側面もあった。たとえば、ビールや各種の乳製品がそうである。

しかしその一方では、商品作物自体の導入・成立という事情もあった。その典型が、ソルガム *Sorghum bicolor* やゴマ *Sesamum indicum* などの外来作物である。面白いことに、これらの商品作物の多くは夏作物であった。冬作物中心の西アジアに裏作として導入されたことが、それらの作物の商品化を促したのであろう（なお、稲、綿花、サトウキビなど、その後に導入された商品作物の多くも、やはり夏作物であった)。完新世前半に始まったアフロ・アジア各地の農耕文化が、ここにようやくクロスしはじめたわけである。都市化の進行がこれと軌を一にしているのも、単なる偶然ではあるまい。

果樹園の成立も、農作物の商品化に深くかかわっている。メソポタミアの場合、とくにナツメヤシ *Phoenix dactylifera* が重要であった。ハンムラビ法典には計25条の農業関連条項が記載されているが、ナツメヤシの果樹園についての条項はそのうちの約1/3(計8条)を占めている。メソポタミア文明でナツメヤシがいかに重視されていたかがわかるであろう。ナツメヤシは、干し果物として、糖蜜として、酒の主成分として、あるいは建材や家具などの材料として、さかんに利用された。ナツメヤシの果樹園では、樹間の空き地を利用した野菜の栽培も行われていた。一方、レヴァント地方でナツメヤシに相当したのが、オリーブ *Olea europaea* であった。オリーブはおもに油の形で消費されたが、カロリーの高さはナツメヤシに匹敵していた。メソポタミアのナツメヤシとレヴァントのオリーブ——この時代の果樹栽培には、家畜の第二次産品化(つまり肉消費から乳利用への転換)にともなうカロリー不足を補う意味もあったといわれている。なお、ブドウ *Vitis vinifera* はワイン(おもに赤ワイン)の原料として重用された。そのほか、液果類では、イチジク *Ficus carica*、ザクロ *Punica granatum*、プラム *Prunus domestica*、堅果類では、アーモンド *Amygdalus communis*、ピスタチオ *Pistacia vera* なども重要であった。野菜類では、スイカ *Citrullus lanatus*、メロン *Cucumis melo*、ニンニク *Allium sativum*、タマネギ *Allium cepa* などが、香草類では、コリアンダー *Coriandrum sativum*、クミン *Cuminum cyminum*、サフラン *Crocus sativus* などが、多く栽培されていた(Zohary and Hopf 1993)。

集落内の自給自足経済から集落間の広域経済へのシフト——その

過程で、コムギ・オオムギを含む多くの農作物の商品化が進行していたのである。逆にいうと、農作物の商品化があってはじめて都市化が進行しはじめたといっても過言ではあるまい。

(3)　家畜の商品化

家畜もまた、「商品化」の道をたどった。集落内で消費される動物性食糧としての家畜から、生産財・交換財・支給財としての家畜へのシフトである。ヤギやヒツジの場合、群れの委託契約という意味での商品化も顕著であった（谷 1997)。一方、ウシは、鋤の成立を契機に耕作用家畜としての側面をもつにいたった。ロバは、荷役用の家畜としてさかんに用いられた。やや遅れて、ラクダやウマもこれに加わった。

ただし、ブタだけは違っていたようである。ブタは都市形成期の遺跡でもつねに10%前後の比率を保っていたが、どういうわけか粘土板文書に記載されることは少なかった（Polluck 1999)。消費は多いが、記録はまれ――どうやら、ブタだけは商品化の流れに取り残されたようである。この点で注目されるのが、都市形成期の段階になってもブタにだけは依然として野生個体（イノシシ）が多く混じる、という事実である。メソポタミア低地に多数のイノシシが生息していたことが、逆に、家畜としてのブタの価値を後退させたのかもしれない。オウェイリなどの初期農耕集落であれほど重用されていたブタは、やがて野にあって狩猟される側の動物に回帰しはじめたように思われる。

しかし、ブタは例外である。都市の成立に相前後して、家畜にも商品化の波が押し寄せていた。資源としてのヒツジから、価値としてのヒツジへ――家畜自体のもつ意味が揺らぎはじめたのが、都市形成期のメソポタミアであった。

（4） 商品化のシステム

農作物や家畜の商品化を支えたのが、運送・簿記・度量衡などの経済システムである。穀物の場合、とくに運送の問題が大きい。この点で注目されるのが、ウバイド期における船の利用、ウルク期前後におけるロバの家畜化、そしてウルク後期頃における車輪の発明である。輸送手段の確立は、農作物商品化の大きな原動力であったと思われる。

簿記・会計のシステムも、重要である。トークン token やブッラ bullae を用いた物資の記録・管理は先土器新石器時代から行われていたが、これが絵文字または楔形文字として精度を上げていったのが都市形成期である（常木 1995)。シュメールの粘土板は、その8割以上が経済文書（とくに、穀物や家畜の出納簿）によって占められている。その意味で、文字を生んだのは書記ではなく、(商品化された）ムギとヒツジであったといっても過言ではあるまい。

商品化の背後には、度量衡の統一もあった。考古学資料のなかにその証拠を求めるならば、ウルク期の外傾口縁粗製土器（beveled rim bowl）を挙げることができよう。この土器はウルク期の前半に現れ、その後半から爆発的に増加している。同時代の他の土器がロクロ製で薄手かつ硬質であるのに対して、この土器だけは型造りで厚手かつ多孔質であり、しかも容量がほぼ一定している。問題は、その用途である。後の粘土板文書には農閑季日雇い労働者への日当が穀物で支給されたことがしばしば記録されているが、その際の一日分の支給量がこの土器の容量とほぼ一致するらしい。事実、「食べる」ことを意味するウルク期の絵文字は、この土器の形を写している。このようなことから、ウルク期の外傾口縁粗製土器は、農閑季日雇い労働者への日当支給用容器ではなかったかと考えられている（Nissen 1988)。度量衡統一の一例として、また、コムギ・オオムギの支給財化の証として、この土器のもつ意味は大きい。

（５） 新石器化の完成

メソポタミアでは、ウルク後期（紀元前3300〜3100年頃）に都市が成立しはじめたといわれている。その裏側で進行していたのが、ムギとヒツジに関わる南北関係の逆転であり、それらの商品化であった。つまり、資源としてのムギ・ヒツジが価値としてのムギ・ヒツジにシフトしていく過程、そしてその価値の分布が南北で逆転しはじめた過程——それこそが、メソポタミア南部における都市化の実態であったと考えられる。

このことは、各種の彫塑・工芸品にも表れている（藤井 2000）。栽培化または家畜化されてからしばらくの間、ムギとヒツジは（小型粘土像を除く）彫塑・工芸のモチーフとしてあまり採用されていない。そこで表現されていたのは、おもにガゼルやオナーゲル、あるいは野生ウシなどの、むしろ旧石器的な動物群であった。都市化の過程でムギとヒツジがしばしば表現されるようになったのは、それが価値の源泉として社会の認知を受けたからに他ならない（コラム６参照）。スルタン文化以来、約5000年を要した西アジアの新石器化は、この時点でようやく完成したといえるのではないだろうか。

2　ムギとヒツジのユーラシア

ムギとヒツジを機軸とする西アジア型混合農業の類型は、ユーラシア東西の先史・古代社会に広く認められる。そのすべてが西アジアからの伝播・拡散とはかぎらないが、なんらかの関係は想定し得るであろう。環西アジア世界のムギとヒツジについて、東から順に時計まわりでたどってみよう（図80）。

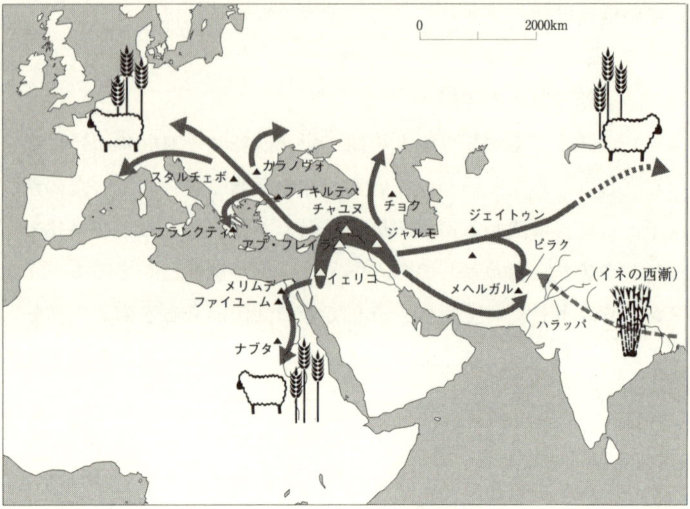

図80　ムギとヒツジの拡散

(1)　東へ

東方への拡散に関しては、イラン高原中央の沙漠地帯を挟む南北2つの迂回ルートが考えられる。このうち北側ルートを代表するのが、トルクメニスタン南西部のジェイトゥン文化(紀元前6000〜5000年頃、図81)である(Masson and Sarianidi 1972)。この文化については、イラン高原北部のテペ＝シアルク(I期)やテペ＝サンギ＝チャハマックなどとの関連性が指摘されている。標準遺跡であるジェイトゥンJeitunでは、幾何学文彩文土器、石臼、鎌刃、鎌の柄などのほか、栽培コムギ・オオムギや家畜ヤギ・ヒツジが検出されており、後期にはウシもこれに加わったといわれている。西アジア型混合農業の典型的な拡散例といってよかろう。なお、ジェイトゥン文化は前期・中期・後期の3時期に区分されているが、時期が下がるにつれて遺跡の分布範囲は東側へと拡大している(Harris

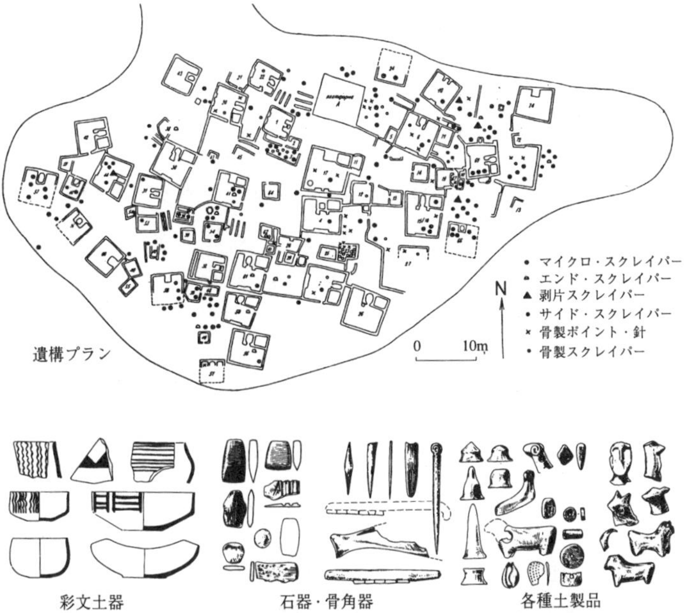

図81　ジェイトゥン遺跡（Masson and Sarianidi 1972より）

and Gosden 1996)。このようなことから、ジェイトゥン文化はアフガニスタン方面への伝播・拡散の起点となったと考えられる。

なおトルクメニスタンの北部では、これよりもやや後に、櫛目文・波状線文の尖底・丸底土器と有肩尖頭器とを指標とするケルチェミナール文化が興っている。しかし、この文化は基本的に狩猟漁撈文化であり、農耕牧畜は行われていなかったようである。これよりも北方または東方の諸地域（カザフスタン、ウズベキスタン、キルギスタン、タジキスタン、シベリア中南部）でもいくつかの「新石器文化」（この地域では土器をともなう文化がそう定義されている）が知られているが、農耕牧畜の痕跡はまだ明確にはなっていない。かりに実施されていたとしても、その年代はジェイトゥン文化の年代を上回るものではなさそうである（Brunet 1999)。したがって、中央アジア方面へのムギとヒツジの拡散は、やはりジェイトゥン文化（またはその後継であるナマズガ文化）を起点に進行したと考えてよかろう。

一方、南側ルートの実態は明らかではない。幾何学形細石器を出土する先土器新石器文化的な遺跡が、イラン南東部のケルマン周辺でいくつか確認されているが、その年代や内容については不明な点が多い。南側ルートで唯一明確なのが、その到達点に当たるパキスタン西部、カチ平原のメヘルガル Mehrgarh である。メヘルガルでは、最下層（IA 層）からすでに各種の栽培コムギ・オオムギや家畜ヤギが検出されている。その年代は、おそらく紀元前 7 千年紀の後半と考えられる。メヘルガルは、イラン高原以東の地域では突出した遺跡であり、西アジアとの具体的な関係はまだ明らかにされていない。前述したケルマン周辺の先土器新石器文化が両者を仲介しているのか、それともジェイトゥン文化からの南下があり得るのか。メヘルガル遺跡の解釈は今後の重要課題である。

（2） 南へ

南とは、この場合、エジプトである。アラビア半島もあるが、調査はまだ進んでいない。ここでは、エジプトを中心とした北アフリカへの拡散について述べてみよう。

エジプトの農耕牧畜起源については、新旧 2 つの考え方がある。伝統的なのは、西アジア（とくにレヴァント南部）からの伝播・拡散説である。この場合、ファイユーム低地のファイユーム A 文化や、ナイル・デルタのメリムデ（最下層）文化などが、エジプト最古の農耕牧畜文化ということになる。したがって、エジプトにおける新石器化のタイミングは、紀元前 6 千年紀の後半から 5 千年紀の初頭にかけて、ということになろう。この説が重視しているのは、同時期のレヴァント南部における乾燥化の進行と、それにともなう集落の再編・再遊動化の動きである（第6章参照）。とくにシナイ・ネゲブ地方の後期新石器文化が焦点となる。そこで行われていた小規模かつ遊動的な農耕牧畜こそが、ナイル下流域における「狩猟採集漁撈民の農耕牧畜」を生んだというわけである。

これに対して、近年進展のめざましい西部沙漠の調査を基に唱えられているのが、アフリカ・西アジア二元説である。この説の骨子を要約すると、1）すくなくともウシとオオムギは、西部沙漠やナイルの上流域で独自に家畜化・栽培化された、2）これよりもやや遅れて、家畜ヤギ・ヒツジと栽培コムギを含むレヴァント型の混合農業がナイル下流域に流入した、3）この2つが合流することによって、ナイル流域の新石器文化後半が形成された、ということになろう。この場合、エジプト最古の新石器文化は、ナイル下流域にではなく、西方沙漠のオアシス地帯やナイル上流のヌビア地方にあったことになる。たとえば、アブ＝シンベルの西約100kmに位置するナブタE-75-6遺跡Nabta E-75-6などが、それに当たる（図82）。この遺跡の下層（紀元前6150年頃？）ではオオムギとウシが、また中層（紀元前5550〜4250年頃？）ではエンマーコムギや家畜ウシ・ヤギ・ヒツジなどが、それぞれ出土している（近藤 1997）。このうち、中層出土の穀物・家畜が西アジア起源であることに異論はないが、問題は下層出土のウシとオオムギである。同時期のナイル下流域では類例が知られていない。そこで、北アフリカでの独自の栽培化・家畜化が唱えられているのである。

新旧2つの説の評価はまだ定まっていない。しかし再検討はさかんに行われており、徐々に修正の方向が見えはじめている。まず、ナブタ下層のウシが疑問視されている。これを家畜と同定する根拠

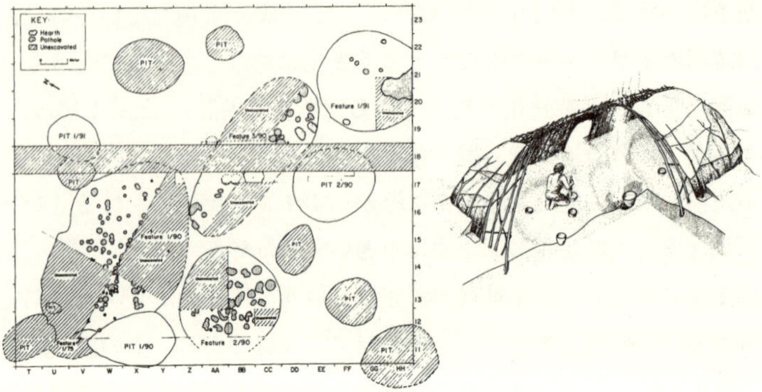

図82　ナブタ E-75- 6 遺跡（Wasylikowa *et al.* 1993などより）

はあまりに希薄であり、当面は留保すべきであろう。オオムギも同様である。ナブタ下層出土のオオムギは、わずか3点（裸オオムギが1点、6条皮性オオムギが2点）である。標本数の乏しさもさることながら、同定自体にも疑問が投げかけられている。というのも、その後の再検討では栽培オオムギ・コムギが確認されていないからである（Wasylikowa *et al*.1993）。

したがって、この遺跡（およびこれと併行するビール・キセイバ Bir Khiseiba などの遺跡群）の評価は修正されねばなるまい。ナブタ遺跡は、一時期さかんに喧伝された旧石器時代末のワディ＝クッバニーヤ Wadi Kubbaniya などと同様に、定住的な狩猟採集漁撈民の遺跡ではないかと思われる。しかも、そこでおもに採集されていたのはコムギ・オオムギではなく、むしろソルガムなどのアフリカ系野生植物であった。したがって、現状では次のように考えておくのがもっとも妥当であろう。ナイル下流域への農耕牧畜の拡散が紀元前5500～5000年頃、それから約1000年遅れてナイル中流域の初期新石器文化（バダーリ文化）が始まった。西部沙漠やナイル上流域への本格的な拡散はこれよりもやや遅く、ヒプシサーマルの時期（紀元前5～3千年紀）と考えられる（Midant-Reynes 2000）。ただし注意すべきことが2つある。第一に、こうした農耕牧畜の拡散経緯と土器の出現経緯とはかならずしも対応していない。サハラの定住的狩猟採集漁撈民文化（ナブタ遺跡の中層を含む）には、波状文・綾杉文を施した丸底粗製土器がしばしばともなうが、これが北アフリカで独自に起源したことは明らかである。第二に、考古学的な調査はまだ不十分であるが、西アフリカまたは中央アフリカ起源の農耕(とくにモロコシ・ミレット類・テフなどを主要作物とする農耕)があったことは確かであり、これとの関係が今後の課題である。

（3） 西へ

ヨーロッパ大陸における農耕牧畜の起源は、チャイルド以来の古典的なテーマである。そのためさまざまなモデルが提示されてきたが、ヨーロッパ世界における農耕牧畜の起源が西アジアにあるという点では、意見はほぼ一致している。というのも、すくなくともアルプス以北のヨーロッパ世界は、野生コムギ・オオムギやヤギ・ヒツジの分布域からはずれていたと考えられるからである（第1章参照）。したがって、それらは栽培作物または家畜動物として外部から導入されたことになろう。同時代の近隣世界にその導入元を求めると、西アジア以外の候補はない。事実、ヨーロッパ各地で出土したムギとヒツジを地図上にプロットすると、西アジアから遠ざかるに連れてその出現時期が遅くなる（図83）。ヨーロッパ世界の農耕・牧畜が西アジア起源であることは、まず間違いなかろう。

問題は、西アジアと類似の気候・植生条件をもつ環地中海世界(とくにエーゲ海地域）で、農耕牧畜が独自に起源した可能性である。しかし、この地域では、1）終末期旧石器文化の遺跡が希薄である、2）初期農耕集落遺跡の分布が東側または北側（つまりアナトリア

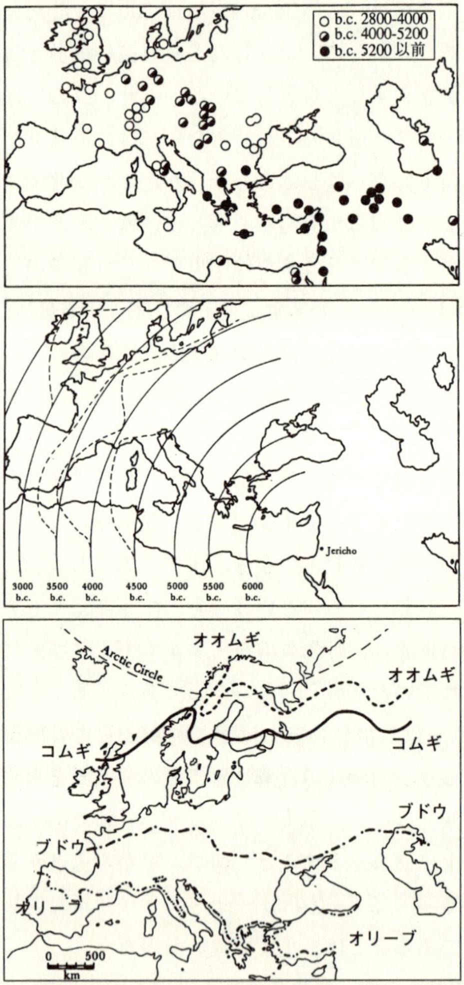

図83　ヨーロッパへの拡散（Dennell 1992，Clark 1965，Ammerman and Cavalli-Sforza 1984 などより）

側）に偏している、３）当初から栽培コムギ・オオムギや家畜ヤギ・ヒツジなどをセットとして含んでいる、などの特徴が認められる（周藤 1997）。このことは、この地域の農耕牧畜が西アジアからの伝播・拡散によって始まったということを強く示唆している。農耕牧畜が始まったタイミングも、アナトリア西部とほぼ符合している。フランクティ洞窟 Franchti、セスクロ Sesklo、ネア＝ニコメディア Nea Nikomedia など、エーゲ海世界の初期農耕集落はすべて紀元前6000～5000年の枠内に収まる。その意味でも、アナトリア西部からの伝播・拡散を想定し得るであろう。このようなことから、一時期さかんに喧伝されたギリシアにおける農耕独自起源説は、今日では大幅にトーンダウンしている。

バルカン半島全体についても、これと同じことがいえそうである。この地域でも、西アジアの新石器文化に見られるようなテルが形成され、幾何学文を中心とした彩文土器が製作されている。ブルガリア南部のカラノヴォ Karanovo I 層、ユーゴスラビアのスタルチェボ Starčevo、ドナウ川中流盆地のケレス Körös などの遺跡がそうである。これらの地域までは、西アジア型の混合農業（より正確には、アナトリア西部型の混合農業）が比較的ダイレクトな形で移植または受容されたものと考えられる（ただし一方的な受容というよりも、相方向的な刺激といった方がより正確であるが）。

したがって、問題はアルプス以北の地域への伝播拡散であるが、このときの起点となったのが、東はドイツ・ポーランドから西はオランダ南部・フランス東部まで、ヨーロッパの中央部分に広く分布する帯文土器（LBK＝Linierbandkeramik）の文化（紀元前4500〜4300年頃）である。ロングハウスをもうひとつの特徴とするこの文化との接触を通して、ヨーロッパ北半の中石器文化が徐々に農耕・牧畜化していったというのが、現在の一般的な見方である（Barker 1985、Pirce *et al.* 1995、Price 2000）。なお、ヨーロッパ世界の最北端であるイギリスやスカンジナビア半島にムギとヒツジが到達したのは、紀元前3000〜2000年頃のことであった（Thomas 1996、Zvelebil 1996）。西アジア世界で本格的な拡散が進行しはじめたのが先土器新石器文化 B 後期であるから、そこから数えて約3000〜4000年後のことであった。

なお、こうした陸路による拡散とは別に、地中海沿岸の地域では海岸沿いの伝播・拡散があったと考えられている (Dennell 1992)。シシリー島のデル゠ウッツォ dell'Uzzo や南仏のアビュラドール Abeurador などの遺跡が、その一例である。

（4） 北へ

北とは、この場合、コーカサス回廊を指す。この地域は、農耕牧畜が独自に起源した地域のひとつとして、ヴァヴィロフ（コラム1参照）の時代から注目されてきた。とりわけ、ライムギやチモフェビ系二粒コムギの栽培化に関しては、この地域の重要性がしばしば指摘されてきた。しかしこの地域に蓄積した遺伝的変異の多様性（ヴァヴィロフはこれを栽培化の一根拠とした）は、レヴァント系・ザグロス系・アナトリア系・トルクメニスタン系など、西アジア各地の農耕牧畜文化が隘路に集中・累積した結果とも見なし得る。また、ライムギに関していうと、その野生種は北シリアのテル゠アブ゠フレイラ（ナトゥーフ後期）やムレイビット（ムレイビット文化）でも出土しており、また栽培種はアナトリア高原中央部のジャン・ハサンⅢ（土器新石器文化前半）などでも確認されているので、コーカサスにおける栽培化だけを力説する根拠はすでに失われている。

新石器文化にいたるまでの文化的連続性を欠いていることも、コーカサス独自起源説の弱点である。ここでは、カスピ海西岸ダゲスタン地方のチョク遺跡 Chokh を例に述べてみよう（図84）。この遺跡は、コーカサス地方で現在知られている最古の新石器文化遺跡のひとつであるが、中石器文化層（紀元前8～7千年紀、つまりレヴァント編年の先土器新石器文化A後半から先土器新石器文化Bの時期）の直上に、新石器文化層（紀元前6千年紀前半）が重なっている（Kushnareva 1997)。中石器文化層では、野生コムギ・オオムギは出土していない。また狩猟動物相も、後の家畜動物にはかな

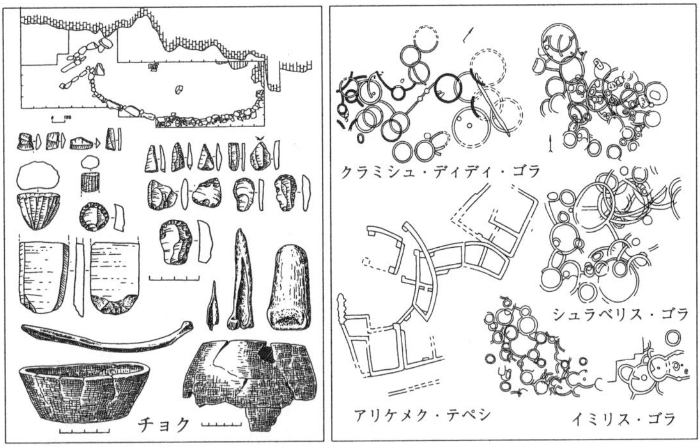

図84　チョク遺跡（Kushnareva 1997より）

らずしも収斂していない。ところが、その直上の新石器文化層になると、一粒系・二粒系の栽培コムギやパンコムギ、オオムギ、オーツムギなどの栽培植物が突然検出されるようになる。また、アカシカなどの野生動物と並んで、ウシやヒツジ、そしておそらくはヤギなどの家畜動物骨も出土するようになる。このように、チョク遺跡における農耕牧畜の始まりはいかにも唐突であり、外部からの波及によって成立した可能性が高い。そのタイミングも、環西アジア世界の新石器化と軌を一にしている。先述したように、東側のトルクメニスタンでもこれとほぼ同じ時期に拡散が進行していた。

したがって、在地の定住的狩猟採集民による農耕・牧畜の部分的受容が、この遺跡における新石化の実態であろう。事実、遺構や遺物の面で2つの文化層に大きな違いは認められない。新石器文化層の遺跡面積はわずかに$800m^2$であり、岩陰の壁面を利用した石積みの楕円形遺構が2件確認されているにすぎない。石器も中石器文化（トリアレト文化）の伝統を強く保持しており、不等辺三角形細石器、台形細石器、円形スクレイパー、円錐状の単設打面（細）石刃石核などを含んでいる。骨角器の多用も、新旧２つの文化層に共通している。唯一、土器や磨製石斧の出現だけが明確な相違点である。

したがって、コーカサスの新石器化が西アジアからの拡散によることは、明らかであろう。しかし、その拡散がどのようなルートをたどったのかは、まだよくわかっていない。北シリア（テル＝サビ＝アビアド）、チグリス・ユーフラテス上流域（チャユヌ、ジャフェル＝ホユック）、シンジャール平原（ウンム＝ダバギーヤ、ヤリム＝テペＩ）、ウルミア湖地方（ハッジ＝フィルーツ、ヤニク＝テペ）、カスピ海方面（ベルト洞窟）などの中継地が考えられるが、詳細は今後の課題である。なお、これらの新石器文化遺跡では、トリアレト文化系とおぼしき直剪鏃（台形細石器）がしばしば出土している。これは、農耕拡散時における接触の双方向性を示す資料であり、注目に値する（Nishiaki 1993、藤井 2000）。

コーカサスで大型の農耕牧畜集落が営まれ、西アジア型のテルが形成されるようになったのは、シュラベリ・ショムク＝テペ文化に代表される後期新石器時代（紀元前５～４千年紀前半）のことであった。この時期になると、さすがに細石器の伝統は後退している。しかし、小型円形遺構の密集する集落が依然として営まれていたという点で、狩猟採集民の輪郭が部分的に保持されていたと考えられる。事実、この時期の遺跡では狩猟・漁撈の比重が依然として高かったことが判明している。コーカサスにおける初期農耕の受容のあり方には、シナイ・ネゲブやエジプト、あるいはキプロス島などとの類似点が多く、きわめて興味深い。

（５） 極東アジアへ

時計の針が一まわりしたところで、もう一度東側に戻り、日本を

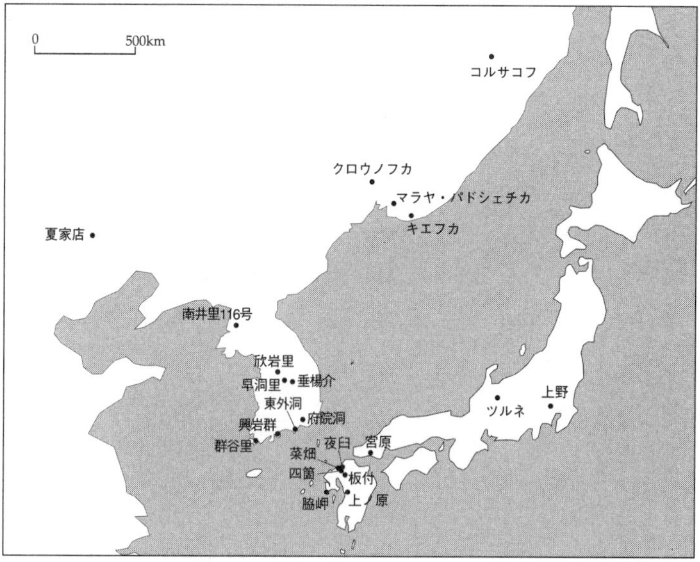

図85　極東アジアのムギとヒツジ

含む極東アジアのムギとヒツジについて簡単に触れておこう（図85）。

まずムギについて。中国におけるムギの栽培は、新石器時代後半の廟底溝第二期文化（紀元前3000年頃）から、（後述するヒツジの導入とほぼ同時に）始まったと考えられている（甲元 2001a）。ただし、これは鎌形収穫具の編年と分布にもとづく推定であって、植物遺存体による具体的な確認はまだ行われていない。ムギの栽培が明確になるのは、次の竜山文化からのようである。陝西省趙家来遺跡ではコムギの圧痕が、また河北省午辛遺跡ではムギ藁が、それぞれ検出されている。

沿海州・朝鮮半島方面におけるコムギ・オオムギの出土は、これよりもやや遅れる。沿海州では、ヤンコフスキー文化（紀元前1千年紀）のマラヤ＝バドゥシェチカからオオムギが、また、クロウノフカ文化のクロウノフカ、コルサコフカ、キエフカなどの遺跡からオオムギ（全遺跡）およびパンコムギ（最初の2つの遺跡）が、それぞれ出土している（大貫 1998）。一方、朝鮮半島では、欣岩里・早洞里・良洞里などの青銅器時代遺跡でオオムギやコムギの出土が確認されている（早乙女 2000、甲元 2001b）。これらの遺跡ではアワやモロコシなどがしばしば伴出しており、畑作雑穀のひとつとしてムギが利用されていたと考えられる。なお、極東アジアでは一般にコムギよりもオオムギが重用されているが、これはこの地域の冬の気温の低さのためであろう。ユーラシア西端のスカンジナビア半島（図83）でも、これと同じ現象が認められる（Zvelebil 1996）。

日本列島出土のムギも、極東アジアの延長線上にある（寺沢・寺沢 1981、甲元 2000）。出土の年代もほぼ符合している。縄文後期～晩期前半の事例としては、岐阜県のツルネ遺跡、埼玉県の上野遺跡、福岡県の四箇遺跡群、同東遺跡、熊本県上ノ原遺跡などで、オオムギが出土したとの報告がある。突帯文土器に代表される縄文晩期後半になるとより確実な資料が増加し、たとえば、佐賀県菜畑遺跡、長崎県脇岬遺跡などでオオムギが出土したといわれている。弥生前期では、福岡県夜臼遺跡（オオムギの圧痕）、福岡県板付遺跡（コムギのプラントオパール）、山口県宮原遺跡（オオムギ・コムギの炭化種子）などの遺跡で、出土の報告がある。以上のことから、日本列島へのコムギ・オオムギの伝来は、すくなくとも紀元前1千年紀の後半、部分的には同2千年紀にさかのぼる資料も含まれると要約できよう。なお、縄文時代まではオオムギが中心であり、コムギの出土は弥生時代以降に集中している。オオムギの重視は、極東アジア全般の特徴のようである。

一方、ヒツジについての情報は乏しい。中国では新石器時代後半の廟底溝第二期文化の段階で、先述したコムギ・オオムギの栽培とともにヒツジの飼育が始まったと考えられている（甲元 2001a）。その中心は黄河以北の地域であり、北方ステップ地帯との関係を示唆している。次の竜山文化では、多数の遺跡で出土が報告されている。やや東に移動して、遼西の夏家店下層文化（紀元前2千年紀）では野生ヒツジが出土しており、同上層文化（紀元前1千年紀）の段階で家畜化が成立したといわれている（大貫 1998）。しかし、これと同時期の朝鮮半島では、まだ確実な出土例は知られていない。日本列島においても、すくなくとも弥生時代以前の遺跡ではヒツジはまだ出土していないようである。わが国の場合、正倉院蠟纈屏風に描かれた図像が最古といってもよい状態であり、実際にヒツジが入ってきたのは江戸末期または明治時代のことと考えられる。ムギと一対であったはずのヒツジは、朝鮮半島を南下する過程で徐々に脱落していったかのようである。

なお、極東アジアのムギとヒツジが西アジアとどうつながるのかは、まだよくわかっていない。というのも、両者の中間地帯（中国西北部および中央アジア方面）のデータが決定的に不足しているからである。中央アジアを介した伝播・拡散があり得るのか。それとも、中央アジアや華北における独自の栽培化・家畜化が考えられるのか。蒙古高原周辺には野生のオオムギやヒツジが分布していたといわれているだけに、微妙な問題である。この点は今後の調査を待つほかあるまい。

3　伝播・拡散を振り返って

（1）一元論と多元論

ユーラシア東西のムギとヒツジについて述べたが、そのすべてが西アジアからの一元的な伝播・拡散とはかぎらない。しかし、ヨーロッパからパキスタン・トルクメニスタンまでのムギとヒツジが西アジアからの拡散であることは、まず間違いなかろう。ギリシアやエジプトにおける農耕独自起源説が喧伝された時期もあったが、またその可能性は依然として残ってはいるが、最終的にその地域の主流となったのは西アジア型の農耕牧畜文化であった。東アジアについても、同じことがいえるであろう。年代的にみて、また拡散の方向や野生ムギ・ヒツジの分布域からみて、日本を含む極東アジアへの拡散が、中央アジア経由・西アジア起源であった可能性はやはり高いように思われる。

しかし、ユーラシア東西のムギとヒツジが西アジアからの一元的な伝播・拡散であったかどうかは、じつは、それほど重要な問題ではない。なぜなら、遠隔地に行けば行くほど、西アジアよりもむしろその中間にある第二次・第三次の栽培化・家畜化センターの方が、重要な意味をもってくるからである。たとえば北ヨーロッパの場合、重要なのは、中央黄土地帯の帯文土器文化であろう。朝鮮半島・日本列島の場合は、遼西の紅山文化・夏家店文化である。これらの文化を境に、ユーラシア東西へのムギとヒツジの拡散は、海洋性かつ本格的な夏雨地帯へと突入したことになる。その意味でも、上記の諸文化における変容こそが、伝播・拡散の本源としてより重視されるべきであろう。西アジアまでの系脈をおぼろげにたどってみたところで、それほど大きな実りがあるとは思えない。

そもそも、西アジアの農耕牧畜自体がすでに一元的ではなかった(第6章参照)。先土器新石器文化B中・後期のユーフラテス中・上流域で成立した混合農業が西アジア世界への拡散の本源となったことは確かであるが、この拡散によって西アジア全域に均質な農耕牧畜文化が成立したわけではない。たとえばメソポタミア沖積地への拡散は、ユーフラテス中・上流域の粗放天水農耕とはおよそ異質な大規模灌漑農業を生んだ。ザグロスでは上下方向の移牧をともなう独自の新石器文化を、またアナトリアではウシに力点をおく特異な新石器文化を生み、レヴァント南部では遊牧的適応への回帰をも育んだ。

ユーラシア東西への拡散に際しては、これらの諸文化が起点となったのである。したがって、「西アジアの農耕牧畜文化」という一元的な拡散源が存在していたわけではない。東側への拡散ではザグロスのムレファート後期文化が、西側への拡散ではアナトリアの土器新石器文化が、また南西方向への拡散ではレヴァント南部の後期新石器文化が、北側への拡散ではタウルスや北イラクの土器新石器文化が、それぞれの起点となった。その意味で、古典的な西アジア一元論はもはや成立しない。拡散は当初からすでに多元的であったというべきであろう。

（2）　拡散時の回帰現象

面白いことに、伝播・拡散先の農耕は、伝播・拡散元の農耕形態とは関係なく、しばしば低湿地の小規模園耕から始まっている。シナイ・ネゲブ、エジプト、トランスコーカサス、キプロスなどの初期農耕がまさにそうであった（メソポタミア低地の灌漑農業ですら、すくなくとも当初はそれに近かったと考えられる）。そこでは狩猟採集民に固有の円形密集遺構からなる小集落が営まれ、栽培ムギや家畜ヒツジがごく部分的に導入されていた。同じことは、環西アジア世界でも認められた。たとえばトルクメニスタンのジェイトゥン文化（Harris and Gosden 1996）や、ギリシアの初期新石器文化（Halstead 1996）などがそうである。当然、こうした伝播・拡散先の集落規模は小さく、たとえばブルガリアにおける最大クラスのテル型集落は人口約150～200人であったといわれている（Dennell 1992）。ヨーロッパ中部の帯文土器文化の集落になると、約20～60人という推定が一般的である（Hammond 1981）。農耕自体の内容といい、集落の形態や規模といい、あたかもスルタン文化の低湿地小規模園耕が伝播・拡散の先々で再現されていったかのようである。

しかし、このこと自体は決して不思議なことではない。というのも、伝播・拡散の先々で農耕や牧畜を受容したのは、その地域の中石器文化狩猟採集民だったからである。当然のことながら、伝播・拡散の先々では、スルタン文化がまさにそうであったように、「狩猟採集民の農耕」が始まったことになろう。それが上記のような形態・内容を示すのは、ある意味で当然である。

伝播・拡散の過程で、「農耕牧畜民の農耕」が「狩猟採集民の農耕」へといったんは回帰する。こうした螺旋状の展開を通して、ムギとヒツジはユーラシアの東西に広がっていったのではないだろうか。したがって、伝播・拡散の先々に、拡散元の農業社会そのものが受容・導入されたのではない。そこで受容されたのは植物性資源としてのムギであり、動物性資源としてのヒツジにすぎない。むろん、この両者にかかわる技術や信仰などもしばしば伝えられたには違いないが、重要なのは、社会システムとしての農業社会そのものが伝えられたわけではない、という点である（そもそも、社会システム全体を移植または受容することは不可能である）。

したがって、伝播・拡散の先々でやがて進行しはじめる「狩猟採集民の農耕」から「農耕牧畜民の農耕」へのシフトは、むしろその地域に固有の問題であって、ムギとヒツジの伝播・拡散とはおよそ別次元の問題といわねばならない。当然のことながら、伝播・拡散元の農業社会とは異質の農業社会が形成されることもある。その典型がエジプトであろう。そこでは、伝播・拡散元のレヴァント南部とは異なる独自の農業社会が形成された。

と同時に、その次の地域への伝播・拡散先がどのタイミングで進行しはじめるのかも、ケースバイケースであろう。農業社会への展開があってようやく次への伝播・拡散が始まったのが、たとえば中央アジア方面、またはパキスタン以東の地域である。そこでは、成熟した農業社会であるナマズガ文化やメヘルガル文化を起点とした、第二次の伝播・拡散の痕跡が認められる。一方、農業社会への展開がないままの拡散、つまり「狩猟採集民の農耕」を維持したままの拡散が進行したのが、たとえばイラン高原南部であろう。先述したように、ザグロス山麓南部とメヘルガルとの中間地帯では、先土器新石器文化の大型集落はまだ確認されていない。

ムギとヒツジの伝播・拡散には、こうした多様な経緯があったと考えられる。逆にいうと、このような柔軟なあり方を通してはじめて、伝播・拡散が実際に進行し得たのであろう。ユーラシア東西へのムギとヒツジの拡散は、そのことを物語っているように思われる。

（3）「東アジアのムギ」「西アジアのイネ」

最後に、西アジア起源のムギとヒツジが、東アジア起源のイネ・ブタと交差する際の事情について一言述べておこう（なお、ここでいう「イネ」には、西アフリカ起源のイネ *O. glaberrima* は含まれない)。ムギとヒツジは紀元前8000～6000年頃の西アジアで成立し、そこから東アジアに向かって東漸しはじめた。これとほぼ同じ頃、イネとブタは長江の中・下流域に起源し、そこから北上または南下・西漸しはじめた。したがって、両者は北東と南西の２カ所でクロスしはじめたことになる。

北東とは、つまり、紀元前２～１千年紀の極東アジアである。朝鮮半島では、たとえば京畿道驪州郡欣岩里遺跡12号住居址で、炭化イネとオオムギが伴出している（大貫 1998、早乙女 2000）。そのどちらが表作で、どちらが裏作であったのかはわからないが、イネ（おそらく陸稲）を含めて畑作物が中心であったことだけは確かである。一方、ヒツジはブタの舎飼と相容れなかったためか、すくなくとも定住的な農耕民の集落からは脱落していったようである。朝鮮半島以南の先史社会では、ヒツジの本格的な利用は認められない。

一方、南側ルートを東漸するムギとヒツジが南下・西漸するイネとブタに初めて出会ったのが、紀元前3千年紀後半〜2千年紀のインダス河流域であったと考えられる。ハラッパ、ピラク、アリグラーマ、ロエバンルⅢなどの遺跡では、ムギとイネが伴出している（Costantini 1979、1981、Gloverand and Higham 1996）。この地域の自然条件から考えて、また周囲の動向からみて、ムギの裏作としてイネが導入されたものと思われる。なお、ブタについては随所で家畜化の兆候が認められるので、こうした図式で考えること自体が無理かもしれない。

さて、この時点から両者が本格的にクロスしはじめたことになる。その結果、東側の一部で成立したのが、イネを基幹作物とし、ムギおよび他の雑穀を裏作とする、（ヒツジを欠きブタだけをともなった）水田・舎飼家畜型の集約的農耕文化であった。一方、西側の一部に浸透したのが、ムギを基幹作物とし、イネおよび他の雑穀を裏作とする、（ヒツジをともないブタはおもに狩猟する）乾地・放牧家畜型の粗放的農耕牧畜文化であった。「ムギとヒツジ」あるいは「イネとブタ」——アジアの東西で成立した初期農耕文化は、たがいに交差しながらも、結局はそれぞれの固有性を維持しつづけたのである。

参考文献一覧

全体に関わるもの

大津忠彦・常木晃・西秋良宏『西アジアの考古学』同成社、1998年。

マイケル・ローフ著、松谷敏雄監訳『古代のメソポタミア』朝倉書店、1994年。(Roaf, M. (1990) *Cultural Atlas of Mesopotamia and the Near East*, Oxford.)

松本健・常木晃編『文明の原点を探る—新石器時代の西アジア』同成社、1995年。

Aurenche, O. (1981) *La Maison Oriental: L'Architecture du Proche Orient Ancient des Origines au Millieu du Qautrième Millénaire,* Paris.

Aureche, O. and S. K. Kozlowski (1999) *La Naissance du Néolithique au Proche Orient,* Paris.

Cauvin, J. (1978) *Les Premiers Villages de Syrie-Palestine du IXè au VIIè Millénaire avant J. C.,* Lyon.

Forest, J.-D. (1996) *Mesopotamie: L'Apparition de l'État VIIè – IIIè Millénaires,* Paris.

Harris, D. R. (ed.) (1996) *The Origins and Spread of Agriculture and Pastralism in Eurasia,* London.

Hours, F., O. Aurenche, J. Cauvin, M.-C. Cauvin, L. Copeland, and P. Sanlaville (1994) *Atlas des Sites du Proche Orient,* Paris.

Huot, J.- L. (1994) *Les Premiers Villageois de Mésopotamie,* Paris.

Mellaart, J. (1975) *The Neolithic of the Near East,* New York.

Oates, D. and J. Oates (1976) *The Rise of Civilization,* New York.

Redman, C. A. (1978) *The Rise of Civilization*, San Francisco.

Singh, P. (1974) *Neolithic Cultures of Western Asia*, London and New York.

コラム1

Braidwood, R. J. (1960) The agricultrual revolution, *Scientific American* 203：130–141.

Braidwood, R. J. (1975) *Prehistoric Men*, Illinois. (R. J. ブレイドウッド著、泉靖一・増田義郎・大貫良夫・松谷敏雄訳『先史時代の人類』新潮社、1969

年）
de Candolle（1884）*Origin of Cultivated Plants*, London.（ドゥ・カンドル著、加茂儀一訳『栽培植物の起源』岩波書店、1977年）
Childe, V. G.（1936）*Man makes Himself*, London.（チャイルド著、ねずまさし訳『文明の起源』岩波書店、1951年）
Childe, V. G.（1952）*New Light on the Most Ancient East*, New York.
Vavilov, N. I.（1951）*The Origins, Variation, Immunity and Breeding of Cultivated Plants*, Chronica Botanica13.（ヴァヴィロフ, N. I. 著、中村英司訳『栽培植物発祥地の研究』八坂書房、1980年）
Wright, H. Jr.（1968）Natural environment of early food production in the Near East, *Science* 161.
コラム２
Binford, L. R.（1968）Post-Pleistocene adaptations. In : Binford, S. R. and L. R. Binford（eds.）*New Perspectives in Archaeology*, pp. 313–341, Chicago.
Boserup, E.（1965）*The Conditions of Agricultrual Growth*, Aldine.（エスター・ボスラップ著、安沢秀一・安沢みね訳『農業成長の諸条件―人口圧による農業変化の経済学』ミネルヴァ書房、1975年）
Flannery, K. V.（1969）Origins and ecological effects of early domestication in Iran and the Near East. In : Ucko, P. J. and G. W. Dimbleby（eds.）*The Domestication and Exploitation of Plants and Animals*, pp. 73–100, Chicago.
Flannery, K. V.（1973）The origins of agriculture, *Annual Reviews of Anthropology* ２：271–310.
Harlan, J. R.（1967）A wild wheat harvest in Turkey, *Archaeology* 20（３）：197–201.
Lee, R. B. and I. Devore（eds.）（1968）*Man the Hunter*, Chicago.
Perrot, J.（1966）Le gisement natoufien de Mallaha（Eynan）, Israel, *L'Anthropologie* 70：437–484.
コラム３
Ph. E. L. スミス著、戸沢充則監訳、河合信和訳『農耕の起源と人類の歴史』有斐閣選書、1986年（Smith, P. E. L.（1976）*Food Production and Its Consequences*.）

Cauvin, J.（1972）*La Religions Néolithiques de Syro-Palestine*, Paris.

Cauvin, J.（1994）*Naissance des Divinités Naissance de l'Agriculture*, Paris.

Harris, D. R. and G. C. Hillman （eds.）（1989）*Foraging and Farming*, London.

Hayden, B.（1990）Nimrods, piscators, pluckers, and planters : The emergence of food production, *Journal of Anthropological Archaeology* 9 ：31-69.

Hayden, B.（1995）A new overview of domestication, In : Price, T. D. and A. B. Gebauer（eds.）*Last Hunters – First Farmers*, pp. 273-299, Santa Fe.

Higgs, H. S.（ed.）（1972）*Papers in Economic Prehistory*, Cambridge.

Hole, F.（1984）A reassessment of the Neolithic Revolution, *Paléorient* 10 / 2 ：49-60.

Hole, F. （1989） A two-part, two-stage model of domestication. In : Cluttton-Brock, J.（ed.）*The Walking Larder*, pp. 97-104, London.

Moore, A. M. T. （1985） The development of Neolithic societies of the Near East, *Advances in World Archaeology* 4 ： 1 -69.

Moore, A. M. T. and G. C. Hillman（1992）The Pleistocene to Holocene transition and human economy in Southwest Asia : The impact of the Younger Dryas, *American Antiquity* 57：482-494.

Rindos, D. （1984）*The Origins of Agriculture : An Evolutionary Perspective*, New York.

コラム4

今西錦司『遊牧論そのほか』秋田屋、1964年。

梅棹忠夫「狩猟と遊牧の世界」「狩猟と遊牧の世界（続）」『思想』 2月号・4月号、岩波書店、1965年。

梅原猛・安田喜憲編『講座文明と環境（3巻：農耕と文明）』朝倉書店、1995年。

阪本寧男『雑穀のきた道』NHKブックス、1985年。

田中正武『栽培植物の起原』NHKブックス、1975年。

中尾佐助『栽培植物と農耕の起源』岩波新書、1966年。

中尾佐助『料理の起源』NHKブックス、1972年。

西田正規『定住革命―遊動と定住の人類史』新曜社、1986年。

福井勝義・谷泰『牧畜文化の原像：生態・社会・歴史』日本放送出版協会、1987年。

増田精一『オリエント古代文明の源流』六興出版、1986年。

松井健『セミ・ドメスティケイション―農耕と遊牧の起源再考』海鳴社、1989年。

コラム6

谷　泰『神・人・家畜―牧畜文化と聖書世界』平凡社、1997年。

Frankfort, H.（1954）*The Art and Architecture of the Ancient Orient*, London.

第1章

赤木祥彦『沙漠の自然と生活』地人書房、1990年。

鈴木秀夫『風土の構造』大明堂、1975年（a）。

鈴木秀夫『氷河時代』講談社、1975年（b）。

鈴木秀夫『森林の思考・砂漠の思考』日本放送出版協会、1978年。

常木晃「西アジア型農耕文化の誕生」『講座文明と環境3：農耕と文明』朝倉書店、1995年。

藤井純夫「ムギが先か、文化が先か―西アジア農耕起源論の再検討」古代オリエント博物館編『文明学原論』山川出版社、1995年（a）。

藤井純夫「西アジア農耕起源論の出発点―完新世初頭における野生種ムギの分布」松本健・常木晃編『文明の原点を探る―新石器時代の西アジア』同成社、1995年（b）。

Abujaber, R. S.（1989）*Pioneers over Jordan*, London.

Brawer, M.（ed.）（1988）*Atlas of the Middle East*, New York.

Butzer, K. W.（1978）The late prehistoric environmental history of the Near East. In: Brice, W. C.（ed.）*The Environmental History of the Near and Middle East Since the Last Ice Age*, pp. 5–12, London.

El-Moslimany, A. P.（1994）Evidence of early Holocene summer precipitation in the continental Middle East. In: Bar-Yosef, O. and R. S. Kra（eds.）*Late Quaternary Chronology and Paleoclimates of the Eastern Mediterranean*, pp. 121–130, Ann Arbor.

El-Sherbini, A. A.（1976）*Food Security, Issues in the Arab Near East*, Oxford.

Danin, A. (1995) Man and the natural environment. In: Levy, T. E. (ed.) *The Archaeology of Society in the Holy Land*, pp. 24-37, London.

Davis, S. (1987) *The Archaeology of Animals*, New Haven & London.

Henry, D. O. (1989) *From Foraging to Agriculture*, Philadelphia.

Tchernov, E. (1981) The biostratigraphy of the Middle East. In: C.N.R.S. (ed.) *Préhistoire du Levant*. Maison de l'Orient, pp. 67-97, Lyon.

Uerpmann, H. P. (1987) *The Ancient Distribution of Ungulate Mammals in the Middle East*, Dr. Ludwig Reichert Verlag, Wiesbaden.

van Zeist, W. and S. Bottema (1991) *Late Quaternary Vegetation of the Near East*, Wiesbaden.

Zohary, M. (1973) *Geobotanical Foundations of the Middle East*, Stuttgart.

Zohary, D. and M. Hopf (1993) *Domestication of Plants in the Old World*. Oxford.

第２章

赤澤威 『ネアンデルタール・ミッション』岩波書店、2000年。

田中二郎『ブッシュマン—生体人類学的研究』思索社、1971年。

常木晃 「農耕誕生」『食料生産社会の考古学』朝倉書店、1999年。

藤井純夫「レヴァント初期農耕文化の研究」『岡山市立オリエント美術館研究紀要』１号、1971年。

藤井純夫「鎌刃の装着法分類」『古代オリエント論集』山川出版社、1983年。

藤井純夫「カイト・サイト—レヴァント地方先土器新石器文化の一側面」『オリエント』29巻２号、1987年。

藤井純夫「西アジアにおける追い込み猟の系譜」『岡山市立オリエント美術館研究紀要』９巻、1989年。

藤井純夫『家畜化過程の先史考古学的検証—レヴァント南部におけるヤギの家畜化とヒツジの導入について』博士論文、東京大学大学院、1996年。

藤井純夫「西アジア初期新石器文化における住居遺構の判定基準」藤本強編『住の考古学』同成社、1997年。

藤井純夫「群れ単位の家畜化説：西アジア考古学との照合」『民族学研究』64（１）号、1999年（a)。

藤本強「石皿・磨石・石臼・石杵・磨臼（Ⅰ）～（Ⅵ)」『東京大学文学部考古学研究室研究紀要』２－４号、５－８号、1983-85、87-89年。

Bar-Yosef, O. and N. Goring-Morris (1977) Geometric Kebaran A occurrences. In : Bar-Yosef, O. and J. L. Phillips (eds.) *Prehistoric Investigations in Gebel Mughara, Northern Sinai*, pp. 115–148, Jerusalem.

Bar-Yosef and Meadow (1995) The origins of agriculture in the Near East. In : Price, T. D. and A. B. Gebauer (eds.) *Last Hunters First Farmers*, pp. 39–94, Santa Fe.

Davis, S. (1987) 第1章文献参照。

Edwards, P. C. (1989) Revising the broad spectrum revolution : and its role in the origins of Southwest Asian food production, *Antiquity* 63 : 225–246.

Fujimoto, T. (1983) Microwear analysis of microliths from the Upper and Epi-Paleolithic assemblages from Palmyra basin, *The University Museum, The University of Tokyo, Bulletin* 21 : 109–133.

Fujimoto, T. (1988) Early cereal utilization : sickle polish on microliths from the Upper- and Epi-palaeolithic assemblages from Palmyra Basin, Syria. In : Beyries (ed.) *Industries Lithiques : Traceologie et Technologie*, pp. 165–173, Oxford.

Goring-Morris, N. (1983) *At the Edge : Terminal Pleistocene Hunter-Gatherers in the Negev and Sinai*, Oxford.

Helms, S. and A. Betts (1987) The desert "kites" of the Badiyat esh-Sham and north Arabia. *Paléorient* 13/1 : 41–67.

Henry, D. O. (1989) 第1章文献参照。

Kislev, M. E., D. Nadel, and I. Carmi (1992) Epi-Palaeolithic cereal and fruit diet at Ohalo II, Sea of Galilee, Israel, *Review of Palaeobotany and Palynology* 71 : 161–166.

Nadel, D. (1999) Scalene and proto-triangles from Ohalo II, *Journal of the Israel Prehistoric Society* 29 : 5–16.

Nadel, D. and E. Werker (1999) The oldest ever brush hut plant remains from Ohalo II, Jordan Valley, Israel (19000BP), *Antiquity* 73 : 755–764.

Perkins, D. Jr. (1964) Prehistoric fauna from Shanidar, Iraq, *Science* 144 : 1565–1566.

Sillen, A. and J. A. Lee-Thorp (1991) Dietary change in the Late Natufian. In : Bar-Yosef, O. and F. R. Valla (eds) *The Natufian Culture in the Levant*, pp. 399–410, Ann Arbor.

Smith, O. (1991) The dental evidence for nutritional status in the Natufians. In : Bar-Yosef, O. and F. R. Valla (eds) *The Natufian Culture in the Levant*, pp. 425-432, Ann Arbor.

Solecki, R. L. (1980) *An Early Village Site at Zawi Chemi Shanidar*, Malibu.

Tchernov, E. (1994) *An Early Neolithic Village in the Jordan Valley, part II : The Fauna of Netiv Hagdud*, Cambridge.

Uerpmann, H. P. (1987) 第1章文献参照。

Uerpmann, H. -P. and W. Frey (1981) Die Umgebung von Gar-e Kamarband (Belt Cave) und Gar-e 'Ali Tappe (Beh-Shar, Mazanderan, N-Iran) Heute und im Spätpleistozän. In : Frey, W. and H.-P. Uerpmann (eds.) *Beiträge zur Umweltgeschichte des Vorderen Orients*, pp. 134-196, Wiesbaden.

Valla, F. R. (1975) *Le Natoufien*, Paris.

第3章

藤井純夫「西アジアの戦いの始まり」『倭国乱る』朝日新聞社、1996年。

藤井純夫「西アジア初期農耕の土地選択—低湿地園耕の成立と展開」常木晃編『現代の考古学—食料生産社会の考古学』朝倉書店、1999年（b）。

藤井純夫「新石器時代の「町」イェリコの人口」『考古学雑誌』84巻9号、1999年（c）。

藤井純夫「新石器時代の「町」イェリコの周壁」『考古学雑誌』85巻3号、2000年。

中尾　1966年　コラム4文献参照。

Bar-Yosef, O. (1986) The wall of Jericho : An alternative interpretation, *Current Anthropology* 27/2 : 157-162.

Bar-Yosef, O. and A. Belfer-Cohen (1989) The origins of sedentism and farming communities in the Levant, *Journal of World Prehistory* 3 : 447-498.

Bar-Yosef, O. and A. Gopher (1997) *An Early Neolithic Village in the Jordan Valley, part I : The Archaeology of Netiv Hagdud*, Cambridge.

Contenson, H. de. (1995) *Aswad et Ghoraifé*, Beyrouth.

Goring-Morris, N. (1980) *Late Qauternary Sites in Wadi Fazael, Lower Jordan Valley*. Ph. D. Thesis, Jerusalem (Hebrew University of Jerusalem).

Goring-Morris, N.（1983）第 2 章文献参照。

Hillman, G. C. and M. S. Davies（1990）Measured demestication rates in wild wheat and barley under primitive cultivation, and their archaeological implications, *Journal of World Prehistory* 4 / 2 ：157–222.

Hillman, G. C. and M. S. Davies（1992）Domestication rates in wild wheat and barley under primitive cultivation：Preliminary results and archaeological implications of field measurements of selection coefficient. In：Anderson, P. E.（ed.）*Préhistoire de l'Agriculture：Nouvelle Approches Expérimentales et Ethnolographiques*, pp. 113–158, Paris.

Kislev, M. E.（1989）Pre-domesiticated cereals in the Pre-Pottery Neolithic A Period. In：Hershkovitz, I.（ed.）*People and Culture in Change*, pp. 147–152, Oxford.

Moore, A. M. T.（1975）The excavation of Tell Abu Hureyra in Syria：A preliminary report, *Proceedings of the Prehistoric Society* 41：50–77.

Moore, A. M. T., G. C. Hillman, and A. J. Legge（2000）*Village on the Euphrates*, Oxford.

Payne, J. C.（1983）The flint industries of Jericho. In：Kenyon, K. M. and T. A. Holland（eds.）*Excavations at Jericho, vol. 5：The Pottery Phases of the Tell and other Finds*, pp. 622–758, London.

Perrot, J.（1966）コラム 2 文献参照。

Solecki, R. L.（1980）第 2 章文献参照。

Stordeur, D., M. Brenet, G. der Aprahamian, and J.-C. Roux（2000）Les bâtiments communautaires de Jerf el-Ahmar et Mureybet horizon PPNA（Syrie）, *Paléorient* 26/ 1 ：29–44.

Tchernov, E.（1994）*An Early Neolithic Village in the Jordan Valley, part II：The Fauna of Netiv Hagdud,* Cambridge.

Valla, D. R.（1988）Aspects du sol del'Abri131de Mallaha（Eynan）, *Paléorient* 14/ 2 ：283–296.

van Zeist, W. and J. A. H. Bakker-Heeres（1979）Some economic and ecological aspects of the plant husbandry of Tell Aswad, *Paléorient* 5 ：161–169.

Wilkinson, T. J.（1978）Erosion and sedimentation along the Euphrates valley in northern Syria. In: Brice, W. C. (ed.) *The Environmental History of the Near and Middle East since the Last Ice Age*, pp. 215–226, London.

Zohary, D. (1992) Domestication of the Neolithic Near Eastern crop assemblage. In: Anderson, P. C. (ed.) *Préhistoire de L'Agriculture*, pp. 81–86, Paris.

Zohary, D. (1996) The mode of domestication of the founder crops of Southwest Asian agriculture. In: Harris, D. R. (ed.) pp. 142–158.

Zohary, D. and M. Hopf (1993) 第1章文献参照。

第4章

赤木　1990年　第1章文献参照。

足立拓朗「レヴァント先土器新石器文化B前期の認定をめぐって—尖頭器の分析を基礎に」『西アジア考古学』1号、2000年。

小泉龍人「前4千年紀の西アジアにおけるワイン交易」『東洋文化研究所紀要』第139冊、2000年。

須藤寛史「ウバイド期の貯蔵施設」『史観』139冊、1998年。

千代延恵正「メソポタミアの円盤形車輪」『古代オリエント博物館紀要』10号、1988/89年。

常木晃「肥大化する集落：西アジア・レヴァントにおける集落の発生と展開」『文明学原論』山川出版社、1995年。

西秋良宏「石の道具とジェンダー—西アジア新石器時代の画期」『文明の原点を探る—新石器時代の西アジア』同成社、1995年。

藤井　1983年　第2章文献参照。

藤井純夫「橇刃（Threshing Sledge Blade）の同定基準について」『岡山市立オリエント美術館研究紀要』5号、1986年。

藤井　1996年　第3章文献参照。

藤井　1999年（c）　第3章文献参照。

前川和也「古代メソポタミアとシリア・パレスチナ」『世界歴史（2巻：古代オリエント）』岩波書店、1998年。

Abdulfattah, K. (1981) *Mountain Farmers and Fellah in Asir, Southwest Saudi Arabia*, Erlanger Geographische Arbeiten Sonderband 12.

Aurenche, O. (1980) Un exemple de l'architecture domestique en Syrie au VIIIè millénaire: La maison XLVII de Tell Mureybet. In: Margueron,

J. Cl.（ed.）*Le Moyen Euphrate*, pp. 35-53, Strasbourg.

Bar-Yosef and Meadow（1995）第 2 章文献参照。

Cauvin, J. （1977）Les fouilles de Mureybet（1971—1974）et leur signification pour les origins de la sédentarisation au Proche-Orient, *Annual of American School of Oriental Research* 44：19-48.

Cauvin, J.（1980）Le moyen-Euphrate au VIIIè millénaire d'après Mureybet et Cheikh Hassan. In： Margueron ,J. Cl. （ed.）*Le Moyen Euphrate*, pp. 21-34, Strasbourg.

Cauvin, J.（1994）コラム 3 文献参照。

Contenson, H. de（1995）第 3 章文献参照。

Gopher, A.（1994）*Arrowheads of the Neolithic Levant*, Winnona Lake.

Gopher, A.（1999） Lithic industries of the Neolithic period in the southern/central Levant. In： Kozlowski, S. K., *The Eastern Wing of the Fertile Crescent*, pp. 116-138, Oxford.

Henry, D. O.（1989）第 1 章文献参照。

Kozlowski, S. K.（1999）*The Eastern Wing of the Fertile Crescent*, Oxford.

Lechevallier, M.（1978）*Abou Gosh et Beisamoun*, Paris.

Moore, A. M. T.（1975）第 3 章文献参照。

Moore *et al*.（2000）第 3 章文献参照。

Nishiaki, Y.（1990）Corner-thinned blades： A new obsidian tool type from a Pottery Neolithic mound in the Khabur Basin, Syria, *Bulletin of American School of Oriental Research* 280：5-14.

Nishiaki, Y.（2000）*Lithic Technology of Neolithic Syria*, Oxford.

Özdoǧan, M. and N. Başgelen (eds.)（1999）*Neolithic in Turkey*, Istanbul.

Wiessner, P.（1983）Style and social information in Kalahari San projectile points, *American Antiquity* 4812：253-276.

van Zeist, W. and J. A. H. Bakker-Heeres（1984） Archaeobotanical studies in the Levant：3：Late-Palaeolithic Mureybet, *Paleaohistoria* 26：171-199.

第5章

大沼克彦「石器の作られ方」『文明の原点を探る—新石器時代の西アジア』同成社、1995年。

小長谷有紀「モンゴルにおける出産期のヒツジ・ヤギの母子間係への介入」

『民族学研究』61-1、1999年。

ジェイムス・ラッカム著、本郷一美訳『動物の考古学』学藝書林、1997年。（Rackham, J.（1994）*Animal Bones*, London.）

西秋　1995年　第4章文献参照。

藤井　1996年　第2章文献参照。

藤井純夫「肥沃な三日月地帯の外側：ヒツジ以前・ヒツジ以後の内陸部乾燥地帯」『世界歴史（2巻：古代オリエント）』岩波書店、1998年。

藤井　1999年（a）　第2章文献参照。

ヘンリ、S.『北アメリカ大陸先住民族の謎』光文社文庫、1991年。

渡辺仁「農耕化過程に関する土俗考古学的進化的モデル」『古代文化』40(5)、1987年（a）。

渡辺仁「農耕創始者としての退役狩猟者層」『早稲田大学大学院人文科学研究科紀要・哲学史学編』33巻、1987年（b）。

Bar-Yosef, O.（1985）*A Cave in the Desert: Nhala Hemar*, Jerusalem.

Bar-Yosef and Meadow（1995）第2章文献参照。

Davis, S.（1987）第1章文献参照。

Ducos, P.（1993）Proto-élevage et élevage au Levant sud au VIIè millénaire B.C.: Les donnés de la Damascène, *Paléorient* 19/1：153-173,.

Flannery, K. V.（1972）The village as a settlement type in Mesoamerica and Near East. In: Ucko, P. J., T. Tringham, and G. W. Dimbleby（eds.）*Man, Settlement and Urbanism*, Cambridge.

Hecker, H. M.（1982）Domestication revised: Its implications for faunal analysis, *Journal of Field Archaeology* 9：217-236.

Helmer, D.（1989）Le dévelopment de la domestication au Proche-Orient de 9,500 à 7,500 B. P.: Les nouvelles donneés d'El Kowm et de Ras Shamra, *Paléorient* 15/1:111-121

Helmer, D.（1992）*La Domestication des Animaux par les Hommes Préhistoriques*, Paris.

Helms, S. and A. Betts（1987）第2章文献参照。

Hongo, H.（1998）Pig exploitation at Neolithic Çayönü Tepesi（Southern Anatolia）, *MASCA Research Papers in Science and Archaeology* 15:77-98.

Kirkbride, D.（1966）Five seasons at the Pre-Pottery Neolithic Village of

Beidha in Jordan: A summary, *Palestine Exploration Quarterly*, 98/1：8-61.

Kirkbride, D.（1968）Beidha 1967：An interim report, *Palestine Exploration Quarterly*, 99：90-96.

Lechevallier, M.（1978）第4章文献参照。

Legge, A. J. and P. A. Rowley-Conley（1987）Gazelle killing in stone age Syria, *Scientific American* 257：88-95.

Meadow, R. H.（1989）Osteological evidence for the process of animal domestication. In: Clutton-Brock, J.（ed.）*The Walking Larder*, pp. 80-90, London.

Meadow, R. H.（1996）The origins and spread of agriculture and pastralism in northwestern South Asia. In: Harris, D. R.（ed.）pp. 390-412.

Nishiaki, Y.（1993）Lithic analysis and cultural change in the Late Pre-Pottery Neolithic of north Syria, *Anthropological Science* 101/1：91-109.

Nishiaki, Y.（2000）第4章文献参照。

Perkins, D. Jr.（1964）第2章文献参照。

Rosen, S.（1984）Kvish Harif: Preliminary investigation at a Late Neolithic site in the central Negev, *Paléorient* 10：111-121.

第6章

藤井　1999年（b）　第3章文献参照。

堀晄「西アジア型農業の拡散」松本健・常木晃編『文明の原点を探る―新石器時代の西アジア』同成社、1995年。

松本健「都市文明への胎動」松本健・常木晃編『文明の原点を探る―新石器時代の西アジア』同成社、1995年。

三宅裕「土器の誕生」松本健・常木晃編『文明の原点を探る―新石器時代の西アジア』同成社、1995年。

van Andel, T. and C. Runnels（1995）The earliest farmers in Europe, *Antiquity* 69：481-500.

Braidwood, L. S., R. J. Braidwood, B. Howe, C. A. Reed, and P. J. Watson（1983）*Prehistoric Arhcaeology along the Zagros Flanks*, Chicago.

Breniquet, C.（1991）Tell es-Sawwan – réalités et problemes, *Iraq* 53：75-90.

Fujii, S. (1986) "Palmyran retouch" - Unique technique on proximal end of flint artifacts in the inland Syrian PPNB industries. *Bulletin of the Ancient Orient Museum* 8：25–39.

Hillman, G. (1996) late Pleistocene changes in wild plant-foods available to hunter-gatherers of the northern Fertile Crescent: possible preludes to cereal cultivation. In: Harris, D. R. (ed.) pp. 159–203.

Hole, F. (1996) The context of caprine domestication in the Zagros region. In: Harris, D. R. (ed.) pp. 263–281.

Kirbride, D. (1966) 第5章文献参照。

Kirbride, D. (1968) 第5章文献参照。

Le Mière, M. and M. Picon (1999) Les débuts de la céramique au Proche-Orient, *Paléorient* 24/2：5–26.

Meldgaard, J., P. Mortensen, and H. Thrane (1963) Excavations at Tepe Guran, Luristan: Preliminary report of the Danish Archaeological Expedition of Iran1963, *Acta Archaeologica* 34：97–133.

Nishiaki, Y. (2000) 第4章文献参照。

Oates, J. (1972) Prehistoric settlement patterns in Mesopotamia. In: Ucko, P. J., R. Tringham, and G. W. Dimbleby (eds.) *Man, Settlement and Urbanism*, pp. 299–310, Cambridge.

Özdoǧan, M. and N. Başgelen (1999) 第4章文献参照。

Peltenburg, E., S. Colledge, P. Croft, A. Jackson, C. McCartney, and M. A. Murray (2001) Neolithic dispersals from the Levantine Corridor: A Mediterranean perspective, *Levant* 33：35–64.

Rollefson, G. O. and Z. Kafafi (1994) The 1993 season at 'Ain Ghazal, Preliminary report, *Annual of the Department of Antiquities of Jordan* 38：11–32.

Yoffee, N. and J. J. Clark (eds.) (1993) *Early Stages in the Evolution of Mesopotamian Civilization*, Tucson and London.

第7章

谷　泰「考古学的意味での家畜化とは何であったか：人―山羊・羊間のインターラクションの過程として」『人文学報』76巻、1995年 (a)。

谷　泰「乳利用のための搾乳はいかにして開始されたか」『西南アジア研究』43巻、1995年 (b)。

谷　1997年　コムラ6文献参照。
谷　泰「中近東におけるヤギ・ヒツジ家畜化の初期過程再考」『民族学研究』64-1、1999年。
藤井純夫「紀元前4千年紀のパレスチナにおける乳の加工利用と遊牧文化的側面について」『岡山市立オリエント美術館研究紀要』2、1982年。
藤井純夫「ビュラン・サイト—レヴァント地方先土器新石器文化の一側面」『岡山市立オリエント美術館研究紀要』6、1987年。
藤井　1996年　第2章文献参照。
藤井　1998年　第5章文献参照。
藤井純夫「乾燥地考古学の諸問題：1．初期遊牧民の考古学的可視性」『沙漠研究』10—4、2000年（a）。
藤井純夫「ウルク出土獅子狩り碑に表された直線鏃について」『西南アジア研究』64—1、2000年（b）。
藤井純夫「肥沃な三日月弧の外側：カア・アブ・トレイハ西遺跡の第三次調査」日本西アジア考古学会編『古代オリエント世界を掘る』クバプロ、2001年。
増田　1986年　コラム4文献参照。
三宅裕「西アジア先史時代における乳利用の開始について」『オリエント』39—2、1997年。
三宅裕「The Walking Account：歩く預金口座—西アジアにおける家畜と乳製品の開発」常木晃編『食糧生産社会の考古学』朝倉書店、1999年。
Akazawa, T. (1979) Flint factory site in Palmyra basin. In: Hanihara, K. and T. Akazawa (eds.) *Paleolithic Site of the Doura Cave and Paleogeography of Palmyra Basin, part II*, pp. 159-200, Tokyo.
Bernbeck, R. (1992) Migratory patterns in early Mesopotamia: A reconsideration of Tepe Tul'ai, *Paléorient* 18/1：77-88.
Betts, A. (1985) Black desert survey, Jodan: Third preliminary report, *Levant* 17：29-52.
Betts, A. (1998) *The Harra and the Hamad: Excavations and Surveys in Eastern Jordan, vol. I*, Sheffield.
Davis, S. (1987) 第1章文献参照。
Ducos, P. (1993) 第5章文献参照。
Fujii, S. (2000) Qa' Abu Tulayha West: An interim report of the 1999

season, *Annual of the Department of Antiquities of Jordan* 44：149–171.

Fujii, S.（2001a）Qa' Abu Tulayha West, 2000：An interim report of the fourth season, *Annual of the Department of Antiquities of Jordan* 45（in print）.

Fujii, S.（2001b）Pseudo-Settlement Hypothesis：Evidence from Qa' Abu Tulayha West, Southern Jordan, *Archaeozoology of the Near East IV (forth coming)*.

Fujii, S., T. Akazawa, Y. Nishiaki, and H. Wada（1987）Thaniyyet Wuker：A Pre-Pottery Neolithic site on the lacustrine terrace of Paleo-Palymra lake, *Paleolithic Site of the Doura Cave and Plaeogeography of Palmyra Basin in Syira, part IV: 1984 Excavations*, pp. 29–39, Tokyo.

Garrard, A., S. Colldge, and L. Martin（1996）The emergence of crop cultivation and caprine herding in the "Marginal Zone" of the southern Levant. In：Harris, D. R.（ed.）pp. 204–226.

Gilead, I.（1992）Farmers and Herders in Southern Israel during the Chalcolithic Period. In：Bar-Yosef, O. and A. Khazanov（eds.）*Pastralism in the Levant*, pp. 29–41, Madison.

Goring-Morris, N.（1983）第 2 章文献参照。

Martin, L. A.（1994）*Hunting and Herding in a Semi-arid Region：An Archaeozoological and Ethnological Analysis of the Faunal Remains from the Epipalaeolithic and Neolithic of the Eastern Jordanian Steppe*, Ph. D. Thesis, Sheffield.

Nishiaki, Y.（2000）第 4 章文献参照。

Nissen, H. J., M. Muheisen, and G. Gebel（1987）Report of the first two seasons of excavations at Basta, *Annual of the Department of Antiquities of Jordan* 31：79–119.

Rosen, S.（1984）第 5 章文献参照。

第 8 章

大貫静夫『東北アジアの考古学』同成社、1998年。

甲元眞之『環東中国海沿岸地域の先史文化 3 』熊本大学考古学研究室、2000年。

甲元眞之『中国新石器時代の生業と文化』中国書店、2001年（a)。

甲元眞之「韓国先史時代の植物遺存体」『日本人と日本文化―その起源をさ

ぐる』11号、2001年（b）。
近藤二郎『エジプトの考古学』同成社、1997年。
早乙女雅博『朝鮮半島の考古学』同成社、2000年。
周藤芳幸『ギリシアの考古学』同成社、1997年。
谷　1997年　コラム 6 文献参照。
常木晃「交換、貯蔵と物資管理システム」松本健・常木晃編『文明の原点を探る』同成社、1995年。
寺沢薫・寺沢知子「弥生時代植物質食糧の基礎的研究」『橿原考古学研究所紀要』 5 、1981年。
藤井純夫「西アジアの先史美術」田辺勝美・松島英子編『世界美術大全集』小学館、2000年。
松本健「ウバイド文化の拡散について」『文明学原論』山川出版社、1995年。
Adams, R. M.（1981）*Heartland of Cities*, Chicago.
Algaze, G.（1993）*The Uruk World System*, Chicago and London.
Barker, G.（1985）*Prehistoric Farming in Europe*, Cambridge.
Brunet, F.（1999）La néolithisation en Asie centrale : Un état de la question, *Paléorient*24/ 2 ：27–48.
Constantini, L.（1979）Notes on the Palaeobotany and Protohistory of Swat. *South Asian Archaeology* 1977：73–78.
Constantini, L.（1981）Palaeoethnobotany at Pirak. *South Asian Archaeology* 1979：271–277.
Dennell, R. W.（1992） The origins of crop agriculture in Europe. In : Cowan, C. W. and P. J. Watson（eds.）*The Origins of Agriculture*, pp. 71–100, Washington and London.
Glover, I. C. and C. F. W. Higham（1996）New Evidence for early rice cultivation in south, southeastern and east Asia. In : Harris, D. R.（ed.）pp. 413–441.
Halstead, P.（1996）The development of agriculture and pastralism in Greece : when, how, who and what? In : Harris, D. R.（ed.）pp. 296–309.
Hammond, F.（1981）The colonization of Europe : The analysis of settlement process. In : Hodder, I., G. Isaac, and N. Hammond（eds.）*Pattern of the Past : Studies in Memory of David Clarke*, pp. 211–248, Cam-

bridge.

Harris, D. R. and C. Gosden, (1996) The beginnings of agriculture in western Central Asia. In : Harris, D. R. (ed.) pp. 370–389.

Kushnareva, K., Kh. (1997) *The Southern Caucasus in Prehistory : Stages of Cultural and Socioeconomic Develepment from the Eighth to the Second Milleninium B. C.*, Philadelphia.

Masson, V. M. and V. I. Sarianidi (1972) *Central Asia : Turkemenia before the Achaemenids*, London.

Midant-Reynes, B. (2000) *The Prehistory of Egypt*, Bodmin.

Nishiaki, Y. (1993) Anatolian obsidian and the Neolithic obsidian industries of north Syria : A preliminary review, *Essays on Anatolia Archaeology*, pp. 140–160.

Nissen, H. J. (1988) *The Early History of the Ancient Near East 9000—2000 B.C.*, Chicago and London.

Polluck, S. (1999) *Ancient Mesopotamia*, Cambridge.

Price, T. G. (ed.) (2000) *Europe's First Farmers*, Cambridge.

Price, T. D., A. B. Gebauer, and L. H. Keeley (1995) The spread of farming into Europe north of the Alps. In : Price, T. D. and A. B. Gebauer (eds.) *Last Hunters First Farmers*, pp. 95–126, Santa Fe.

Thomas, j. (1996) The cultural context of the first use of domesticates in continental Central and Northwest Europe. In : Harris, D. R. (ed.) pp. 310–322.

Wasylikowa, K., J. R. Harlan, J. Evans, F. Wendorf, R. Schild, A. E. Close, H. Krolik, and R. A. Housley (1993) Examination of botanical remains from early neolithic houses at Nabta Playa, western desert, Egypt, with special reference to sorghum grains. In : Shaw, T., P. Sinclair, B. Andah, and A. Okpoko (eds.) *The Archaeology of Africa*, London and New York.

Zohary, D. and M. Hopf (1993) 第 1 章文献参照。

Zvelebil, M. (1996) The agricultural frontier and the transition to farming in the circum-Baltic region. In : Harris, D. R. (ed.) pp. 323–345.

西アジア

紀元前*	時代区分 **	シナイ・ネゲブ	レヴァント南部	バーディア南部	バーディア北部
5,000	土器新石器	クビシュ・ハリフ	土器新石器文化	ジラート13, 25 アズラック31 ドゥウェイラ	(晩期) クディール1 エル・コウム2
			先土器新石器C		
6,000		ナハル・イッサロン	後期 先土器新石器文化B	アズラック31	
	先土器新石器B		中期	ジラート26, 32	
7,000			(前期)	ジラート7	
			スルタン文化		
	先土器新石器A	アブ・マーディI			
8,000			キアム文化		
		ハリフ文化	晩期	アズラック18 カレット・アナザ	
		(ナトゥーフ後期)	後期	(ナトゥーフ後期)	
9,000	(後期)				
	終末期旧石器		ナトゥーフ文化		
			前期	WJ 2	
10,000		ラモン文化 ムシャビ文化			
	(中期)		ジオメトリック・ケバラ文化	ハラーネ4	エル・コウム1 ナダウィエ2
12,000					
14,000		(ニッザナ文化)			
	(前期)		ケバラ文化	カルカ文化 ネベク文化	
16,000					
18,000		マスラク文化	マスラク文化		
	後期旧石器		後期旧石器		
20,000					

*　樹林補正をしていない年代（b.c.）　**　レヴァント地方を中心とする時代区分

（Cauvin 1994, Aurenche and Kozlowski 1999, 藤井 1998などを基に作成）

編年表

レヴァント中・北部	ジャズィーラ	ザグロス	アナトリア	コーカサス
土器新石器	テル・ハッスーナ テル・ソットー ウンム・ダバギーヤ	テペ・サブツ チョガ・セフィード	フィキル・テペ チャタル・ホユック	チョク （上層）
後期 	テル・マグザリーヤ	テペ・グーラン ジャルモ アリ・コシュ	アシュクル・ホユック	
先土器新石器文化B  中期  「前期」	ネムリク 9	ギャンジ・ダレ 	ジャフェル・ホユック チャヨヌ	（下層）
（ムレイビット文化） （アスワド文化）	ネムリク文化	ムレファート文化		
キアム文化	ケルメツ・デレ	ムレファート カリム・シャヒル	ハラン・チェミ	
晩期 ナトゥーフ後期		ポスト・ザルジ文化 ザビ・ケミ・シャニダール ザルジ文化		トリアレト文化
後期旧石器		バラドスト文化		

おわりに

筆者がまだ学生であった頃、西アジアの農耕牧畜起源論といえば、考古学のなかでも花形の分野のひとつであった。チャイルドやブレイドウッドの著書を、夢中になって読んだものである。コラム(1)でも述べたように、その当時の遺跡調査はまだ少なかったので、学生でも何とか全体を見通すことができた。

それから約25年。調査が盛んになるにつれて、全体が見えなくなってしまった。ふと立ち止まって考えてみると、自分が今どこにいて、何をしているのかが、わからなくなっている。さりとて、部分の精密化に比例して肥大化してしまった全体を、いまさらどう再構成すればよいのか、途方に暮れてしまう。結局、全体には目をつむって部分に戻って行くほかないわけで、これでは自業自得であろう。

ムギとヒツジの考古学――そのようなテーマで１冊の本をと言われたときにまず思ったのが、このことである。無謀かも知れないが、かつてのように何とか全体を見通してみたい。ただし、ようやく見え始めた「部分」を十分に咀嚼した上で。しかも、ムギだけではなくヒツジについても。そう意気込んだのだが、なかなか思い通りにはいかなかった。しかし、すくなくとも筆者としては全力を傾注したつもりである。情報の海に溺れかけている多くの人々にとって、海図として役立てば幸いである。

最後に、この分野に入るきっかけを与えて下さり、その後もたえずご指導いただいた（本書の監修者のお一人でもある）藤本強先生に、心よりお礼申し上げます。また、多くの先生方・諸先輩・同僚諸氏からも、有形無形のご教示を賜りました。図版の作成では、高橋文・武内律志(金沢大学大学院)の両君に協力してもらいました。同成社の山脇洋亮氏ほか編集部の方々にも、お世話になりました。この場を借りて、改めてお礼申し上げます。

本書が何らかのきっかけになって、この分野の研究に興味を持たれる方が増えることを願っています。また、紛争と沙漠だけではない、新たな中近東像を発見された方が一人でもあれば幸いです。

2001年5月

藤 井 純 夫

遺　跡　索　引

ここでは、ナトゥーフ文化から先土器新石器文化Bまでの遺跡を重視し、これに前後する時期の遺跡については主なもののみを挙げた。なお、遺跡名の頭に付く「テル＝」「テペ＝」は省略し、たとえば「シアルク［テペ＝］」と表記した。ただし、「アイン＝」「ワディ＝」は、たとえば「アイン＝ガザル」のように、そのまま表記した。

ア

アイン＝アブ＝ネケイレ（ヨルダン南部、ワディ＝ラムの先土器新石器文化B中期遺跡）　229

アイン＝エル＝ジャンマーム（ヨルダン台地南端の集落遺跡。先土器新石器文化B末〜先土器新石器文化C）　228

アイン＝ガザル（ヨルダン台地の先土器新石器文化Bを代表する遺跡。その上層には、先土器新石器文化CおよびヤルムークImage文化の層も重なる）　228，230

アイン＝カディスI（シナイ半島北部の季節的キャンプ遺跡。先土器新石器文化B中期）　265

アイン＝ダラート（ユダヤ沙漠の小型キャンプ。スルタン文化）　95

アイン＝マラッハ（ヨルダン渓谷北部に位置するナトゥーフ文化の事実上の標準遺跡。エイナンと表記されることもある）　40

アシアブ（イラン南西部、カルヘ河上流の小型集落遺跡。ムレファート文化）　217

アシュクル＝ホユック（アナトリア高原中央部の集落遺跡。先土器新石器文化B中・後期）　238

アズラック遺跡群（ヨルダン東部、アズラック盆地の遺跡群。18号遺跡はナトゥーフ文化、31号遺跡は先土器新石器文化B後期〜後期新石器）　262

アスワド［テル＝］（Tell　Assouad と表記される、バリーフ河中流の集落遺跡。先土器新石器文化B後期〜土器新石器文化）　205

アスワド［テル＝］（Tell　Aswad と表記される、ダマスカス盆地の小型集落遺跡。先土器新石器文化A〜先土器新石器文化B中期）　91，225

アトリット＝ヤム（イスラエルの海底集落遺跡。先土器新石器文化C）　235

アブ＝ゴシュ（イスラエル中部の先土器新石器文化B中期遺跡）　179，234
アブ＝サーレム（イスラエル南部、ネゲブ高地のハリフ文化遺跡）　55
アブドゥル＝ホセイン［テペ＝］（イラン南西部、カルヘ河上流の集落遺跡。先土器新石器文化B末～土器新石器文化）　217
アブ＝フレイラ［テル＝］（ユーフラテス中流域の集落遺跡。ナトゥーフ後期～先土器新石器文化B中期）　46，100，126，201
アブ＝マーディⅠ（シナイ半島南部の小型集落遺跡。キアム文化～先土器新石器文化B）　86，265
アリ＝コシュ（イラン南西部、デヘ＝ルーラン平原の集落遺跡。先土器新石器文化B中期～土器新石器文化）　217
アリ＝タッペ（カスピ海南岸の洞窟遺跡。トリアレト文化）　37
イェリコ（死海北西の集落遺跡。ナトゥーフ文化～土器新石器文化の層を含む）　83，90，98，103，232
イラク＝エッ＝ドゥブ（ヨルダン渓谷東側斜面のスルタン文化遺跡。洞窟内部に楕円形の遺構を伴う）　95
ウルプナル（トルコ北西部の集落遺跡。フィキルテペ文化）　241
ウンム＝エッ＝トレル（シリア中部、エル＝コウム盆地の小型遺跡。先土器新石器文化B晩期）　260
ウンム＝ダバギーヤ（イラク北部、シンジャール平原の土器新石器文化遺跡。ウンム＝ダバギーヤ・ソットー文化の標準遺跡）　178，212，270
エッ＝シン［テル＝］（ユーフラテス中流域の集落遺跡。先土器新石器文化B後期）　206
エリドゥ（ユーフラテス旧河口付近の土器新石器文化遺跡。メソポタミア南部における神殿の形成過程を追跡する上で重要）　218
エル＝キアム（死海西部沙漠の洞窟遺跡。キアム型尖頭器の標準遺跡）　95
エル＝コウム2（シリア中部、エル＝コウム盆地の集落遺跡。先土器新石器文化B晩期）　260
エルババ（トルコ南西部、ベイシェイール湖東岸の集落遺跡。土器新石器文化）　240
エル＝ワド（イスラエル海岸部の洞窟遺跡。ナトゥーフ文化・先土器新石器文化の層を含む）　53
オウェイリ（メソポタミア南部の土器新石器文化遺跡。ウバイド0期の層を含む）　218

オキュズィニ（トルコ南西部、アンタリア平原の洞窟遺跡。細石器文化末期の層を多数含む） 240
オハローⅡ（ガリラヤ湖南西岸の終末期旧石器文化遺跡） 30

カ

カア・アブ・トレイハ西（ヨルダン南部、アル＝ジャフル盆地の初期遊牧民遺跡。「擬集落」を形成） 254
カシュカショクⅡ［テル＝］（シリア北東部、ハブール河流域の集落遺跡。土器新石器文化） 213
カリム＝シャヒル（イラク中東部、アザイム河上流の小型集落遺跡。ザルジ文化末〜ムレファート文化） 213
カレット＝アナザ（ヨルダン東部沙漠のナトゥーフ後期文化遺跡） 61
カレテペ（アナトリア高原中央部の黒曜石採掘・第一次加工址） 240
ギャンジ＝ダレ（イラン南西部、カルヘ河上流の集落遺跡。先土器新石器文化B中期） 169, 216
ギュルジュ＝テペ（バリーフ河最上流の集落遺跡。先土器新石器文化B後期の祭祀遺構を含む） 204
キュルテペ（イラク北部、シンジャール平原の土器新石器文化遺跡） 213
ギョベクリ＝テペ（バリーフ河最上流の集落遺跡。I号丘は先土器新石器文化B後期、I号丘は土器新石器文化。） 204
ギルガルI（ヨルダン渓谷南部の小型集落遺跡。スルタン文化） 90, 97
ギルド＝アリ＝アガ（イラク北東部、大ザブ河中流の小型集落遺跡。土器新石器文化） 216
ギルド＝チャイ（イラク北東部、大ザブ河中流の小型集落遺跡。土器新石器文化） 216
ギンニグ（イラク北部、シンジャール平原の小型集落遺跡。先土器新石器文化B末〜土器新石器） 212
グーラン［テペ＝］（イラン南西部、カルヘ河上流の小型集落遺跡。先土器新石器文化B末〜土器新石器） 197, 217, 245〜247
クディールI（シリア中部、エル＝コウム盆地の先土器新石器文化B晩期遺跡） 260
グリティッレ（ユーフラテス上流の集落遺跡。先土器新石器文化B後期〜土器新石器文化） 204

クルチャイ（トルコ南西部、ブルドゥール湖南方の集落遺跡。土器新石器文化）　240

ゲシェル（ヨルダン渓谷北部の小型集落遺跡。スルタン文化）　90

ケバラ（イルラエル海岸部、カルメル山系の洞窟遺跡。ケバラ文化の標準遺跡）　33

ケファル＝ハホレシュ（イスラエル北部、ガリラヤ丘陵の集落遺跡。先土器新石器文化Ｂ中期）　234

ケルク２（テル＝エル＝）（シリア西部、ガーブ盆地の先土器新石器文化Ｂ後期～土器新石器文化）　181，249

ケルメツ＝デーレ（イラク北部、シンジャール平原の小型集落遺跡。ネムリク文化前期）　210

ゴライフェ［テル＝］（ダマスカス盆地の集落遺跡。先土器新石器文化Ｂ中・後期）　99，140，227

サ

サビ＝アビアド［テル＝］（バリーフ河中流の集落遺跡。土器新石器文化）　205

ザビ＝ケミ＝シャニダール（イラク北東部、大ザブ河上流の小型集落遺跡。ザルジ文化～ムレファート文化）　37，213

サマッラ（チグリス河中流の集落遺跡。サマッラ文化の標準遺跡）　218

サラサート［トゥルール＝エッ＝］（イラク北部、シンジャール平原の集落遺跡。土器新石器文化）　213

サラブ［テペ＝］（イラン西部、カルヘ河上流の小型集落遺跡。土器新石器文化）　218

サリビヤⅨ（ヨルダン渓谷南部の小型集落遺跡。キアム文化）　88，89

ザルジ（小ザブ河上流の洞窟遺跡。Ｂ層がザルジ文化の標準遺跡）　37，216

サワン（テル＝エッ＝）（チグリス中流域の集落遺跡。サマッラ文化）　218

シアルク［テペ＝］（イラン高原中北部を代表する土器新石器文化遺跡）　218，296

シェイク＝ハッサン（ユーフラテス中流域の小型集落遺跡。ムレイビット文化～先土器新石器文化Ｂ前期）　129，146，201

ジェイトゥン（トルクメニスタン西部の集落遺跡。土器新石器文化）　296

ジェルフ＝エル＝アハマル（ユーフラテス中流域の小型集落遺跡。ムレイビット文化）　101，129，146，201

シムシャラ［テル＝］（イラク北東部、小ザブ河上流の集落遺跡。先土器新石器文化Ｂ後期～土器新石器文化） 216
シャアル＝ハゴラン（ヨルダン渓谷最古の土器新石器文化である、ヤルムーク文化の標準遺跡） 232
ジャッデ（ユーフラテス中流域の集落遺跡。先土器新石器文化Ｂ前期） 201
シャニダール（イラク北東部、大ザブ河上流の洞窟遺跡。中・後期旧石器時代～ザルジ文化） 62，171
ジャフェル＝ホユック（ユーフラテス上流域の先土器新石器文化Ｂ中・後期遺跡） 200
ジャリＢ（タル＝イ＝）（イラン南西部、マルブ＝ダシュト平原の集落遺跡。土器新石器文化） 218
ジャルモ（イラク北東部、アザイム河上流の集落遺跡。先土器新石器文化Ｂ中期～土器新石器文化） 213
ジュダイデ［テル＝］（トルコ中南部、アムク平原の集落遺跡。この地域における土器新石器文化の標準遺跡） 222
スカスⅢ［テル＝］（シリア海岸部の集落遺跡。土器新石器文化） 222
スベルデ（アナトリア高原南西部、スーラ湖北西岸の集落遺跡。先土器新石器文化Ｂ末～土器新石器文化。ギョリュリュクテペとも言う） 240
ソットー［テル＝］（イラク北部、シンジャール平原の小型集落遺跡。土器新石器文化） 213

タ

タバカト＝アル＝ハンマーム（シリア南部海岸の土器新石器文化遺跡） 222
ダミシリーヤ［テル＝］（シリア東部、バリーフ河中流域の集落遺跡。先土器新石器文化Ｂ後期末～ハラフ文化） 205
ダム＝ダム＝チェシュメ（カスピ海東岸の洞窟遺跡。トリアレト文化～土器新石器文化） 86
チャタル＝ホユック（アナトリア高原中央部の最も代表的な土器新石器文化遺跡） 238
チャユヌ（チグリス上流域の集落遺跡で、多数の建築層が確認されている。この地域の先土器新石器文化Ｂ～土器新石器文化の標準遺跡） 202
チョガ＝セフィード（イラン南西部、デヘ＝ルーラン平原の集落遺跡。先土器新石器文化Ｂ後期末～土器新石器文化） 218

チョガ＝マミ（イラク中部、マンダリ平原の土器新石器文化遺跡。サマッラ＝ウバイド移行期に相当し、灌漑用水路が検出されたことで有名）　218
デール＝ハール（イラク北部、シンジャール平原の小型集落遺跡。ザルジ文化末～ハラフ文化）　211
デミルキョイ（チグリス上流の集落遺跡。トリアレト文化の後半でネムリク文化と併行？）　202
デミルジホユック（トルコ北西部の土器新石器文化集落遺跡。フィキルテペ文化）　241
ドゥウェイラ（ヨルダン東部沙漠の小型集落遺跡。先土器新石器文化B後期～後期新石器）　263，268
ドゥラー（死海東部の集落遺跡。スルタン文化）　95
トゥルアイ［テペ＝］（イラン南西部、スシアナ平原北端に位置する初期遊牧民の短期キャンプ地）　218，272

ナ

ナア＝アッ＝シャリーネ（レバノン内陸部、ベッカー高原の洞窟遺跡。ナトゥーフ文化～先土器新石器文化B）　95
ナハル＝イッサロン（ワディ＝アラバ南端の小型集落遺跡。先土器新石器文化B後期～先土器新石器文化C）　265
ナハル＝オーレン（イスラエル海岸部の洞窟遺跡。終末期旧石器文化から先土器新石器文化Bまでの層を含む）　234
ナハル＝ヘマル（ユダヤ高地の洞窟遺跡。先土器新石器文化B中期の集落外祭祀遺跡）　158
ナハル＝ラバン109（イスラエル南部、ネゲブ沙漠の先土器新石器文化B前期遺跡）　95
ナブタ（エジプト西方沙漠の遺跡。終末期旧石器文化～新石器文化）　299
ネティブ＝ハグドゥド（ヨルダン渓谷南部の小型集落遺跡。スルタン文化）　79
ネバァ＝ファウル［テル＝］（レバノン内陸部、ベッカー高原の土器新石器文化遺跡）　222
ネムリク9（イラク北部、シンジャール平原の小型集落遺跡。ネムリク文化の標準遺跡）　84，152，210
ネワリ＝チョリ（ユーフラテス上流の小型集落遺跡。先土器新石器文化B前期。特異な祭祀遺構・彫刻類が出土）　203

ハ

バーデマージュ（トルコ南西部の集落遺跡。土器新石器文化） 240
バジャ（ヨルダン台地南部の特異な祭祀・集落遺跡。先土器新石器文化B後期） 139，228
ハジュラル（トルコ南西部の集落遺跡。土器新石器文化） 153，240
バスタ（ヨルダン台地南部の先土器新石器文化B後期遺跡） 139，228
ハッジ＝フィルーツ（イラン北西部、ウルミア湖南岸の集落遺跡。土器新石器文化） 216
ハッスーナ［テル＝］（イラク北部、シンジャール平原の集落遺跡。ハッスーナ文化の標準遺跡） 213
ハトゥラ（イスラエル中部の先土器新石器文化Aの集落遺跡。キアム文化とスルタン文化の層を含む） 66，85
ハヤズ＝ホユック（ユーフラテス上流域の短期キャンプ。先土器新石器文化B後期） 204
ハヨニム（イスラエル北部、ガリラヤ丘陵の洞窟遺跡。ナトゥーフ文化の層を含む） 46，54
ハラン＝チェミ（チグリス上流域に位置するトリアレト文化の小型集落遺跡） 86，202
ハルーラ（ユーフラテス中流域の集落遺跡。先土器新石器文化B中期） 201
パルミュラ79（シリア中部、パルミュラ盆地のビュラン・サイト） 261，282
パレガウラ（イラク北東部、小ザブ河上流の洞窟遺跡。ザルジ文化～ムレファート文化） 216
ビブロス（レバノン海岸の土器新石器文化の標準遺跡） 222
フィキルテペ（トルコ北西部最古の土器新石器文化であるフィキルテペ文化の標準遺跡） 241
ブクラス（ユーフラテス中流の小型集落遺跡。先土器新石器文化B後期末～土器新石器文化） 206，270
ブルク（ヨルダン東部沙漠の後期新石器文化遺跡） 259
ベイダ（ヨルダン台地南部の先土器新石器文化B中期を代表する遺跡） 165，228
ベサムン（旧フーレー湖湖岸の先土器新石器文化B後期遺跡） 179
ベルト（カスピ海南岸の洞窟遺跡。トリアレト文化～土器新石器文化） 37

ペンディク（トルコ北東部、マルマラ海東岸の集落遺跡。フィキルテペ文化）　241
ボイテペ（ユーフラテス上流域の集落遺跡。先土器新石器文化B中・後期）　204
ホジャ＝チェシュメ（マルマラ海西部の集落遺跡。フィキルテペ文化）　241
ホユジェック（トルコ南西部の集落遺跡。土器新石器文化）　240
ホルバト＝ガリル（イスラエル北部、ガリラヤ丘陵の集落遺跡。先土器新石器文化B「前期」）　233

マ

マグザリーヤ［テル＝］（イラク北部、シンジャール平原の集落遺跡。先土器新石器文化B後期）　212
ムシャビ（シナイ半島北部の遺跡群。XIV号遺跡がジオメトリック＝ケバラ文化・ムシャビ文化の遺跡、Ⅲ号遺跡がハリフ文化の遺跡）　36
ムジャヒヤ（ゴラン高原の集落遺跡。先土器新石器文化B「前期」）　225
ムシュキ［テペ＝］（イラン南西部、マルブダシュト平原の集落遺跡。土器新石器文化）　218
ムレイビット（ユーフラテス中流域の小型集落遺跡。ナトゥーフ後期文化〜先土器新石器文化B前期。ムレイビット文化の標準遺跡でもある）　91, 126
ムンハッタ（ヨルダン渓谷の集落遺跡。先土器新石器文化B中期〜ヤルムーク文化）　231
メサド＝マッザル（ワディ＝アラバ北端の季節的小集落。先土器新石器文化B後期？）　226
メルシン（トルコ東南部、キリキア平原の土器新石器文化遺跡。別名、ユムクテペ）　222

ヤ

ヤリム＝テペ（イラク北部、シンジャール平原の土器新石器文化遺跡。I号丘はハッスーナ文化、Ⅱ号丘がハラフ文化、Ⅲ号丘はハラフ・ウバイド文化）　213
ヤルンブルガズ（トルコ北東部、マルマラ海北部の洞窟遺跡。フィキルテペ文化）　241
ユフタヘル（イスラエル北部、ガリラヤ丘陵の集落遺跡。先土器新石器文化

B 中期）226

ラ

ラス・シャムラ（シリア海岸部の集落遺跡。先土器新石器文化 B 後期～土器新石器文化）221
ラブウェⅠ［テル＝］（レバノン内陸部、ベッカー高原の遺跡。先土器新石器文化 B 後期～土器新石器文化）222
ラマド［テル＝］（ダマスカス盆地の集落遺跡。先土器新石器文化 B 後期～土器新石器文化）99，225
ラマト＝タマル（ワディ＝アラバ北端の石器製作址。先土器新石器文化 B 後期。メサド＝マッザルはこれに関連した小集落と考えられている）226
ラマト＝ハリフ（イスラエル南部、ネゲブ沙漠の小型集落遺跡。ハリフ文化）55
リハーンⅢ［テル＝］（イラク東部、ハムリン盆地に位置する小型遺跡。ムレファート文化）218
ロシュ＝ズィン（イスラエル南部、ネゲブ沙漠の小型集落遺跡。ナトゥーフ後期文化）55

ワ

ワディ＝クッバニーヤ（上エジプト、アスワン近郊の終末期旧石器文化遺跡）300
ワディ＝ジッバ（シナイ半島南端の小型集落遺跡。先土器新石器文化 B 後期）265
ワディ＝ジラート遺跡群（ヨルダン中央部の先史遺跡群。7 号遺跡は先土器新石器文化 B 前・中期、26号遺跡は中期、13号・25号遺跡は後期新石器文化）262
ワディ＝トゥベイク（シナイ半島南部の先土器新石器文化 B 後期遺跡）265
ワディ＝ハメ27（ヨルダン渓谷東側斜面のナトゥーフ前期文化遺跡）46
ワルワシ（イラク東部、ディアラ河上流の岩陰遺跡。最上層がザルジ文化）216

■著者略歴■

藤井純夫（ふじい　すみお）
1953年山口県生まれ。
東京大学文学部卒業。
現在　金沢大学文学部助教授。

主要論文

「西アジアにおける玉座の形式とその坐法について」『深井晋司博士追悼シルクロード美術論集』，「西アジアにおける追い込み猟の系譜」『岡山市立オリエント美術館研究紀要』第9巻，「ムギが先か，文化が先か―西アジア農耕起源論の再検討―」『文明学言論』ほか。

藤本　強
菊池徹夫　監修「世界の考古学」

⑯ムギとヒツジの考古学

2001年 9 月10日　初版発行

著　者　藤《ふじ》井《い》　純《すみ》夫《お》

発行者　山脇　洋亮

印刷者　亜細亜印刷㈱

発行所　東京都千代田区飯田橋 4-4-8 東京中央ビル内　同成社

TEL 03-3239-1467　振替 00140-0-20618

ISBN4-88621-230-1　C3322